U0252268

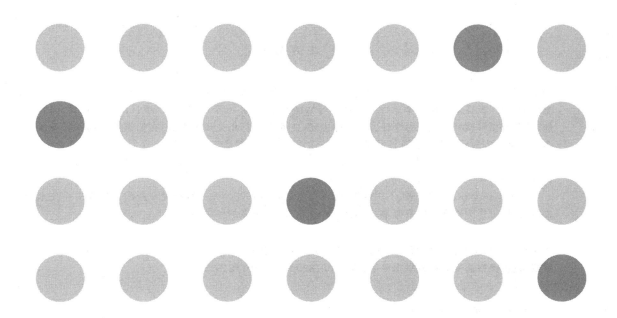

职业教育"十三五"改革创新规划教材

# SQL Server 2014 数据库案例教程

雷燕瑞◎主　编

陈冠星　张蕾蕾　杨登攀◎副主编

清华大学出版社

北　京

## 内 容 简 介

本书基于教学管理信息系统(EMIS)数据库设计案例,引入数据库的相关知识。本书分为 6 个学习情境:认识 SQL Server 2014、存储学生信息数据、实现学生成绩管理、应用 EMIS 数据库、维护 EMIS 数据库的安全、保证数据库正常运行。这些学习情境又细分为 16 个项目,每个项目由项目背景、内容导航、任务及项目实训组成。每个任务由任务描述、任务实施及相关知识组成,在使读者了解本任务所能解决的某类实际问题相关操作流程的基础上,通过实际操作解决实际问题,然后了解相关的理论基础,为进一步学习打下坚实的基础。本书配套了丰富的教学资源,包括微课视频、试题库、教学课件及实验数据库,可以从 http://www.tup.com.cn 下载。

本书案例完整、条理清晰、实用性强,既可作为高职高专院校计算机相关专业的数据库应用技术课程教材,也可作为对数据库有兴趣的 SQL Server 2014 初学者的参考书。

**图书在版编目(CIP)数据**

SQL Server 2014 数据库案例教程/雷燕瑞主编. —北京:清华大学出版社,2019(2024.8重印)
(职业教育"十三五"改革创新规划教材)
ISBN 978-7-302-52242-3

Ⅰ. ①S… Ⅱ. ①雷… Ⅲ. ①关系数据库系统-职业教育-教材 Ⅳ. ①TP311.132.3

中国版本图书馆 CIP 数据核字(2019)第 018395 号

责任编辑:孟毅新
封面设计:傅瑞学
责任校对:李 梅
责任印制:杨 艳

出版发行:清华大学出版社
       网       址:https://www.tup.com.cn, https://www.wqxuetang.com
       地       址:北京清华大学学研大厦 A 座       邮       编:100084
       社 总 机:010-83470000       邮       购:010-62786544
       投稿与读者服务:010-62776969, c-service@tup.tsinghua.edu.cn
       质量反馈:010-62772015, zhiliang@tup.tsinghua.edu.cn
       课件下载:https://www.tup.com.cn,010-83470410
印 装 者:三河市少明印务有限公司
经      销:全国新华书店
开      本:185mm×260mm       印      张:22.5       字      数:515 千字
版      次:2019 年 6 月第 1 版       印      次:2024 年 8 月第 6 次印刷
定      价:66.00 元

产品编号:081257-01

# FOREWORD 前 言

本书是面向 SQL Server 2014 初学者的一本实用案例教材,通过实际的案例帮助读者快速入门。每个案例首先阐述项目背景,简述详细的操作步骤,再引入相关的理论知识,真正实现了"做中学"。

**本书特色**

(1)案例丰富。本书通过 EMIS(教学管理信息系统)数据库设计案例,引入数据库的相关知识。本书分为 6 个情境:认识 SQL Server 2014、存储学生信息数据、实现学生成绩管理、应用 EMIS 数据库、维护 EMIS 数据库的安全、保证数据库正常运行。各情境学习重点不同,层层递进学习数据库的相关知识。

(2)以解决实际问题为背景。每个项目由多个任务组成,每个任务又分为任务描述、任务实施以及相关知识等模块。通过项目背景分析,使读者了解学习本项目的意义,从而激发学习的积极性;通过任务描述使读者了解本任务所能解决的实际问题及相关的操作流程;通过任务实施指导读者解决实际问题;通过相关知识指导读者了解相关的理论基础,为进一步学习打下坚实的基础。

(3)配套丰富的视频资源。本书提供全套源文件、PPT 课件、课时授课计划和学期授课计划,为教师高效备课创造有利条件。

本书作为教材使用,建议课堂教学 32~36 学时,实验教学 28~34 学时。各任务内容和学时建议分配如下,教师可根据实际情况进行调整。

| 项目 | 内 容 | 学 时 分 配 | | |
| --- | --- | --- | --- | --- |
| | | 理论 | 实践 | 小计 |
| 1 | 安装和体验 SQL Server 2014 | 1 | 1 | 2 |
| 2 | 配置 SQL Server 2014 | 1 | 1 | 2 |
| 3 | 创建和操作 EMIS 数据库 | 2 | 2 | 4 |
| 4 | 设计关系表存储全校学生的基本信息 | 2 | 2 | 4 |
| 5 | 操作学生信息表的数据 | 2 | 4 | 6 |
| 6 | 保护学生成绩数据的完整性 | 2 | 2 | 4 |

续表

| 项目 | 内　容 | 学时分配 | | |
|---|---|---|---|---|
| | | 理论 | 实践 | 小计 |
| 7 | 检索学生成绩数据 | 8 | 6 | 14 |
| 8 | 操作 EMIS 数据库的视图 | 1 | 1 | 2 |
| 9 | 操作 EMIS 数据库的索引 | 2 | 4 | 6 |
| 10 | 创建和管理 EMIS 数据库的存储过程 | 3 | 2 | 5 |
| 11 | 创建和管理 EMIS 数据库的触发器 | 2 | 2 | 4 |
| 12 | 创建 EMIS 数据库的用户定义函数 | 1 | 1 | 2 |
| 13 | 管理 EMIS 数据库的事务 | 1 | 1 | 2 |
| 14 | 使用权限分配维护数据库的安全 | 2 | 2 | 4 |
| 15 | EMIS 数据库的备份和还原 | 2 | 2 | 4 |
| 16 | SQL Server 的自动化管理工作 | 1 | 1 | 2 |
| 合　　计 | | | | 67 |

### 读者对象

本书是一本完整介绍 SQL Server 2014 的案例教程,案例完整、条例清晰、实用性强,适合以下读者学习使用。

(1) SQL Server 2014 的初学者;

(2) 对数据库有兴趣,希望快速、全面掌握 SQL Server 2014 的读者;

(3) 对 SQL Server 2014 没有经验,想学习 SQL Server 2014 并进行应用开发的读者。

本书由雷燕瑞主编,陈冠星、张蕾蕾、杨登攀副主编。其中,雷燕瑞编写项目 1、项目 2、项目 3、项目 14、项目 15 和项目 16;陈冠星编写项目 4~项目 8;张蕾蕾编写项目 9~项目 13。在整个编写过程中,杨登攀先生给予了很大的帮助和支持,提出了许多宝贵的建议,在此表示感谢。

由于编者水平有限,书中难免存在不足之处,敬请广大读者批评、指正,以便修订时更加完善,诚心希望与读者共同交流、共同成长。

联系方式: leiyanrui@139.com。

编　者<br>2019 年 1 月

# CONTENTS

# 目 录

# 情境三　实现学生成绩管理

# 情境四　应用 EMIS 数据库

## 情境五　维护 EMIS 数据库的安全

## 情境六　保证数据库正常运行

# 情境一
# 认识 SQL Server 2014

# 项目 1

# 安装和体验SQL Server 2014

 **项目背景**

　　无论是 SQL Server 管理员或者初学者,使用 SQL Server 2014 的前提都是选择合适的软件版本、了解软件的安装需求,并且正确安装 SQL Server 2014。

 **内容导航**

安装和体验 SQL Server 2014

任务1.1 安装SQL Server 2014企业版

任务1.2 初次使用SQL Server 2014
- 连接SSMS
- 使用模板资源管理器创建数据库

## 任务 1.1　安装 SQL Server 2014 企业版

 **任务描述**

　　本任务选择安装 SQL Server 2014 企业版(Enterprise Edition),完成 SQL Server 2014 企业版的安装,再安装其他版本的 SQL Server 2014 就能轻车熟路了。

任务实施

安装 SQL Server 2014 的操作步骤如下。

(1) 将 SQL Server 2014 安装光盘放入光驱,双击安装文件 setup.exe,弹出如图 1-1 所示的界面。

图 1-1　安装程序正在处理当前操作

安装时也可以从微软的官方网站上下载相应的安装程序(微软提供一个 180 天的免费企业使用版,该版本包含所有企业版的功能,随时可以激活为正式版本)。

(2) 稍等片刻,进入 SQL Server 2014 的安装中心界面,如图 1-2 所示。

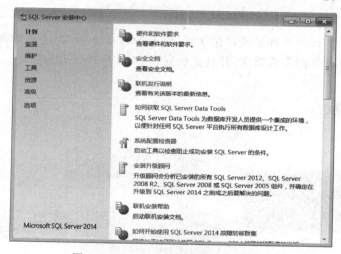

图 1-2　"SQL Server 安装中心"界面 1

(3) 单击左侧"安装"选项,然后选择"全新 SQL Server 独立安装或向现有安装添加功能",如图 1-3 所示。

(4) 接下来进入"产品密钥"界面,在该界面中可以输入购买的产品密钥。若使用的是体验版本,可以在下拉列表框中选择 Evaluation 选项,如图 1-4 所示。

(5) 在"产品密钥"界面中单击"下一步"按钮,进入"许可条款"界面,在该界面中选中"我接受许可条款"复选框,如图 1-5 所示。

(6) 在"许可条款"界面中单击"下一步"按钮,进入"全局规则"界面,进行规则检查,如图 1-6 所示。

(7) 规则检查全部通过后自动跳转至 Microsoft Update 界面,清除"使用 Microsoft Update 检查更新"复选框,如图 1-7 所示。

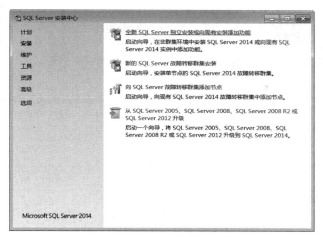

图 1-3　"SQL Server 安装中心"界面 2

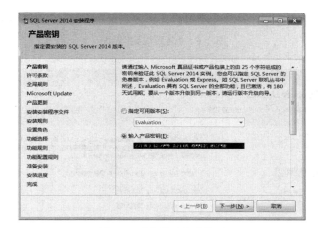

图 1-4　"产品密钥"界面

图 1-5　"许可条款"界面

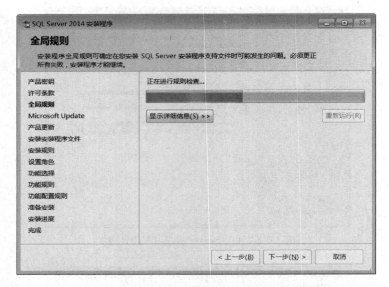

图 1-6 "全局规则"界面

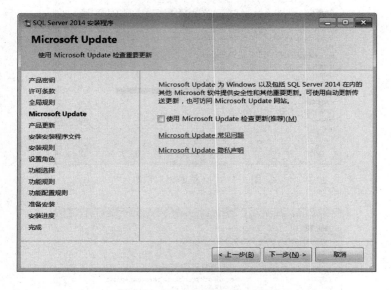

图 1-7 Microsoft Update 界面

(8) 在 Microsoft Update 界面中单击"下一步"按钮,进入"安装规则"界面,如图 1-8 所示。

(9) 在"安装规则"界面中单击"下一步"按钮,进入"设置角色"界面,选择"SQL Server 功能安装"单选按钮,如图 1-9 所示。

(10) 在"设置角色"界面中单击"下一步"按钮,进入"功能选择"界面,如果需要安装某项功能,则选中相应功能前面的复选框,也可以单击"全选"或"全部不选"按钮进行选择。这里单击"全选"按钮,如图 1-10 所示。

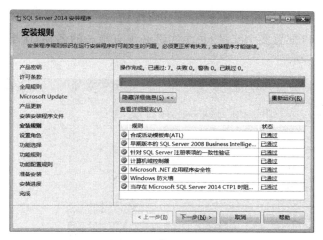

图 1-8　"安装规则"界面

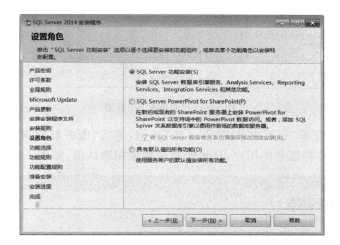

图 1-9　"设置角色"界面

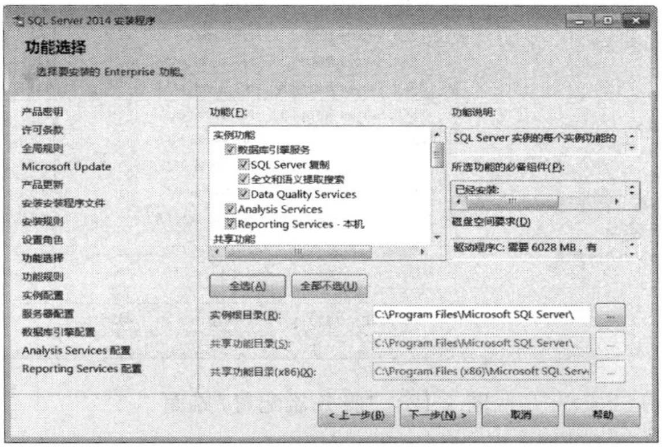

图 1-10　"功能选择"界面

（11）在"功能选择"界面中单击"下一步"按钮，进入"实例配置"界面，在安装 SQL Server 的系统中可以配置多个实例，每个实例必须有唯一的名称，这里选中"默认实例"单选按钮，如图 1-11 所示。

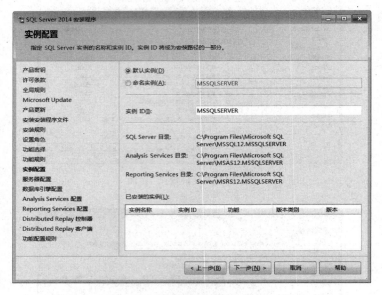

图 1-11　"实例配置"界面

（12）在"实例配置"界面中单击"下一步"按钮，进入"服务器配置"界面，该步骤设置使用 SQL Server 各种服务的用户，这里账户名称使用默认值，如图 1-12 所示。

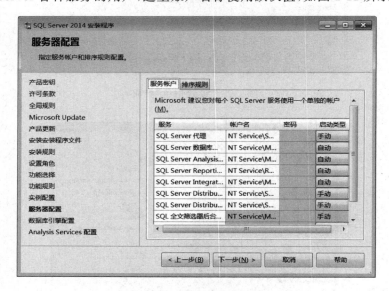

图 1-12　"服务器配置"界面

（13）在"服务器配置"界面中单击"下一步"按钮，进入"数据库引擎配置"界面，这里选择"Windows 身份验证模式"。单击"添加当前用户"按钮，将当前用户添加为 SQL

Server 管理员,如图 1-13 所示。

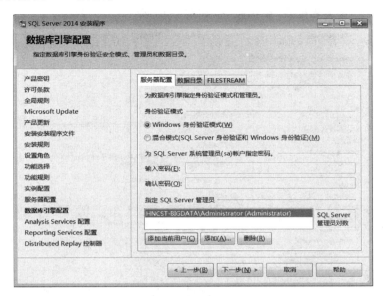

图 1-13 "数据库引擎配置"界面

**提示**:SQL Server 安装成功以后,也可以根据需要重新设置身份验证模式,详情可参考任务 13.1 的相关知识。

(14)在"数据库引擎配置"界面中单击"下一步"按钮,进入"Analysis Services 配置"界面,单击"添加当前用户"按钮,将当前用户添加为 SQL Server 管理员,如图 1-14所示。

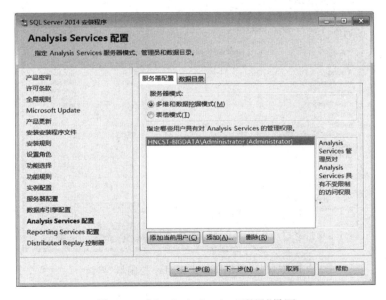

图 1-14 "Analysis Services 配置"界面

（15）在"Analysis Services 配置"界面中单击"下一步"按钮，进入"Reporting Services 配置"界面，选择"安装和配置"单选按钮，如图 1-15 所示。

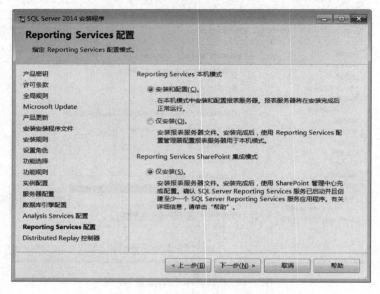

图 1-15 "Reporting Services 配置"界面

（16）在"Reporting Services 配置"界面中单击"下一步"按钮，进入"Distributed Replay 控制器"界面，单击"添加当前用户"按钮，将当前用户添加为具有上述权限的用户，如图 1-16 所示。

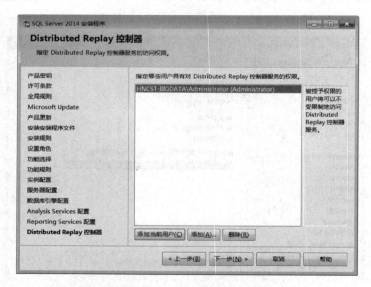

图 1-16 "Distributed Replay 控制器"界面

（17）在"Distributed Replay 控制器"界面中单击"下一步"按钮，进入"Distributed Replay 客户端"界面，如图 1-17 所示。

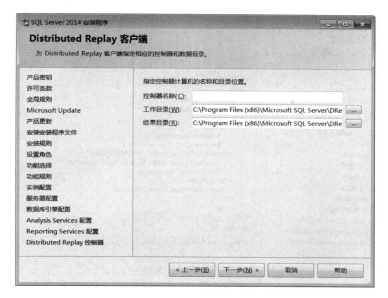

图 1-17    "Distributed Replay 客户端"界面

（18）在"Distributed Replay 客户端"界面中单击"下一步"按钮，进入"功能配置规则"界面，如图 1-18 所示。

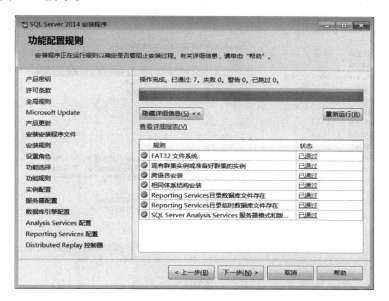

图 1-18    "功能配置规则"界面

（19）在"功能配置规则"界面中单击"下一步"按钮，进入"准备安装"界面，如图 1-19 所示。

（20）在"准备安装"界面中单击"安装"按钮，开始安装。安装完成后，弹出的界面如图 1-20 所示，单击"关闭"按钮即可完成 SQL Server 2014 的安装。

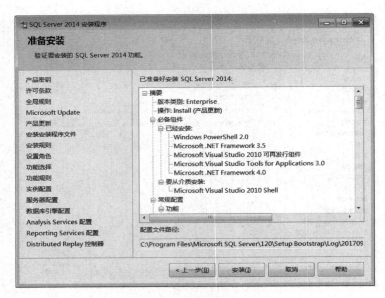

图 1-19　"准备安装"界面

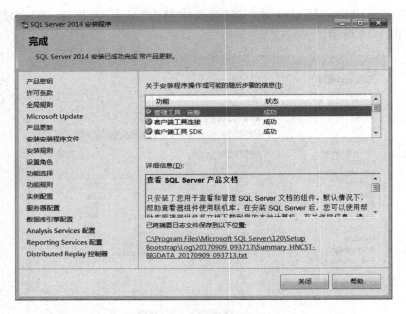

图 1-20　安装"完成"界面

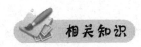　相关知识

## 1. 如何选择 SQL Server 2014 的版本

根据应用程序的需要,安装要求也会不同。不同版本的 SQL Server 具有独特的性

能、运行时间以及价格，可以满足不同企业的需求。SQL Server 2014 常见的版本有企业版、标准版、商业智能版、Web 版以及精简版。SQL Server 2014 不同版本的特点如表 1-1 所示。

表 1-1　SQL Server 2014 不同版本的特点

| 版　　本 | 特　　点 |
| --- | --- |
| SQL Server 2014 企业版 | 全面的数据管理和业务智能平台，为关键业务应用提供了企业级的可扩展性、数据仓库、安全、高级分析和报表支持。这一版本将为用户提供更加稳固的服务器和执行大规模在线事务处理 |
| SQL Server 2014 标准版 | 一个完整的数据管理和业务智能平台，为部门级应用提供了最佳的易用性和可管理特性 |
| SQL Server 2014 商业智能版 | 提供了综合性平台，可支持组织构建和部署安全、可扩展且易于管理的 BI 解决方案。它提供基于浏览器的数据浏览、可见性等卓越功能，拥有强大的数据集成功能以及增强的集成管理 |
| SQL Server 2014 Web 版 | 对于 Web 主机和 Web VAP 来说，为从小规模至大规模 Web 资产提供可伸缩性、经济性和可管理性的功能，SQL Server 2014 Web 版是一项总拥有成本较低的选择 |
| SQL Server 2014 精简版 | 它是 SQL Server 2014 的一个免费版本，拥有核心的数据库功能，其中包括 SQL Server 2014 中最新的数据类型。这个版本是为了学习、创建桌面应用和小型服务器应用而发布的，也可供 ISV 再发行使用。SQL Server 2014 Express with Tools 作为应用程序的嵌入部分，可以免费下载、免费部署和免费再分发，使用它可以轻松快速地开发和管理数据驱动应用程序。SQL Server 2014 精简版具备丰富的功能，能够保护数据，并且性能卓越。它是小型服务器应用程序和本地数据存储区的理想选择 |

### 2. SQL Server 2014 的安装环境需求

不同版本的 SQL Server 2014 对系统的要求略有差异，下面介绍 SQL Server 2014 企业版的具体安装环境需求，如表 1-2 所示。

表 1-2　SQL Server 2014 的安装环境需求

| 组　　件 | 需　　求 |
| --- | --- |
| 处理器 | 处理器类型：AMD Opteron、AMD Athlon 64、Intel Xeon with Intel EM64T support、Intel Pentium 4 with EM64T support<br>处理器速度：最低 1.4GHz，建议 2.0GHz 以上 |
| 操作系统 | Windows Server 2008 R2 SP1 |
| 内存 | 最小 1GB，推荐使用 4GB 内存 |
| 硬盘 | 6GB 可用硬盘空间 |
| 显示器 | Super-VGA(800×600 像素)或更高分辨率的显示器 |
| .NET Framework | 选择数据库引擎操作时，.NET 3.5 SP1 是 SQL Server 2014 必需的。此程序也可单独安装 |
| Windows PowerShell | 对数据库引擎组件和 SQL Server Management Studio 来说，Windows PowerShell 2.0 是一个必备组件 |

### 3. SQL Server 的组成

SQL Server 2014 由 4 部分组成：数据库引擎、分析服务、集成服务和报表服务。

（1）数据库引擎（Database Engine）。数据库引擎是 SQL Server 系统的核心部分，负责完成数据的存储、处理和安全管理。包括数据库引擎（用于存储、处理和保护数据的核心服务）、复制、全文搜索以及用于管理关系数据和 XML 数据的工具。例如，创建数据库、创建表、创建视图、数据查询和访问数据库等操作，都是由数据库引擎完成的。一般情况下，使用数据库系统实际上就是在使用数据库引擎。

（2）分析服务（Analysis Service）。分析服务的主要作用是通过服务器和客户端技术的组合提供联机分析处理（On-Line Analytical Processing，OLAP）数据挖掘功能。

通过分析服务，用户可以设计、创建和管理包含来自其他数据源的多维结构，通过对多维数据进行多角度分析，可以帮助管理人员对业务数据有更全面的理解。另外，使用分析服务，用户可以完成数据挖掘模型的构造和应用，实现知识的发现、表示和管理。

（3）集成服务（Integration Service）。SQL Server 2014 是一个用于生成高性能数据集成和工作流解决方案的平台，负责完成数据的提取、转换和加载等。使用集成服务可以高效地处理各种数据源，例如 SQL Server、Oracle、Excel、XML 文档、文本文件等。

（4）报表服务（Reporting Service）。报表服务主要用于创建和发布报表及报表模型的图形工具和向导、管理报表服务的报表服务器管理工具，以及对报表服务对象模型进行编程和扩展的应用程序编程接口。SQL Server 2014 的报表服务是一种基于服务器的解决方案，用于生成从多种关系数据源和多维数据源提取内容的企业报表，发布能以各种格式查看的报表，以及集中管理安全性和订阅。创建的报表可以通过基于 Web 的连接进行查看，也可以作为 Microsoft Windows 应用程序的一部分查看。

### 4. SQL Server 2014 的优势

SQL Server 2014 提供了一个全面、灵活和可扩展的数据仓库管理平台，可以满足用户海量数据的管理需求，并且能够快速构建相应的解决方案实现私有云与公有云之间数据的扩展与应用的迁移。作为微软的信息平台解决方案，SQL Server 2014 的发布功能可以帮助企业用户突破性地快速实现各种数据体验。它的主要优势如下。

（1）安全性和高可用性。提高服务器正常运行的时间并加强数据保护，无须浪费时间即可实现服务器到云端的扩展。

（2）超快的性能。用户可获得突破性的、可预测的性能。

（3）企业安全性。内置的安全性功能及 IT 管理功能能够在很大程度上帮助企业提高安全性能级别。

（4）快速的数据发现。通过快速的数据探索和数据可视化对大量无规律的数据进行细致深入的研究，帮助、引导企业提出更为深刻的商业预测。

（5）方便易用。简洁方便的图形化管理工具极大地降低了数据库设计的难度，对编码不熟练的人员，只需要点击鼠标，就可以创建完整的数据库对象，同时可以减少编写代码的错误。

（6）高效的数据压缩功能。随着数据容量的快速增长，SQL Server 2014 可以对存储的数据进行有效压缩以降低 I/O 要求,提高系统性能。

(7) 集成化的开发环境。SQL Server 2014 可以同 Visual Studio 团队协同工作,提供集成化的开发环境,并让开发人员在同样的环境中跨越客户端、中间层以及数据层进行开发。

# 任务 1.2 初次使用 SQL Server 2014

SQL Server 提供图形化的数据库开发和管理工具,SQL Server Management Studio (SSMS)就是 SQL Server 提供的一种集成化开发工具。使用 SSMS 可以访问、配置、管理和开发 SQL Server 的所有组件。SSMS 中的两个组件模板资源管理器和解决方案与项目脚本方便用户在开发时对数据进行操作和管理。模板资源管理器可以用来访问 SQL 代码模板,使用模板提供的代码省去了用户在开发时每次输入基本代码的工作。

本任务首先连接 SSMS,然后使用 SSMS 的模板资源管理器创建数据库。

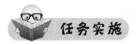

**1. 连接 SSMS**

(1) 选择"开始"→"所有程序"→ Microsoft SQL Server 2014 → SQL Server Management Studio 命令,在打开的"连接到服务器"对话框中选择或输入相关信息,如图 1-21 所示。

图 1-21 "连接到服务器"对话框

(2) 在"连接到服务器"对话框中单击"连接"按钮,连接成功后进入 SSMS 的主界面,该界面显示了左侧的"对象资源管理器"窗格,如图 1-22 所示。

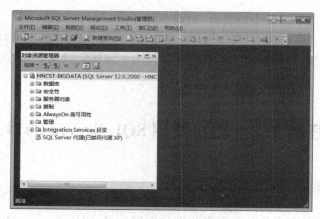

图 1-22　"对象资源管理器"窗格

（3）选择"视图"→"已注册的服务器"命令，窗口中会显示已经注册的 SQL Server 服务器，如图 1-23 所示。

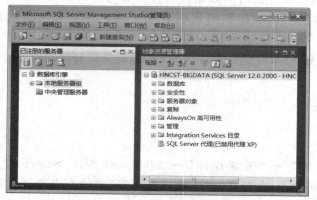

图 1-23　查看已注册的服务器

（4）如果需要注册一个其他的服务器，可以右击"本地服务器组"节点，选择"新建服务器注册"命令，如图 1-24 所示。

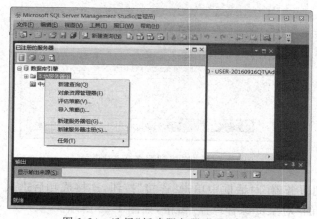

图 1-24　选择"新建服务器注册"命令

**2. 使用模板资源管理器创建数据库**

（1）进入 SSMS 主界面，选择"视图"→"模板浏览器"命令，打开"模板浏览器"窗格，如图 1-25 所示。

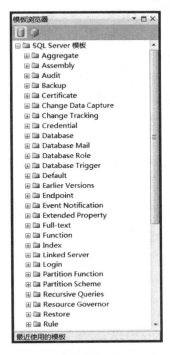

图 1-25 　"模板浏览器"窗格

（2）模板浏览器中的资源按代码类型进行分组，比如 Database 目录下的内容都是对数据库的操作，双击 Database 目录下的 Create Database 模板，即可查看其内容，如图 1-26 所示。

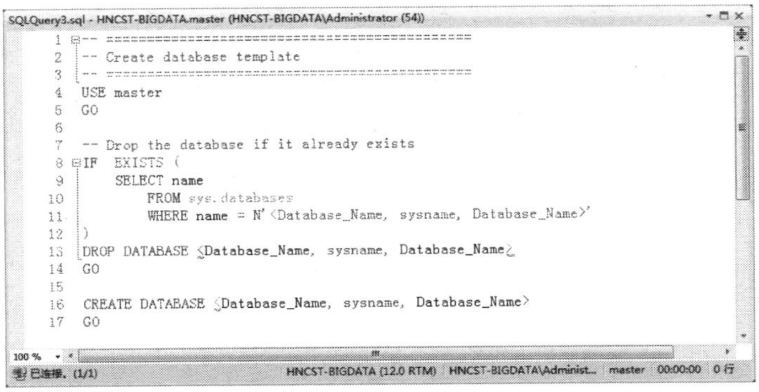

```
SQLQuery3.sql - HNCST-BIGDATA.master (HNCST-BIGDATA\Administrator (54))
1  ---------------------------------------------
2  -- Create database template
3  ---------------------------------------------
4  USE master
5  GO
6
7  -- Drop the database if it already exists
8  IF  EXISTS (
9      SELECT name
10         FROM sys.databases
11         WHERE name = N'<Database_Name, sysname, Database_Name>'
12  )
13  DROP DATABASE <Database_Name, sysname, Database_Name>
14  GO
15
16  CREATE DATABASE <Database_Name, sysname, Database_Name>
17  GO
```

图 1-26 　Create Database 模板的内容

（3）将光标定位到代码窗格的任意位置时，SSMS 的菜单中会多出一个"查询"菜单。选择"查询"→"指定模板参数的值"命令，如图 1-27 所示。

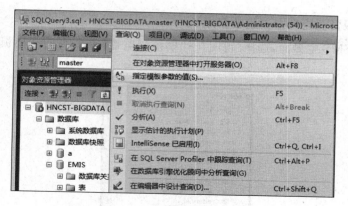

图 1-27　选择"指定模板参数的值"命令

（4）打开"指定模板参数的值"对话框,在"值"文本框中输入数据库的名称 TEST,如图 1-28 所示。

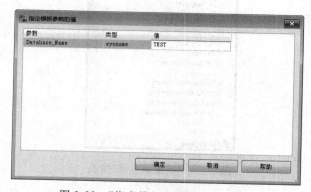

图 1-28　"指定模板参数的值"对话框

（5）单击"确定"按钮,返回代码模板的查询编辑器窗口,此时模板中的代码发生了变化,数据库的名称变成了 TEST。单击"执行"按钮,即可创建新的数据库 TEST,执行结果如图 1-29 所示。

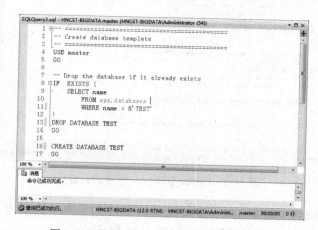

图 1-29　执行 Create Database 模板的内容

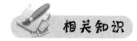 **相关知识**

**1. 连接 SSMS 的相关设置**

在连接 SSMS 时,在"连接到服务器"对话框中需要选择的相关信息如下。

(1)服务器类型。在 SQL Server 2014 中,此处可选的类型有 4 个,对于本书,主要讲解数据库服务,因此选择"数据库引擎"。

(2)服务器名称。此处可先查看本地计算机的完整计算机名,然后将完整的计算机名输入,表示连接到一个本地主机。若要连接到远程服务器,则需要输入服务器的 IP 地址。

(3)身份验证。在最后一个下拉列表框中指定身份验证的模式,前面安装过程中指定使用 Windows 身份验证,因此这里选择"Windows 身份验证"。如果设置成混合验证模式,可以在下拉列表框中选择"SQL Server 身份验证",此时需要指定用户名和密码。具体设置方式可查看任务 13.1。

**2. 模板浏览器的介绍**

SQL Server 提供了多种模板。模板即包含 SQL 脚本的样板文件,可用于在数据库中创建对象。首次打开模板浏览器时,会将模板的副本置于 C:\Users AppData\Roaming\Microsoft\SQL Server Management Studio\120\Templates 下的用户文件夹中。

可以在模板浏览器中浏览可用模板,然后打开该模板以便将代码纳入代码编辑器窗格中,也可以创建自定义模板。

**3. 模板浏览器的优点**

(1)模板适用于解决方案、项目和各种类型的代码编辑器。模板可用于创建对象,如数据库、表、视图、索引、存储过程、触发器、统计信息和函数。此外,还可创建用于 Analysis Service 的扩展属性、链接服务器、登录名、角色、用户和模板。有些模板还可以帮助用户管理服务器。

(2)SQL Server Management Studio 提供的模板脚本包含了可以帮助用户自定义代码的参数。打开模板后,使用"替换模板参数"对话框可以将值插入脚本中。

(3)为频繁执行的任务创建自定义模板。将自定义脚本组织到现有文件夹中,或创建一个新的文件夹结构。

(4)查询编辑器还支持代码段,可通过在特定位置右击将代码段插入脚本中的该位置。

**4. 解决方案与项目脚本**

解决方案与项目脚本是开发人员在 SSMS 中组织相关文件的容器。在 SSMS 中需要使用解决方案资源管理器来管理解决方案和项目脚本。SSMS 可以作为 SQL Server、Analysis Service 和 SQL Server Compact 的脚本开发平台,并且可以为关系数据库和多维数据库以及所有查询类型开发脚本。

解决方案资源管理器是开发人员用来创建和重用与同一项目相关的脚本的一种工具。如果以后遇到类似的任务,可以使用项目中存储的脚本组。

解决方案由一个或多个项目脚本组成。

项目则由一个或多个脚本或连接组成。项目中还可以包括非脚本文件。

项目脚本包括可使脚本正确执行的连接信息,还包括非脚本文件,如文本文件。

# 项目实训 1

本实训将在 SQL Server 2014 的默认实例 HNCST-BIGDATA 安装成功后,再安装一个 SQL Server 命名实例,名称为 ANALYSIS。新安装的 SQL Server 命名实例的联机名称为 HNCST-BIGDATA\ANALYSIS。

因任务 1.1 已经详细介绍了 SQL Server 2014 的安装过程,下面的练习中只列出与任务 1.1 中不同设置的部分,其余设置与任务 1.1 完全相同。

（1）单击“安装”按钮后,选择“全新 SQL Server 独立安装或向现有安装添加功能”。

（2）在“安装类型”界面中选择“执行 SQL Server 2014 的全新安装”单选按钮,下方会显示已安装的实例,如图 1-30 所示。

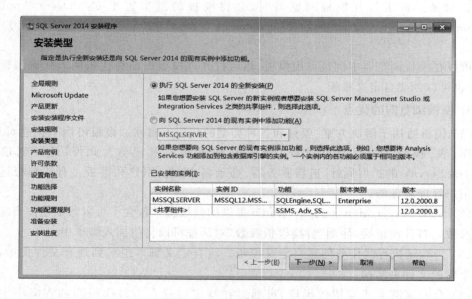

图 1-30　“安装类型”界面

（3）在“功能选择”界面中仅需选择“数据库引擎服务”“SQL Server 复制”“全文和语义提取搜索”等内容,在图 1-31 中就会发现共享功能的复选框呈灰色状态,表明此时无须安装即可使用。

（4）在“实例配置”界面中选择“命名实例”单选按钮,输入 ANALYSIS,如图 1-32 所示。

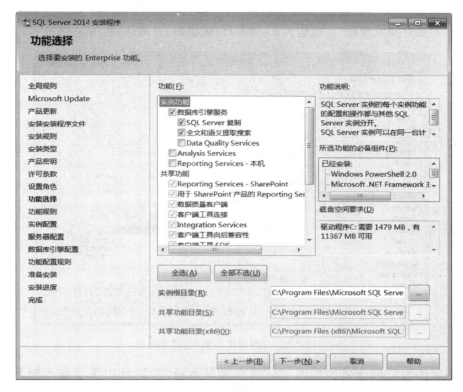

图 1-31 "功能选择"界面

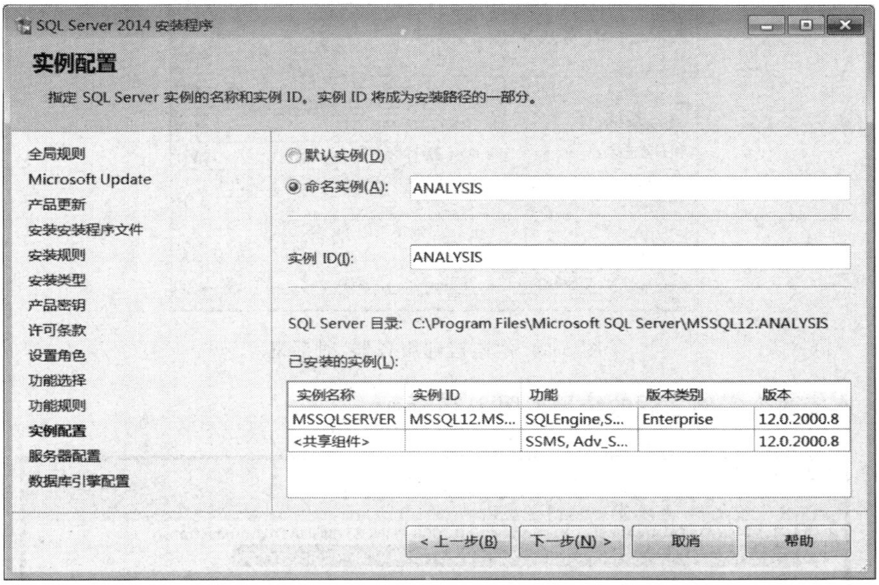

图 1-32 "实例配置"界面

（5）在"数据库引擎配置"界面中选择"混合模式"单选按钮，在"为 SQL Server 系统管理员（sa）账户指定密码"区域输入 sa 的密码（强密码）并确认，如图 1-33 所示。

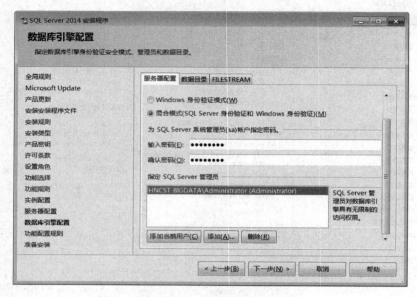

图 1-33　"数据库引擎配置"界面

（6）连接到新的命名实例时，在"连接到服务器"对话框中手动输入服务器名称 HNCST-BIGDATA\ANALYSIS，如图 1-34 所示。

图 1-34　"连接到服务器"对话框

（7）连接两个实例之后的结果如图 1-35 所示。

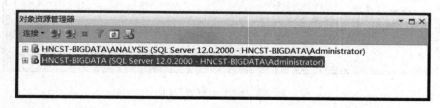

图 1-35　连接两个实例

提示：安装多个 SQL Server 2014 的实例时，卸载方式与以往相同，可根据需要有选择地卸载某个实例，或"仅删除共享功能"，如图 1-36 所示。

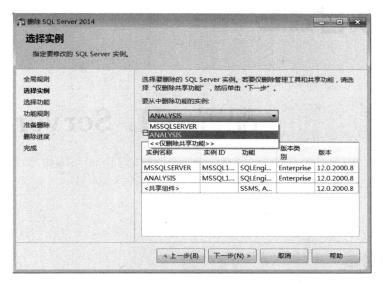

图 1-36    单独卸载实例 ANALYSIS

# 项目 2

# 配置SQL Server 2014

　　SQL Server 2014 在安装过程中,默认设置开机后数据库服务自动启动,但 SQL Server 的服务会消耗大量的内存,影响开机速度、运行速度等。如果是非专业服务器,可根据需要启动或停止 SQL Server 服务。如果需要从网络端访问 SQL Server,还需要启用 TCP/IP 协议。对服务器进行必要的优化可以保证 SQL Server 2014 安全、稳定、高效地运行。

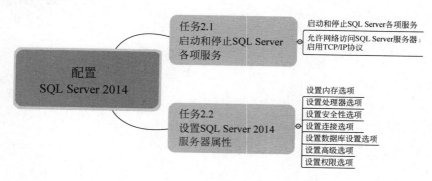

## 任务 2.1　启动和停止 SQL Server 各项服务

　　SQL Server 安装成功后,将作为一个服务由操作系统监控。在探讨各种数据库技术

之前,首先要保证 SQL Server 的服务是启动状态,否则就像汽车引擎不启动,车无法开动一样。在 Windows 操作系统中,SQL Server 是以服务(Service)形式运行的,其状态可为启动、停止或暂停。

　　本任务通过 4 种方法启动 SQL Server 的各种服务,并且设置允许网络访问 SQL Server 服务器。

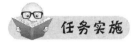

### 1. 启动和停止 SQL Server 的各项服务

1) 在 Windows 操作系统的"服务"窗口中启动和停止 SQL Server 服务

(1) 选择"开始"→"所有程序"→"控制面板"→"管理工具"→"服务"命令,打开"服务"窗口,选择要管理的服务名称。此时右击 SQL Server 默认实例 SQL Server(MSSQLSERVER),选择"属性"命令,如图 2-1 所示。

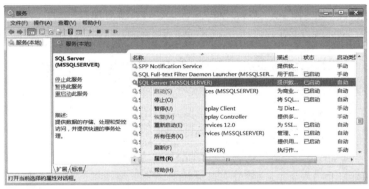

图 2-1　Windows 的"服务"窗口

(2) 在"SQL Server(MSSQLSERVER)的属性(本地计算机)"对话框的"常规"选项卡中,可以设置服务的启动类型为自动、手动和已禁用,也可以更改此服务的服务状态为启动、停止、暂停、恢复,如图 2-2 所示。

图 2-2　"SQL Server(MSSQLSERVER)的属性(本地计算机)"对话框

2）使用"SQL Server 配置管理器"启动和停止 SQL Server 服务

SQL Server 配置管理器是专门用来管理 SQL Server 2014 各项服务的工具。

（1）选择"开始"→"所有程序"→Microsoft SQL Server 2014→"配置工具"→"SQL Server 2014 配置管理器"命令，如图 2-3 所示。

图 2-3    启动"SQL Server 2014 配置管理器"

（2）打开 Sql Server Configuration Manager 窗口，如图 2-4 所示。

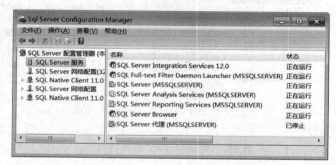

图 2-4    Sql Server Configuration Manager 窗口

（3）在 Sql Server Configuration Manager 窗口中单击左侧的"SQL Server 服务"节点，在右边的"名称"区域中右击 SQL Server 默认实例 SQL Server(MSSQLSERVER)，可选择启动、停止、暂停、继续或重新启动 SQL Server(MSSQLSERVER)服务，如图 2-5 所示。

图 2-5    启动或停止 SQL Server 服务

（4）右击 SQL Server 默认实例 SQL Server(MSSQLSERVER)，选择"属性"命令。在"SQL Server(MSSQLSERVER)属性"对话框中可以变更启动服务用的账户名和密码，如图 2-6 所示。

图 2-6　"SQL Server(MSSQLSERVER)属性"对话框

3）使用 SQL Server Management Studio(SSMS)启动和停止 SQL Server 服务

在 SSMS 窗口中右击 HNCST_BIGDATA，在弹出的快捷菜单中选择"启动"或"停止"命令，如图 2-7 和图 2-8 所示。

图 2-7　启动 SQL Server 服务器

图 2-8　停止 SQL Server 服务器

虽然在 SSMS 窗口可以启动和停止 SQL Server 服务,但是无法更改服务的属性,比如启动账号、变更密码、更改服务的启动模式(自动、禁止、手动三种模式)等。如果需要设置,可在 SQL Server 配置管理器中设置。

4)使用 net start 和 net stop 命令启动和停止 SQL Server 服务

net start 命令可以启动 Windows 服务,net stop 可以停止 Windows 服务。启动和停止 SQL Server 默认服务的操作步骤如下。

(1)在 Windows 搜索框中输入 cmd 命令,按 Enter 键执行,打开 DOS 命令行窗口。在 DOS 命令行窗口中执行停止 MSSQLSERVER 服务的命令,如图 2-9 所示。

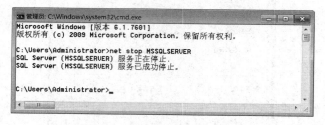

图 2-9　停止 MSSQLSERVER 服务

(2)在 DOS 命令行窗口中执行启动 MSSQLSERVER 服务的命令,如图 2-10 所示。

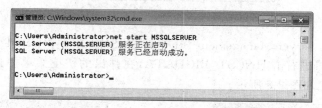

图 2-10　启动 MSSQLSERVER 服务

## 2. 允许网络访问 SQL Server 服务器:启用 TCP/IP 协议

打开 SQL Server 配置管理器,单击左侧的"SQL Server 网络配置"→"MSSQLSERVER 的协议"节点,然后在右侧协议名称窗口中右击 TCP/IP,在弹出的快捷菜单中选择"启用"命令,如图 2-11 所示。

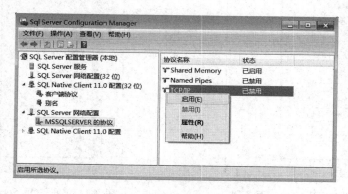

图 2-11　启用 TCP/IP 协议

启用或禁用某个协议后,都必须重启 SQL Server 服务方可生效。

 相关知识

客户计算机要连接数据库引擎,必须在 SQL Server 服务器上启用网络协议。不同版本的 SQL Server 默认启用的协议也有所区别,如表 2-1 所示。

表 2-1 SQL Server 不同版本默认启用的协议

| 版 本 | Shared Memory （共享内存） | TCP/IP | Named Pipes （命名管道） |
|---|---|---|---|
| Enterprise | 已启用 | 已启用 | 启用本机连接,禁用网络连接 |
| Standard | 已启用 | 已启用 | 启用本机连接,禁用网络连接 |
| Workgroup | 已启用 | 已启用 | 启用本机连接,禁用网络连接 |
| Developer | 已启用 | 已禁用 | 启用本机连接,禁用网络连接 |
| Evaluation | 已启用 | 已禁用 | 启用本机连接,禁用网络连接 |
| Express | 已启用 | 已禁用 | 启用本机连接,禁用网络连接 |

如果没有启用网络协议,则客户只能从本地登录 SQL Server,无法通过网络访问或管理 SQL Server 服务器。可以使用 SQL Server 配置管理器来启用 TCP/IP 协议。

# 任务 2.2 设置 SQL Server 2014 服务器属性

 任务描述

对服务器进行必要的优化可以保证 SQL Server 2014 安全、稳定、高效地运行。设置主要从内存、安全性、数据库设置和权限 4 个方面进行考虑。

 任务实施

**1. 设置内存选项**

(1) 启动 SSMS,在"对象资源管理器"窗格中选择当前登录的服务器,右击并选择"属性"命令,打开"服务器属性"窗口,如图 2-12 所示。

(2) 在"选择页"选项组中单击"内存"选项,该选项卡中的内容主要用来根据实际要求对服务器的内存大小进行设置与更改。可设置的内容包括:服务器内存选项、其他内存选项、配置值和运行值,如图 2-13 所示。

**2. 设置处理器选项**

在"选择页"选项组中单击"处理器"选项,在"处理器"选项卡中可以查看或修改 CPU

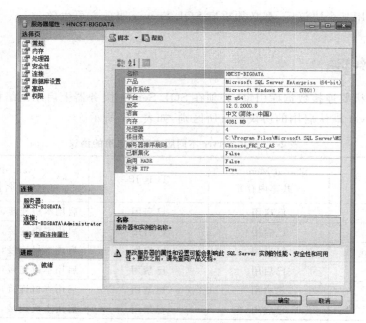

图 2-12 "服务器属性"窗口

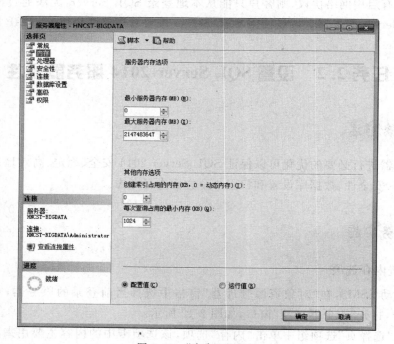

图 2-13 "内存"选项卡

选项。一般来说,只有安装了多个处理器才需要配置此项。可设置的内容包括:处理器
关联、I/O 关联、自动设置所有处理器的处理器关联掩码、自动设置所有处理器的 I/O 关
联掩码、最大工作线程数和提升 SQL Server 的优先级,如图 2-14 所示。

图 2-14　"处理器"选项卡

### 3. 设置安全性选项

在"选择页"选项组中单击"安全性"选项,该选项卡中的设置可以确保服务器的安全运行。可以设置的内容包括:服务器身份验证、登录审核、服务器代理账户和其他选项,如图 2-15 所示。

更改安全性设置之后需要重新启动服务方可生效。

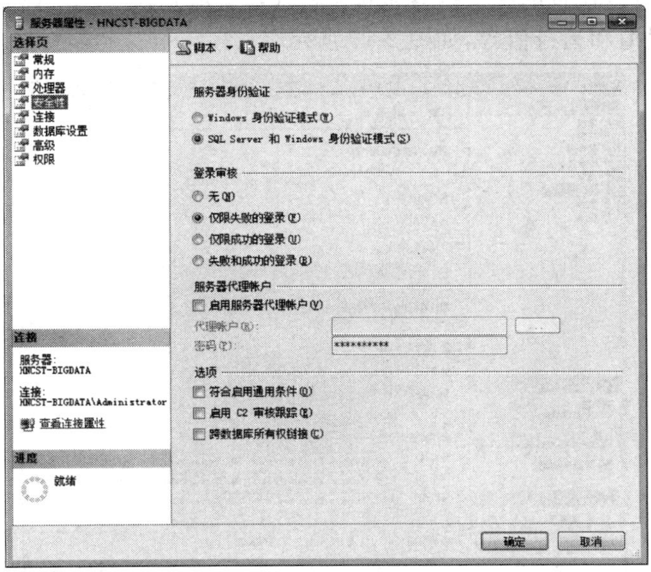

图 2-15　"安全性"选项卡

**4. 设置连接选项**

在"选择页"选项组中单击"连接"选项，此选项卡中可以设置的内容包括：最大并发连接数、使用查询调控器防止查询长时间运行、默认连接选项、允许远程连接到此服务器和需要将分布式事务用于服务器到服务器的通信，如图 2-16 所示。

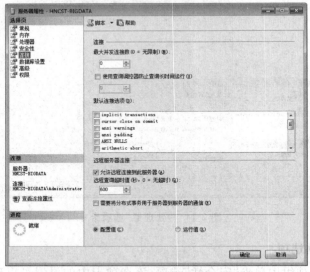

图 2-16　"连接"选项卡

**5. 设置数据库设置选项**

在"选择页"选项中单击"数据库设置"选项，该选项卡中的内容可以针对该服务器上的全部数据库。可以设置的主要内容包括：默认索引填充因子、备份和还原、恢复和数据库默认位置、配置值和运行值等，如图 2-17 所示。

图 2-17　"数据库设置"选项卡

## 6．设置高级选项

在"选择页"选项组中单击"高级"选项，此选项卡中可以设置的内容包括：并行的开销阈值、查询等待值、锁、最大并行度和网络数据包大小，如图 2-18 所示。

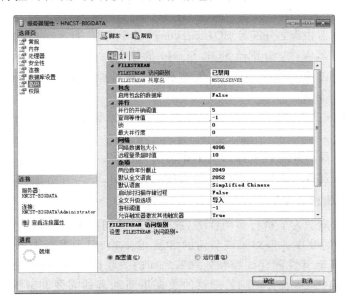

图 2-18　"高级"选项卡

## 7．设置权限选项

在"选择页"选项组中单击"权限"选项，此选项卡中可以设置的内容如图 2-19 所示。

图 2-19　"权限"选项卡

 相关知识

**1. 内存选项相关参数**

（1）最小服务器内存：分配给 SQL Server 的最小内存，低于该值的内存不会被释放。

（2）最大服务器内存：分配给 SQL Server 的最大内存。

（3）创建索引占用的内存：指定在创建索引排序过程中要使用的内存大小，数值 0 表示由操作系统动态分配。

（4）每次查询占用的最小内存：为执行查询操作分配的内存大小，默认值为 1024KB。

（5）配置值：显示并运行更改选项卡中的配置内容。

（6）运行值：查看本选项卡中选项的当前运行的值。

**2. 处理器选项相关参数**

（1）处理器关联：为了执行多项任务，操作系统的同一进程可以在多个 CPU 之间移动，以提高处理器的效率。但对于高负荷的 SQL Server，因为需要不断重新加载数据，这样的活动反而会降低其性能。线程和处理器之间的关联称为"处理器关联"。如果将每个处理器分配给特定线程，就会消除处理器的数据重新加载的需要和减少处理器之间的线程迁移。

（2）I/O 关联：与处理器关联类似，设置是否将 SQL Server 磁盘 I/O 绑定到指定的 CPU 子集。

（3）自动设置所有处理器的处理器关联掩码：设置是否允许 SQL Server 设置处理器关联。如果启用，操作系统将自动为 SQL Server 2014 分配 CPU。

（4）自动设置所有处理器的 I/O 关联掩码：设置是否允许 SQL Server 设置 I/O 关联。如果启用，操作系统将自动为 SQL Server 2014 分配磁盘控制器。

（5）最大工作线程数：允许 SQL Server 动态设置工作线程数，默认值为 0。一般来说，使用默认值即可。

（6）提升 SQL Server 的优先级：指定 SQL Server 是否应当比其他进程具有优先处理的级别。

**3. 安全性选项相关参数**

（1）服务器身份验证：表示在连接服务器时使用的验证模式。SQL Server 安装过程中默认设定为"Windows 身份验证"，也可以设置为"SQL Server 和 Windows 身份验证"的混合身份验证模式。

（2）登录审核：对用户登录 SQL Server 2014 服务器的情况进行审核。若要进行审核，审核的结果可以通过操作系统的"控制面板"→"管理工具"→"事件查看器"进行查看。在"事件查看器"窗口中选择"Windows 日志"→"应用程序"选项，更改审核级别后需要重新启动服务方可生效。

（3）服务器代理账户：是否启用供 xp_cmdshell 使用的账户。

（4）符合启用通用条件：启用通用条件需要 3 个元素，分别是残留保护信息（RIP）、查看登录统计信息的能力和字段 GRANT 不能覆盖表 DENY。

（5）启用 C2 审核跟踪：保证系统能够保护资源并具有足够的审核能力，运行监视所有数据库实体的所有访问企图。

（6）跨数据库所有权连接：允许数据库成为跨数据库所有权限的源或目标。

**4. 连接选项相关参数**

（1）最大并发连接数：默认值为 0，即无限制。也可以输入值来限制允许的连接数。若此值设置过小，可能会阻止管理员的连接，但是拥有最高权限的管理员始终可以连接。

（2）使用查询调控器防止查询长时间运行：为了避免使用 SQL 查询语句执行时间过长而导致 SQL Server 服务器的资源被长时间占用可设置此项。设置最长的查询运行时间后，超过这个时间，查询将自动中止，以释放更多的资源。

（3）默认连接选项：默认连接的选项内容比较多，各个选项的作用如表 2-2 所示。

表 2-2　连接选项及其使用

| 配 置 选 项 | 作　　　用 |
| --- | --- |
| implicit transactions | 控制在运行一条语句时，是否隐式启动一项事务 |
| cursor close on commit | 控制执行提交操作后游标的行为 |
| ansi warnings | 控制集合警告中的截断和 NULL |
| ansi padding | 控制固定长度的变量的填充 |
| ansi nulls | 在使用相等运算符时控制 NULL 的处理 |
| arithmetic abort | 在查询执行过程中发生溢出或被零除错误时终止查询 |
| arithmetic ignore | 在查询过程中发生溢出或被零除错误时返回 NULL |
| quoted identifier | 计算表达式时区分单引号和双引号 |
| no count | 关闭在每个语句执行后所返回的说明有多少行受影响的消息 |
| ansi null default on | 更改会话的行为，使用 ANSI 兼容为空性。未显式定义为空性的新列定义为允许使用 NULL 值 |
| concat null yields null | 当将 NULL 值与字符串连接时返回 NULL |
| numeric round abort | 表达式中出现失去精度的情况时生成错误 |
| xact abort | 如果 Transact-SQL 语句引发运行时错误，则回滚事务 |

（4）允许远程连接到此服务器：选中此项则允许远程服务器控制存储过程的执行。

（5）需要将分布式事务用于服务器到服务器的通信：选中此项则允许通过 Microsoft 分布式事务处理协调器（MS DTC）保护服务器到服务器过程的操作。

**5. 数据库设置选项相关参数**

（1）默认索引填充因子：指定在 SQL Server 使用目前数据创建新索引时对每一页的填充程度。索引的填充因子就是规定向索引页中插入索引数据最多可以占用的页面空间。例如，若填充因子设为 60%，那么向索引页中插入索引数据最多占用页面的 60%，剩下的 40% 的空间留作索引的数据更新时使用。默认值为 0，有效值为 0~100。

（2）无限期等待：指定 SQL Server 在等待新备份磁带时永不超时。

（3）尝试一次：指如果需要备份磁带时，磁带不可用，则 SQL Server 将超时。

（4）尝试：指如果备份磁带在指定的时间内不可用，SQL Server 将超时。

（5）默认备份介质保持期（天）：指用于数据库备份或事务日志备份后每一个备份媒体的保留时间。此选项可以防止在指定的日期前备份被覆盖。

（6）恢复：设置每个数据库恢复时所需的最大分钟数，设为 0 表示允许 SQL Server 自动配置。

（7）数据库默认位置：指定数据文件和日志文件的默认位置。

**6. 高级选项相关参数**

（1）并行的开销阈值：设定一个数值，单位为秒。如果 SQL 查询语句的开销超过这个数值，那么就会启用多个 CPU 来并行执行高于这个数值的查询，以优化性能。

（2）查询等待值：制定在超时之前查询等待资源的秒数，有效值为 0～2147483647。默认值为 −1，指按估计查询开销的 25 倍计算超时值。

（3）锁：设置可用锁的最大数目，以限制 SQL Server 为锁分配的内存量。默认值为 0，表示允许 SQL Server 根据系统要求动态分配和释放锁。

（4）最大并行度：设置执行并行计划时能使用的 CPU 的数量，最大值可设为 64。设为 0 表示可使用所有可用的处理器，设为 1 表示不生成并行计划。默认值为 0。

（5）网络数据包大小：设置整个网络实用的数据包的大小，单位为字节，默认值为 4096。若应用程序经常执行大容量复制操作或者是发送、接收大量的 text 和 image 数据，可以将此值设置得大一些。反之，可将其设为 512B。

（6）远程登录超时值：指定从远程登录尝试失败返回操作等待的秒数。设为 0，允许无限期等待，默认设置为 20 秒。

（7）两位数年份截止：指定从 1753～9999 的整数，该整数表示将两位数年份解释为四位数年份的截止年份。

（8）默认全文语言：指定全文索引列的默认语言。全文索引数据的语言分析取决于数据本身的语言，默认值为服务器的语言。

（9）默认语言：指定默认情况下所有新创建的登录名实用的语言。

（10）启动时扫描存储过程：指定 SQL Server 在启动时是否扫描并自动执行存储过程。如果设为 TRUE，则 SQL Server 在启动时将扫描并自动运行服务器上定义的所有存储过程。

（11）游标阈值：指定游标集中的行数，如果超过此行数，将异步生成游标键集。当游标为结果集生成键集时，查询优化器会估算将为该结果集返回的行数。如果查询优化器估算出的返回行数大于此阈值，则将异步生成游标，使用户能够在继续填充游标的同时从该游标中提取行；否则，同步生成游标，查询将一直等待到返回所有行。设为 −1，表示将同步生成所有键集，此设置适用于较小的游标集；设为 0，表示将异步生成所有游标键集；其他值则表示查询优化器将比较游标集中的预期行数，并在该行数超过所设置的数量时异步生成键集。

（12）允许触发器激发其他触发器：指定触发器是否可以执行启动另一个触发器的操作，也就是指定触发器是否允许递归或者嵌套。

（13）大文本复制大小：指定用一个 INSERT、UPDATE、WRITETEXT 或

UPDATETEXT 语句可以向复制列添加的 text 和 image 数据的最大值,单位为字节。

**7. 权限选项相关参数**

(1)登录名或角色:列表框中显示多个可以设置权限的对象,也可以添加更多的登录名和服务器角色到这个列表框中。

(2)显式:可以看到登录名或角色列表框中对象的权限,可以为这些对象设置权限。

# 项目实训 2

1. 使用 Windows 操作系统的"服务"窗口启动和 SQL Server 服务。
2. 使用 net stop 命令停止 SQL Server 服务。
3. 启动 TCP/IP 协议允许网络访问 SQL Server 服务器。
4. 请在安全性选项中设置服务器的验证模式为 Windows 身份验证模式。
5. 请在数据库设置选项中设置默认索引填充因子为 60。

# 情境二
# 存储学生信息数据

# 项目

# 创建和操作EMIS数据库

 **项目背景**

　　数据库管理员需要根据客户的需求创建数据库、对数据库错误进行修改,以及备份数据库文件,以有效防止数据库的丢失,并且能够最快地将数据库从错误状态还原到正确状态。

 **内容导航**

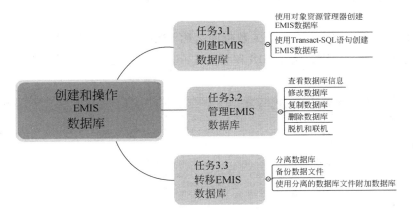

## 任务 3.1　创建 EMIS 数据库

 **任务描述**

　　创建 EMIS 数据库的具体要求:数据库名为 EMIS;数据文件初始大小为 10MB,增长量设置为每次增长 50%,不限制最大大小;日志文件初始大小为 5MB,增长量设置为

每次增长 3MB,最大大小为 200MB;数据文件和日志文件均放在 D:\DATABASE 文件夹中。可使用对象资源管理器创建,也可使用 Transact-SQL 语句创建。

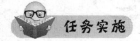

**1. 使用对象资源管理器创建 EMIS 数据库**

(1)启动 SSMS,连接到 SQL Server 服务器,在对象资源管理器中查看"数据库"节点,如图 3-1 所示。

(2)右击"数据库"节点,在弹出的快捷菜单中选择"新建数据库"命令,如图 3-2 所示。

图 3-1 对象资源管理器　　　图 3-2 选择"新建数据库"命令

(3)在"新建数据库"窗口中输入数据库名称 EMIS,此时数据库文件的数据文件和日志文件的逻辑名称分别默认为 EMIS 和 EMIS_log,文件初始大小和自动增长量也都为默认值,如图 3-3 所示。

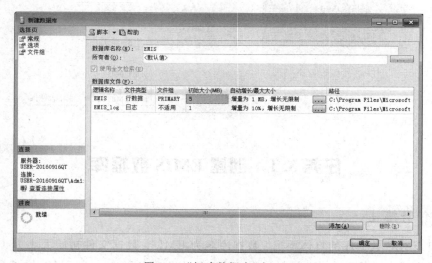

图 3-3 "新建数据库"窗口 1

（4）修改数据文件和日志文件的初始大小分别为 10MB 和 5MB，如图 3-4 所示。

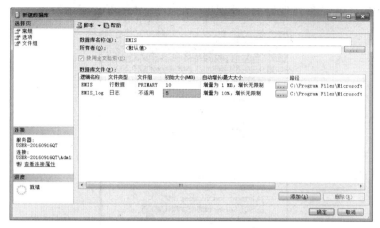

图 3-4　"新建数据库"窗口 2

（5）单击"自动增长/最大大小"设置区域的"浏览"按钮 ⬚，打开"更改 EMIS 的自动增长设置"对话框，数据文件和日志文件的自动增长设置分别如图 3-5 和图 3-6 所示。

图 3-5　"更改 EMIS 的自动增长设置"对话框　　图 3-6　"更改 EMIS_log 的自动增长设置"对话框

（6）在"新建数据库"窗口中，为数据文件和日志文件分别设置路径 D:\DATABASE，如图 3-7 所示。

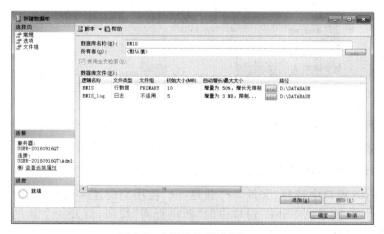

图 3-7　"新建数据库"窗口 3

（7）单击"新建数据库"窗口中的"确定"按钮，即可完成创建数据库 EMIS。创建成功的数据库显示在对象资源管理器的"数据库"节点下，如图 3-8 所示。

图 3-8　创建成功的 EMIS 数据库

（8）若想保存创建 EMIS 数据库的脚本，右击 EMIS 节点，选择"编写数据库脚本"→"CREATE 到"→"新查询编辑器窗口"命令，如图 3-9 所示。

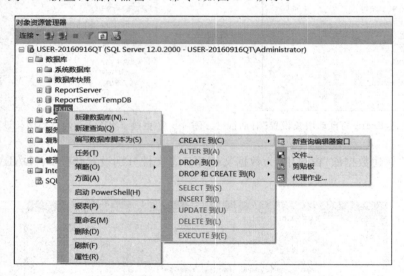

图 3-9　选择"新查询编辑器窗口"命令

（9）创建 EMIS 数据库的脚本文件如图 3-10 所示。单击 SSMS 窗口中的 ⊟ 按钮，输入脚本文件名称 CREATE_DB_EMIS，选择路径并保存文件即可。

**2. 使用 Transact-SQL 语句创建 EMIS 数据库**

（1）在 SSMS 窗口中选择"文件"→"新建"→"使用当前连接的查询"命令，如图 3-11 所示，或单击 SSMS 窗口中的"新建查询"按钮，打开一个新的查询编辑器窗口，如图 3-12 所示。

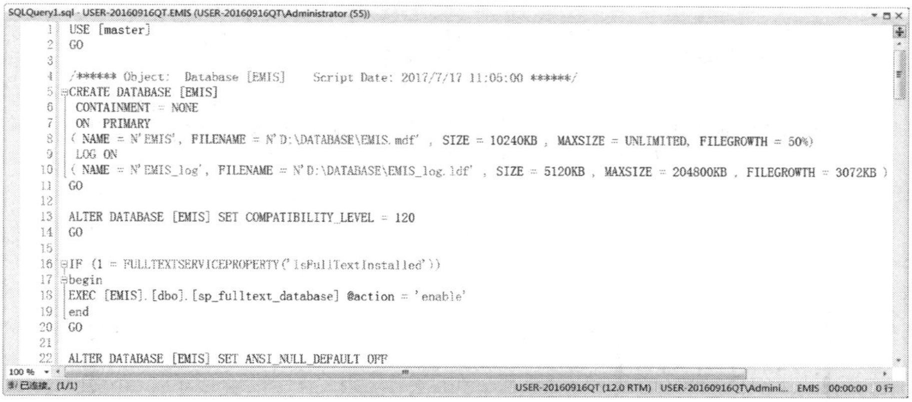

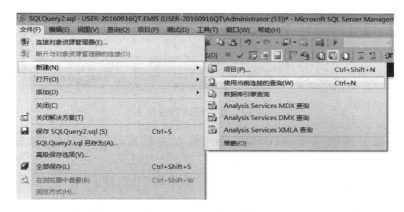

图 3-10　创建数据库 EMIS 的脚本文件

图 3-11　选择"使用当前连接的查询"命令

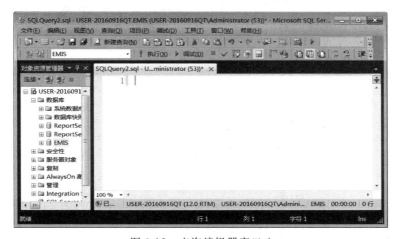

图 3-12　查询编辑器窗口 1

（2）在查询编辑器窗口中输入创建数据库的 Transact-SQL 语句（任务描述里有具体要求），具体代码如图 3-13 所示。

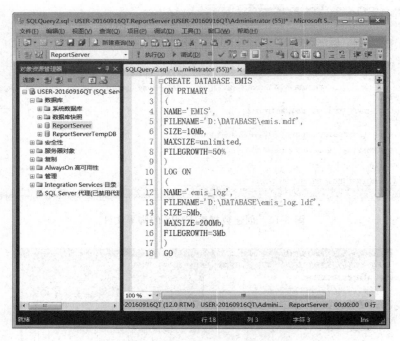

图 3-13　查询编辑器窗口 2

（3）创建数据库的 Transact-SQL 语句输入完成后，单击"执行"按钮，如图 3-14 所示。

若执行成功后看不到 EMIS 数据库，刷新"数据库"节点即可。

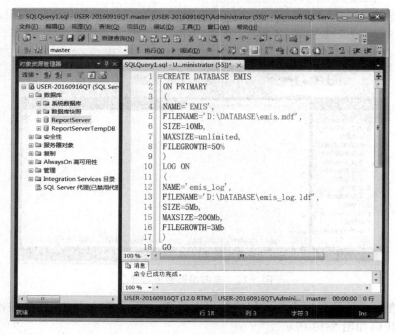

图 3-14　执行创建数据库的 Transact-SQL 语句

 相关知识

**1. 数据库的相关概念**

（1）数据（Data）：在计算机系统中，各种字母、数字符号的组合、声音、图像等均称为数据，数据经过加工即成为信息。

（2）数据库（Database）：数据库是一个长期存储在计算机内、有组织、可共享、统一管理的数据集合。数据库包含两层含义：①保管数据的"仓库"；②数据管理的方法和技术。

（3）数据库管理系统（DBMS）：数据库管理系统是一种操纵和管理数据库的软件，用于建立、使用和维护数据库。它对数据库进行统一的管理和控制，以保证数据库的安全性和完整性。

用户通过 DBMS 访问数据库中的数据，数据库管理员也通过 DBMS 进行数据库的维护工作。它可使多个应用程序和用户用不同的方法同时或在不同时刻去建立、修改和查询数据库。

（4）数据库系统（DBS）：由数据库及其管理软件组成的系统。它是一个实际可运行的并可以存储、维护和应用系统所提供的数据的软件系统，是存储介质、处理对象和管理系统的集合体。

数据库相关概念的关系如图 3-15 所示。

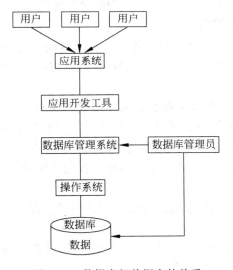

图 3-15 数据库相关概念的关系

**2. 数据库的发展史**

Database 一词是美国系统发展公司为美国海军基地在 20 世纪 60 年代研制数据时首次引用的。1963 年，Bachman 设计开发的 IDS（Integrate Data Store）系统开始投入运行，它可以为多个 COBOL 程序共享数据库。1968 年，网状数据库系统 TOTAL 等开始出现；1969 年，IBM 公司 Mc Gee 等人开发的层次式数据库系统的 IMS 系统发布，它可以

让多个程序共享数据库。1969年10月,CODASYL数据库研制者提出了网络模型数据库系统规范报告 DBTG,使数据库系统开始走向规范化和标准化。

如上所述,大家普遍认为数据库技术起源于20世纪60年代末。根据数据模型的发展,数据库的发展可以划分为三代:第一代——网状、层次数据库系统;第二代——关系数据库系统;第三代——以面向对象模型为主要特征的数据库系统。数据库技术与网络通信技术、人工智能技术、面向对象程序设计技术、并行计算技术等相互渗透、有机结合,成为当代数据库技术发展的重要特征。

20世纪70年代是关系数据库理论研究和原型开发的时代,其中以 IBM 公司的 San Jose研究试验室开发的 System R 和 Berkeley 大学研制的 Ingres 为典型代表。大量的理论成果和实践经验终于使关系数据库从实验室走向了社会,因此,人们把20世纪70年代称为数据库时代。20世纪80年代几乎所有新开发的系统均是关系型的,其中涌现出了许多性能优良的商品化关系数据库管理系统,如 DB2、Ingres、Oracle、Informix、Sybase 等。这些商用数据库系统的应用使数据库技术日益广泛地应用到企业管理、情报检索、辅助决策等方面,成为实现和优化信息系统的基本技术。从20世纪80年代以来,数据库技术在商业上的巨大成功刺激了其他领域对数据库技术需求的迅速增长。这些新的领域为数据库应用开辟了新的天地,并在应用中提出了一些新的数据管理的需求,推动了数据库技术的研究与发展。1990年高级 DBMS 功能委员会发布了《第三代数据库系统宣言》,提出了第三代数据库管理系统应具有的三个基本特征:支持数据管理、对象管理和知识管理;保持或继承第二代数据库系统的技术;对其他系统开放。

**3. SQL Server 数据库的组成**

SQL Server 数据库管理系统中的数据库文件由数据文件和日志文件组成,一个数据库至少包含一个数据文件和一个日志文件,数据文件以盘区为单位存储在存储器中。

1)数据文件

数据文件是用来存储数据库数据和数据库对象的文件,一个数据库可以有一个或多个数据库文件,一个数据文件只能属于一个数据库。当有多个数据库文件时,有一个文件被定位为主数据文件,它用来存储数据库的启动信息和部分或者全部数据,一个数据库只能有一个主数据文件。数据文件则划分为不同的页面和区域,页是 SQL Server 存储数据的基本单位。

主数据文件是数据库的起点,指向数据库文件的其他部分,每个数据库都有一个主数据文件,其扩展名为. mdf。

次数据文件包含除主数据文件外的所有数据文件,数据库可以没有次数据文件,也可能有多个次数据文件,扩展名为. ndf。

2)日志文件

SQL Server 的日志由一系列日志文件组成,日志文件中记录了存储数据库的更新情况等事务日志信息,用户对数据库进行的插入、删除和更新等操作也都会记录在日志文件中。当数据库发生损坏时,可以根据日志文件分析出错的原因;或者数据丢失时,还可以使用事务日志恢复数据库。每一个数据库必须拥有至少一个事务日志文件,而且允许拥有多个日志文件。

SQL Server 2014 不强制使用规定的扩展名,但建议使用这些扩展名以标识文件的用途。

### 4. SQL Server 系统数据库

SQL Server 服务器安装完成之后,启动 SSMS 并连接,在对象资源管理器的"数据库"→"系统数据库"节点中,可以看到 master、model、msdb 和 tempdb 4 个数据库。

(1) master 数据库。master 数据库是 SQL Server 最重要的数据库,是整个数据库服务器的核心,它记录了 SQL Server 的所有系统信息。这些系统信息包括所有的登录信息、系统配置选项、用户所在的组、服务器中本地数据库的名称和信息、SQL Server 的初始化信息和其他系统数据库及用户数据库的相关信息。用户不能直接修改此数据库,如果 master 数据库损坏了,整个 SQL Server 服务器将不能工作。作为一个数据库管理员,应该定期备份 master 数据库。

(2) model 数据库。model 数据库是 SQL Server 2014 中创建数据库的模板,如果希望创建的数据库有相同的初始大小,则可以在 model 数据库中保存文件大小的信息;如果希望所有的数据库中都有一个相同的数据表,同样也可以将该数据表保存在 model 数据库中。因为将来创建的数据库以 model 数据库中的数据为模板,因此在修改 model 数据库之前要考虑到,任何对 model 数据库中数据的修改都将影响所有使用模板创建的数据库。

(3) msdb 数据库。msdb 数据库提供运行 SQL Server Agent 工作的信息。SQL Server Agent 是 SQL Server 中的一个 Windows 服务,该服务用来运行制订的计划任务。计划任务是在 SQL Server 中定义的一个程序,该程序不需要干预即可自动开始执行。当用户对数据进行存储或者备份时,msdb 数据库会记录与执行这些任务相关的一些信息。

(4) tempdb 数据库。tempdb 数据库是一个临时数据库,它为所有的临时表、临时存储过程及其他临时操作提供存储空间。tempdb 数据库由整个系统的所有数据库使用,不管用户使用哪个数据库,他们所建立的所有临时表和存储过程都会存储在 tempdb 中。SQL Server 每次启动时,tempdb 数据库被重新建立。当用户与 SQL Server 断开连接时,其临时表和存储过程自动被删除。

### 5. 创建数据库的 Transact-SQL 语句

语法格式如下。

```
CREATE DATABASE database_name
[ON
  [PRIMARY]< filespec >[,...n]
  [,<filegroup>[,...n]]
  [LOG ON < filespec >[,...n]]
]
< filespec >::= (
  NAME = logical_file_name,
  FILENAME = {'os_file_name'|'filestream_path'}
  [,SIZE = size[KB|MB|GB|TB]]
  [,MAXSIZE = {max_size[KB|MB|GB|TB]|UNLIMITED}]
```

```
[,FILEGROWTH = growth_increment[KB|MB|GB|TB| % ]]
)
< filegroup >:: = FILEGROUP filegroup_name < filespec >[,...n]
```

语法说明如下。

(1) database_name：新创建的数据库的名称，不能与 SQL Server 中现有的数据库实例名称相冲突，最多可以包含 128 个字符。

(2) ON：用于显式定义存储数据库数据部分的主数据文件、次要数据文件和文件组。

(3) PRIMARY：指明主文件组中的主数据文件。一个数据库中只能有一个主数据文件，如果缺省 PRIMARY 关键字，则系统指定语句中的第一个文件为主数据文件。

(4) LOG ON：指明事务日志文件的明确定义。如果不指定，系统会自动创建一个日志文件，其大小为该数据库所有数据文件大小总和的 25％ 或 512KB，取两者中的较大者。

(5) NAME ＝logical_file_name：指定数据文件或日志文件的逻辑文件名。

(6) FILENAME ＝ 'os_file_name'：指定数据文件或日志文件的物理文件名，即创建文件时，由操作系统使用的路径和文件名。

(7) SIZE ＝ size：指定数据文件或日志文件的初始大小，默认单位为 MB。如果没有为主数据文件提供 SIZE，则数据库引擎使用 model 数据库中的主数据文件的大小；如果为主数据文件提供了 SIZE，则该 SIZE 值应大于或等于 model 数据库中的主数据文件的大小；否则系统报错。

(8) MAXSIZE ＝{max_size | UNLIMITED }：指定数据文件或日志文件可以增长到的最大容量，默认单位为 MB。如果缺省该项或指定为 UNLIMITED，则文件的容量可以不断增加，直到整个磁盘满为止。

(9) FILEGROWTH ＝growth_increment：指定数据文件或日志文件的增长幅度，默认单位为 MB。0 值表示不增长，即自动增长被设置为关闭，不允许增加空间。增幅既可以用具体的容量表示，也可以用文件大小的百分比表示。如果没有指定该项，系统默认按文件大小的 10％增长。

 **拓展练习**

分析下面这段代码并执行。

```
CREATE DATABASE test
ON PRIMARY
(
    NAME = test_data1,
    FILENAME = 'c:\data\test_data1.mdf',
    SIZE = 10MB,
    MAXSIZE = 50MB,
    FILEGROWTH = 10
),
```

```
(
    NAME = test_data2,
    FILENAME = 'd:\data\test_data2.ndf',
    SIZE = 10MB,
    MAXSIZE = 500MB,
    FILEGROWTH = 10
),
FILEGROUP business_group
(
    NAME = test_dat3,
    FILENAME = 'e:\data\test_dat3.ndf',
    SIZE = 10MB,
    MAXSIZE = 50MB,
    FILEGROWTH = 10 %
)
LOG ON
(
    NAME = test_log,
    FILENAME = 'c:\data\test_log.ldf',
    SIZE = 8MB,
    MAXSIZE = 100MB,
    FILEGROWTH = 10MB
),
(
    NAME = test_log1,
    FILENAME = 'd:\data\test_log1.ldf',
    SIZE = 8MB,
    MAXSIZE = 100MB,
    FILEGROWTH = 10MB
)
```

# 任务 3.2　管理 EMIS 数据库

 任务描述

对于已经创建好的数据库，查看数据库信息、修改数据库、复制数据库、重命名数据库、删除数据库以及脱机和联机操作都是数据库管理的内容。

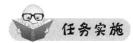 任务实施

## 1. 查看数据库信息

SQL Server 中可以使用多种方式查看数据库信息，如使用函数、使用系统存储过程或者在图形化界面下查看。

1）使用函数查看 EMIS 数据库的状态信息

具体代码及执行结果如图 3-16 所示。

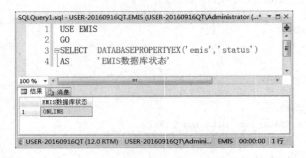

图 3-16　查看 EMIS 数据库的状态信息

2）使用系统存储过程查看 EMIS 数据库的空间使用情况

具体代码及执行结果如图 3-17 所示。

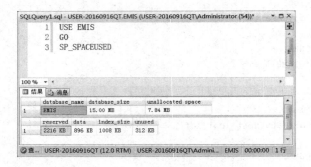

图 3-17　查看 EMIS 数据库的空间使用情况

3）使用系统存储过程查看所有数据库的基本信息

具体代码及执行结果如图 3-18 所示。

图 3-18　查看所有数据库的基本信息

4）使用图形化管理工具查看数据库信息

在对象资源管理器中右击"数据库"→EMIS 节点，在弹出的快捷菜单中选择"属性"命令，在打开的"数据库属性"窗口中即可看到数据库的基本信息、文件信息、文件组信息和权限信息等，如图 3-19 所示。

图 3-19　查看数据库信息

**2. 修改数据库**

数据库创建好后,可能会发现有些需要更改的地方,比如数据库的属性、文件大小等。可以在 SSMS 的对象资源管理器中进行修改,也可以使用 ALTER DATABASE 语句来修改数据库。

1)使用对象资源管理器对数据库的属性进行修改

(1)在对象资源管理器中右击"数据库"→EMIS 节点,在弹出的快捷菜单中选择"属性"命令,在打开的"数据库属性-EMIS"窗口中可对不同选项卡中的内容进行设置,如更改跟踪、权限、扩展属性、镜像和事务日志传送等,如图 3-20 所示。

图 3-20　修改 EMIS 数据库的属性

（2）在"数据库属性-EMIS"窗口中单击左侧的"文件"选项，可以更改数据库的初始大小，修改自动增长方式、最大容量，如图 3-21 所示。

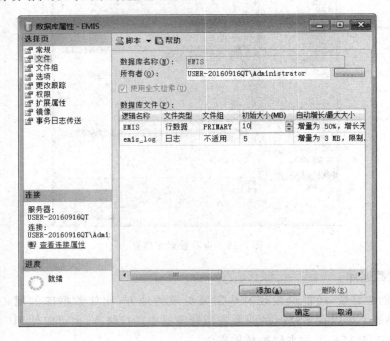

图 3-21　修改数据库的文件属性

2）使用 Transact-SQL 语句增加 EMIS 数据库数据文件的初始大小

具体代码及执行结果如图 3-22 所示。

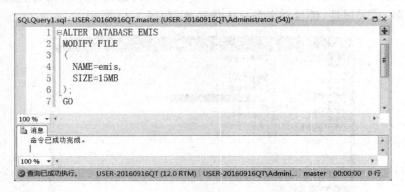

图 3-22　修改数据库文件的初始大小

3）使用 Transact-SQL 语句收缩 EMIS 数据库的大小

具体代码及执行结果如图 3-23 所示。

SQL Server 2014 采取预先分配空间的方法建立数据库的数据文件或者日志文件。比如为数据文件分配了 100MB 空间，而实际只占用了 50MB 空间，这样就会造成存储空间的浪费。为此，SQL Server 2014 提供了收缩数据库的功能，允许对数据库中的每个文

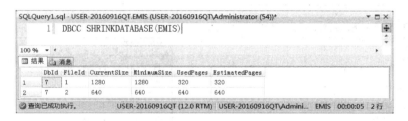

图 3-23 收缩 EMIS 数据库的大小

件进行收缩,删除已经分配但没有使用的页。

4)使用 Transact-SQL 语句收缩 EMIS 数据库的数据文件大小

首先查询所有数据库文件的编号,具体代码及执行结果如图 3-24 所示。

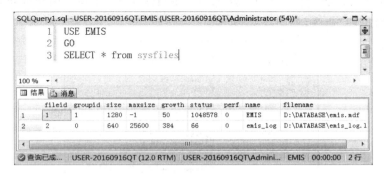

图 3-24 查询数据库文件编号

然后收缩指定数据库文件的大小,具体代码及执行结果如图 3-25 所示。

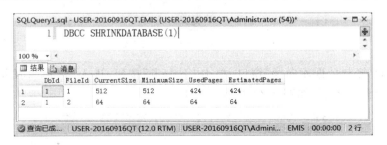

图 3-25 收缩 EMIS 数据库中指定文件的大小

### 3. 复制数据库

复制数据库向导可以在不同的 SQL Server 服务器之间复制和移动数据库、创建镜像数据库,或将数据库用于远程操作。下面的操作是在同一个 SQL Server 服务器的不同存放位置之间复制数据库。

(1)复制数据库之前须启动"SQL Server 代理"。在对象资源管理器中右击"SQL Server 代理",选择"启动"命令,如图 3-26 所示。

(2)弹出对话框询问"是否要启动 SQL Server 服务",单击"是"按钮即可启动 SQL Server 代理,启动成功后如图 3-27 所示。

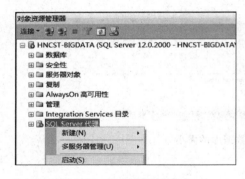

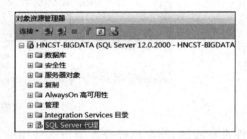

图 3-26  选择"启动"命令 图 3-27  "SQL Server 代理"启动成功

（3）在对象资源管理器中右击"数据库"→EMIS 节点，在弹出的快捷菜单中选择"任务"→"复制数据库"命令，如图 3-28 所示。

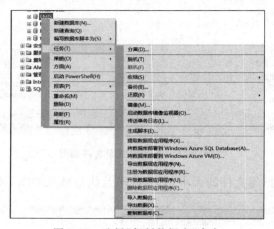

图 3-28  选择"复制数据库"命令

（4）弹出"复制数据库向导"窗口，单击"下一步"按钮，进入"选择源服务器"界面，在此界面中选择源服务器，如图 3-29 所示。

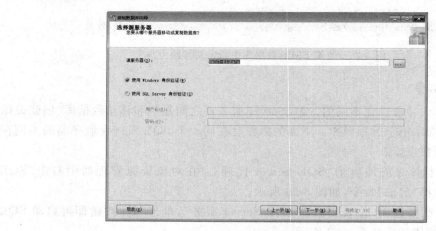

图 3-29  "选择源服务器"界面

（5）选择好源服务器后单击"下一步"按钮，进入"选择目标服务器"界面。在该界面中选择目标服务器为本服务器，即选择 HNCST-BIGDATA，身份验证选择"使用Windows身份验证"，如图3-30所示。此时目标服务器和源服务器相同，实际应用中可以选择不同的数据库服务器。

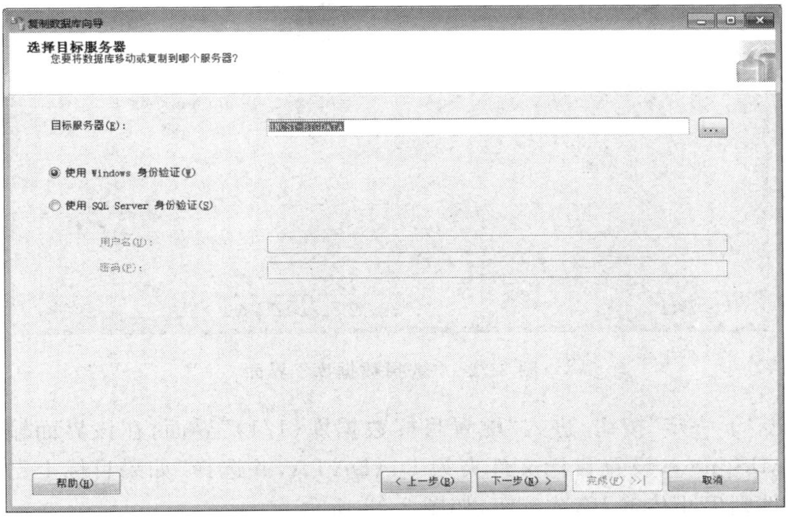

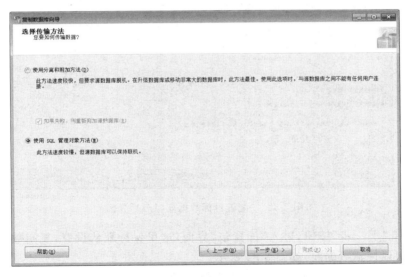

图 3-30　"选择目标服务器"界面

（6）在"选择目标服务器"界面中单击"下一步"按钮，进入"选择传输方法"界面，选择"使用 SQL 管理对象方法"，此时源数据库可以保持联机状态，如图3-31所示。

图 3-31　"选择传输方法"界面

（7）在"选择传输方法"界面中单击"下一步"按钮，进入"选择数据库"界面，可以选择1个或者多个数据库进行复制，此时选择 EMIS 数据库，如图3-32所示。

图 3-32 "选择数据库"界面

（8）单击"下一步"按钮，进入"配置目标数据库（1/1）"界面，在该界面输入目标数据库的名称 EMIS_new，设置目标文件夹为 D:\DATA，并选择"如果目标上已存在同名的数据库或文件则停止传输"单选按钮，如图 3-33 所示。

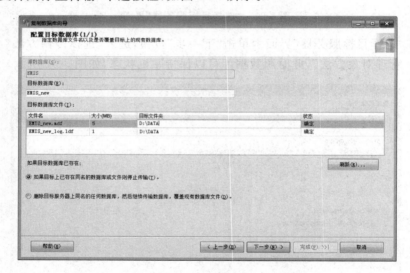

图 3-33 "配置目标数据库（1/1）"界面

（9）单击"下一步"按钮，进入"配置包"界面，这里保持默认设置，复制数据库向导将创建 SSIS 包以传输数据库，如图 3-34 所示。

（10）单击"下一步"按钮，进入"安排运行包"界面，设置"Integration Services 代理账户"为"SQL Server 代理服务账户"，如图 3-35 所示。

（11）单击"下一步"按钮，进入"完成该向导"界面，如图 3-36 所示。

（12）单击"完成"按钮，可以看到执行操作过程，如图 3-37 所示。

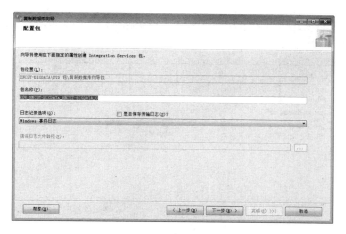

图 3-34 "配置包"界面

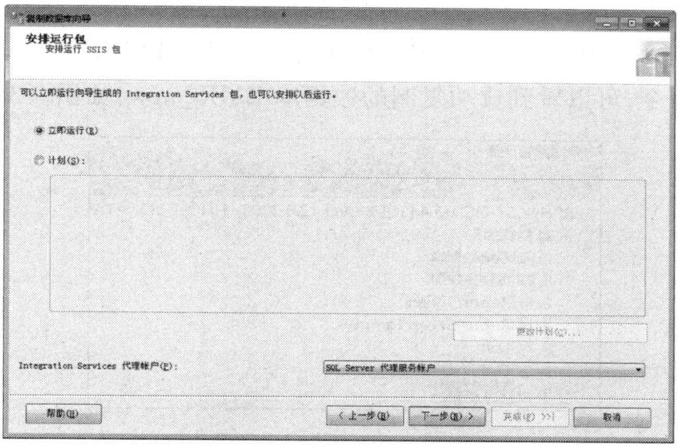

图 3-35 "安排运行包"界面

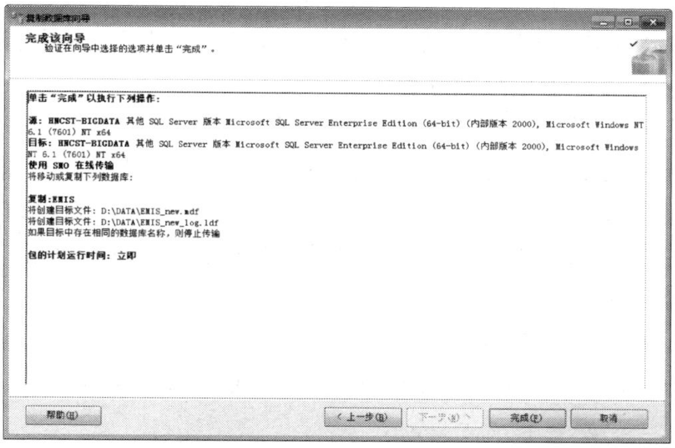

图 3-36 "完成该向导"界面

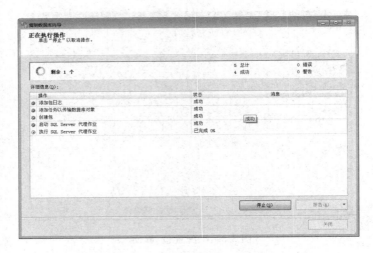

图 3-37　执行复制操作的过程

（13）数据库复制完成后，在对象资源管理器中右击"数据库"节点，在弹出的快捷菜单中选择"刷新"命令，可以看到成功复制的数据库 EMIS_new，如图 3-38 所示。

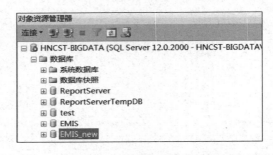

图 3-38　复制成功的数据库

### 4. 删除数据库

为了节省磁盘空间，对于不需要的数据库，可以将它们从系统中删除。

1）使用对象资源管理器删除数据库

（1）在对象资源管理器中右击"数据库"→EMIS 节点，在弹出的快捷菜单中选择"删除"命令，如图 3-39 所示。也可以直接按键盘上的 Delete 键进行删除。

（2）打开"删除对象"窗口，在这里确认删除的目标数据库。在窗口中也可以选择是否要"删除数据库备份和还原历史记录信息"和"关闭现有连接"，如图 3-40 所示。单击"确定"按钮，之后将执行数据库的删除操作。

**注意**：删除数据库一定要慎重，因为要恢复被删除的数据库需要提前做过数据库的备份。当数据库正在使用、正在恢复或包含用于复制的对象时，此数据库不可被删除。

2）使用 Transact-SQL 语句删除数据库

具体代码及执行结果如图 3-41 所示。

图 3-39 选择"删除"命令

图 3-40 "删除对象"窗口

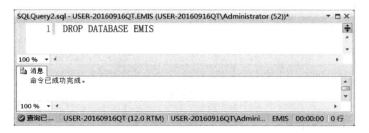

图 3-41 删除 EMIS 数据库

**5．脱机和联机**

数据库有联机和脱机两种状态。数据库处于联机状态时，可以对数据库进行访问；主数据文件处于在线状态时，用户不能移动数据库文件。数据库在脱机状态下，才能使用硬盘文件备份工具进行备份和还原。

1）使数据库 EMIS 脱机

（1）在对象资源管理器中右击"数据库"→EMIS 节点，在弹出的快捷菜单中选择"任务"→"脱机"命令，如图 3-42 所示。

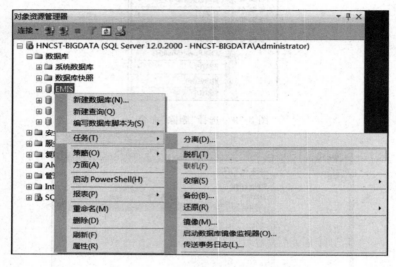

图 3-42　选择"脱机"命令

（2）"脱机"命令执行成功，会弹出"使数据库脱机"窗口，在该窗口中显示数据库脱机成功的提示信息，如图 3-43 所示。此时数据库 EMIS 的图标变为 EMIS（脱机）状态。

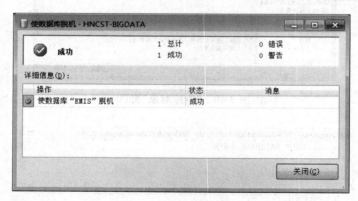

图 3-43　使数据库脱机

2）使数据库 EMIS 联机

（1）在对象资源管理器中右击"数据库"→EMIS 节点，在弹出的快捷菜单中选择"任务"→"联机"命令，如图 3-44 所示。

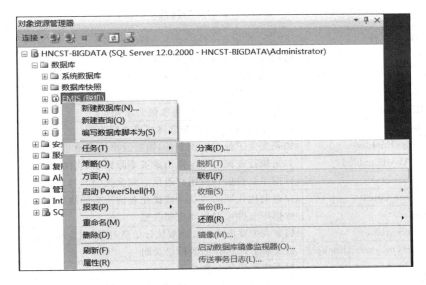

图 3-44　选择"联机"命令

（2）系统开始执行联机操作，同时打开"使数据库联机"窗口，在该对窗口中显示数据库联机成功的提示信息，如图 3-45 所示。

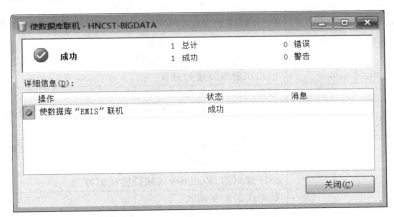

图 3-45　"使数据库联机"窗口

 相关知识

### 1. 使用函数 DATABASEPROPERTYEX( )查看数据库的属性

DATABASEPROPERTYEX( )函数的语法格式如下。

```
DATABASEPROPERTYEX('emis','status')
```

其中，第一个参数表示要返回信息的数据库；第二个参数表示要查看的数据库属性，具体如表 3-1 所示。

表 3-1  数据库的属性

| 属　　性 | 说　　明 |
| --- | --- |
| Collation | 数据库的默认排序规则名称 |
| ComparisionStyle | 排序规则的 Windows 比较样式 |
| IsAnsiNullDefault | 数据库遵循的 ISO 规则,允许 NULL 值 |
| IsAnsiNullEnabled | 所有与 NULL 的比较将取值为未知 |
| IsAnsiPaddingEnabled | 在比较或插入前,字符串将被填充到相同长度 |
| IsAnsiWarningsEnabled | 如果发生了标准错误条件,则将发出错误消息或警告消息 |
| IsArithmeticAbortEnabled | 如果执行查询时发生溢出或被零除错误,将结束查询 |
| IsAutoClose | 数据库在最后一位用户退出后完全关闭并释放资源 |
| IsAutoCreateStatistics | 在查询优化期间自动生成优化查询所需的缺失统计信息 |
| IsAutoShrink | 数据库文件可以自动定期收缩 |
| IsAutoUpdateStatistics | 如果表中数据的更改造成统计信息过期,则自动更新现有统计信息 |
| IsCloseCursorsOnCommitEnabled | 提交事务时打开的游标已关闭 |
| IsFulltextEnabled | 数据库已启用全文功能 |
| IsInStandBy | 数据库以只读方式联机,并允许还原日志 |
| IsLocalCursorsDefault | 游标声明默认为 LOCAL |
| IsMergePublished | 指定是否可以发布数据库表供合并复制 |
| IsNullConcat | NULL 串联操作数产生 NULL 值 |
| IsNumericRoundAbortEnabled | 表达式中缺少精度时将产生错误 |
| IsParameterizationForced | PARAMETERIZATION 数据库 SET 选项为 FORCED |
| IsQuotedIdentifiersEnabled | 可对标识符使用英文双引号 |
| IsPublished | 如果安装了复制,可以发布数据库表供快照复制或事务复制 |
| IsRecursiveTriggersEnabled | 已启用触发器递归触发 |
| IsSubscribed | 数据库已订阅发布 |
| IsSyncWithBackup | 数据库为发布数据库或分发数据库,并且在还原时不用中断事务复制 |
| IsTornPageDetectionEnabled | SQL Server 数据库引擎检测到因电力故障或其他系统故障造成的不完全 I/O 操作 |
| LCID | 排序规则的 Windows 区域设置标识符 |
| Recovery | 数据库的恢复模式 |
| SQLSortOrder | SQL Server 早期版本中支持的 SQL Server 排序规则 ID |
| Status | 数据库状态 |
| Updateability | 指示是否可修改数据 |
| UserAccess | 指示哪些用户可以访问数据库 |
| Version | 用于创建数据库的 SQL Server 代码的内部版本号。标识为仅供参考不提供支持,不保证以后的兼容性 |

**2. 修改数据库**

　　ALTER DATABASE 语句可以增加或删除数据文件、改变数据文件或日志文件的大小和增长方式,以及增加或者删除日志文件和文件组。ALTER DATABASE 语句的基本语法格式如下。

```
ALTER DATABASE database_name
{
    MODIFY NAME = new_database_name
    |ADD FILE < filespec > [,...n] [ TO FILEGROUP filegroup_name]
    | ADD LOG FILE < filespec > [,...n]
    | REMOVE FILE logical_file_name
    | ADD FILEGROUP filegroup_name
    | REMOVE FILEGROUP filegroup_name
    | MODIFY FILE < filespec >
}
< filespec >::=
(
    NAME = logical_file_name
    [, NEWNAME = new_logical_name]
    [, FILENAME = {'os_file_name' | 'filestream_path'}]
    [, SIZE = size [ KB | MB | GB | TB ] ]
    [, MAXSIZE = { max_size [ KB | MB | GB | TB ] | UNLIMITED } ]
    [, FILEGROWTH = growth_increment [ KB | MB | GB | TB | % ] ]
    [, OFFLINE]
);
```

语法说明如下。

（1）database_name：指定要修改的数据库名称。

（2）MODIFY NAME：指定新的数据库名称。

（3）ADD FILE：向数据库中添加文件。

（4）TO FILEGROUP filegroup_name：将指定文件添加到新的文件组。filegroup_name 为文件组名称。

（5）ADD LOG FILE：将要添加的日志文件添加到指定的数据库。

（6）REMOVE FILE logical_file_name：从 SQL Server 的实例中删除逻辑文件和物理文件。除非文件为空，否则无法删除文件。logical_file_name 是在 SQL Server 中引用文件时所用的逻辑名称。

（7）MODIFY FILE：指定应修改的文件。必须在< filespec >中指定 NAME，以标识要修改的文件。如果指定了 SIZE，那么新大小必须比文件当前指定的数值要大。

**3. 复制数据库**

复制数据库向导可以在不同的 SQL Server 服务器之间复制、移动数据库，创建镜像数据库或将数据库用于远程操作。

**4. 删除数据库**

使用 DROP 语句删除数据库，可以一次删除一个或多个数据库。其基本语法格式如下。

```
DROP DATABASE database_name[,...n];
```

语法说明如下。

database_name：要删除的数据库名称。

**5. 脱机和联机**

使用向导和 Transact-SQL 语句对数据库进行备份时，都是在联机状态下进行的，不需要将数据库设置为脱机,因为在备份过程中,用户还在持续更新数据,让数据库因为备份而脱机会浪费宝贵的工作时间。

如果要对整个或者部分数据库进行物理备份,可以将数据库设置为脱机状态。要让数据库脱机,SQL Server 必须能获得对数据库的独占访问。让数据库脱机,意味着让数据库脱离服务,此时数据库无法使用,不能更新或访问数据。数据库在脱机状态时,可以使用任何硬盘文件备份工具进行数据库的备份和恢复。

## 任务 3.3　转移 EMIS 数据库

### 任务描述

当数据库发生异常或数据丢失时,或者需要将数据库从一个服务器转移到另一个服务器时,可以用之前备份的数据文件来恢复数据库。这种最直接的备份和恢复的方式可以使用附加和分离进行处理。

### 任务实施

**1. 分离数据库**

1)在对象资源管理器中分离数据库

(1)在对象资源管理器中右击"数据库"→EMIS 节点,在弹出的快捷菜单中选择"任务"→"分离"命令,如图 3-46 所示。

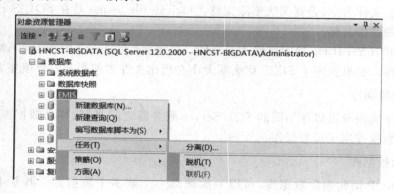

图 3-46　选择"分离"命令

(2)在弹出的"分离数据库"窗口中单击"确定"按钮,如图 3-47 所示,即可完成数据库的分离操作。数据库分离之后,在对象资源管理器的"数据库"节点下将看不到 EMIS 数据库。

2)使用存储过程 sp_detach_db 分离数据库

具体代码及执行结果如图 3-48 所示。

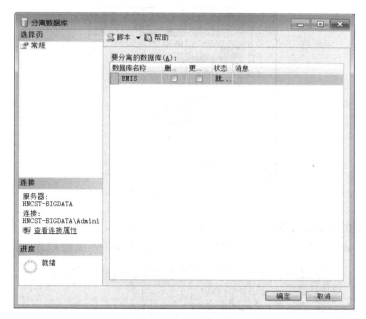

图 3-47 "分离数据库"对话框

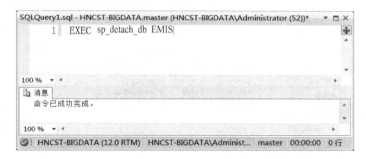

图 3-48 使用存储过程分离数据库

分离数据库之前,必须确定没有用户在使用此数据库。已分离的数据库文件仍然存在,而操作系统认为它们是已关闭的文件。分离后的数据库文件仍然保留在原始位置,可以直接附加、复制、移动这些文件,甚至可以像其他操作系统文件一样被删除。

**2. 备份数据文件**

数据库文件被分离之后,可以根据需要将数据文件复制到任何地方,以方便以后恢复数据库时使用。

**3. 使用分离的数据库文件附加数据库**

1)在对象资源管理器中附加数据库

(1)在对象资源管理器中右击"数据库"节点,在弹出的快捷菜单中选择"附加"命令,如图 3-49 所示。

图 3-49　选择"附加"命令

（2）在弹出的"附加数据库"窗口中单击"添加"按钮，根据备份文件的路径选择主数据文件 EMIS. mdf，如图 3-50 所示。单击"确定"按钮即可完成数据库的附加操作。

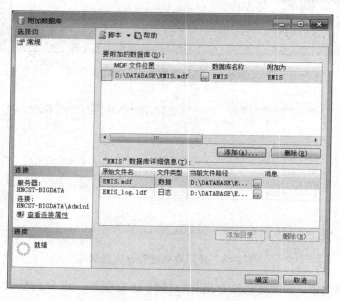

图 3-50　"附加数据库"窗口

2）使用存储过程 sp_attach_db 附加数据库

具体代码及执行结果如图 3-51 所示。

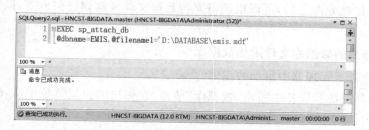

图 3-51　使用存储过程附加数据库

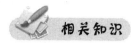 **相关知识**

分离数据库是指从 SQL Server 服务器删除数据库,但是保持数据文件和事务日志文件完好无损,这些数据和日志文件可以用来将数据库附加到任何 SQL Server 实例上,这时数据库的使用状态与它分离时的状态完全相同。

另外,通过附加数据库的方法还可以将一台服务器的数据库转移到另一台服务器中。

**1. 分离数据库的 sp_detach_db 存储过程**

语法格式如下。

sp_detach_db @dbname = 'dbname'

语法说明如下。

@dbname ='dbname':要分离的数据库的名称。

**2. 附加数据库的 sp_attach_db 存储过程**

语法格式如下。

sp_attach_db [ @dbname = ] 'dbname', [ @filename1 = ] 'filename' [ ,...16 ]

语法说明如下。

(1)[@dbname =] 'dbname':要附加到服务器的数据库的名称。该名称必须是唯一的。

(2)[@filename1 =] 'filename':数据库文件的物理名称,包括路径。filename 的数据类型为 nvarchar(260),默认值为 NULL,最多可以指定 16 个文件名。参数名称从@filename1开始,递增到 @filename16。文件名列表必须包括主文件,主文件包含指向数据库中其他文件的系统表,该列表还必须包括数据库分离后所有被移动的文件。

该存储过程执行后,返回 0 表示成功;返回 1 表示失败。

# 项目实训 3

本实训在不同的 SQL Server 服务器之间复制或移动数据库,并且移动 tempdb 数据库。

**提示:** 在不同的 SQL Server 服务器间复制或移动数据库时需要有权限连接其他服务器。

(1)将已有的数据库 EMIS 复制或移动到另一台服务器。

(2)移动 tempdb 数据库的数据和日志文件到新位置。在"数据库属性"窗口中可以

查看 tempdb 数据库的逻辑文件名及所在磁盘位置,但只可以增加文件,无法修改已有的
设置。需要使用 ALTER DATABASE 语句来实现,如图 3-52 所示。

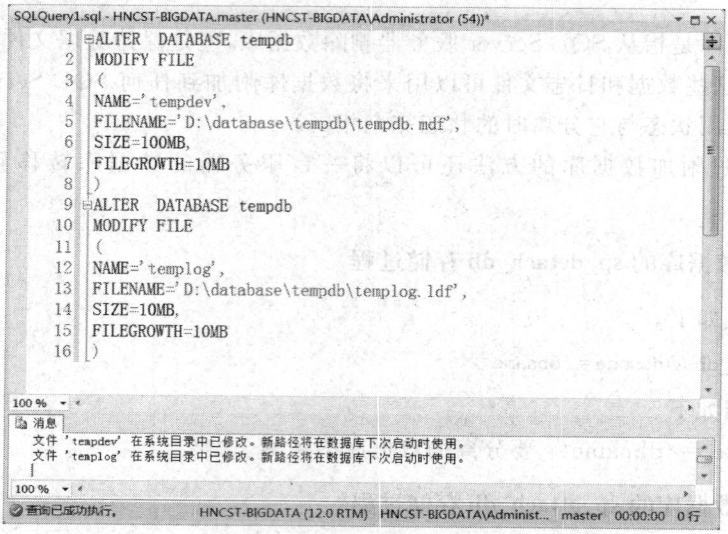

```
SQLQuery1.sql - HNCST-BIGDATA.master (HNCST-BIGDATA\Administrator (54))*
1  ⊟ALTER  DATABASE tempdb
2    MODIFY FILE
3    (
4    NAME='tempdev',
5    FILENAME='D:\database\tempdb\tempdb.mdf',
6    SIZE=100MB,
7    FILEGROWTH=10MB
8    )
9  ⊟ALTER  DATABASE tempdb
10   MODIFY FILE
11   (
12   NAME='templog',
13   FILENAME='D:\database\tempdb\templog.ldf',
14   SIZE=10MB,
15   FILEGROWTH=10MB
16   )
```

消息
文件 'tempdev' 在系统目录中已修改。新路径将在数据库下次启动时使用。
文件 'templog' 在系统目录中已修改。新路径将在数据库下次启动时使用。

图 3-52　移动 tempdb 文件到新的位置

项目

# 设计关系表存储全校学生的基本信息

表是包含数据库中所有数据的数据库对象。数据在表中的逻辑组织方式与在电子表格中相似,都是按行和列的格式组织的。每一行代表一条唯一的记录,每一列代表记录中的一个字段。数据库管理员需要根据需求创建表用于存储数据,对数据表进行导入导出操作,并根据实际情况对表结构进行变更。

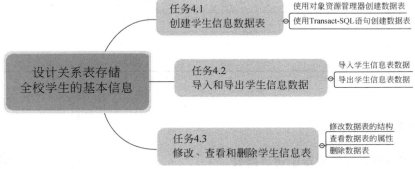

## 任务 4.1 创建学生信息数据表

根据设计好的数据字典创建学生表和课程注册表。数据表既可使用对象资源管理器创建,也可使用 Transact-SQL 语句创建。

学生信息表 t_student 的结构如表 4-1 所示。

表 4-1　t_student 表的结构定义

| 列　名 | 数据类型 | 长　度 | 是否为空 | 约　束 | 备　注 |
|---|---|---|---|---|---|
| student_id | char | 12 | 否 | 主键 | 学号 |
| name | varchar | 8 | 否 | | 姓名 |
| sex | char | 2 | 否 | | 性别 |
| birthday | datetime | | 否 | | 出生日期 |
| admission_date | date | | 否 | | 入学日期 |
| class_code | char | 9 | 否 | | 班级代码 |
| status | char | 2 | 否 | | 学籍状态 |
| qq_num | char | 13 | 是 | | QQ 号码 |
| interest | varchar | 200 | 是 | | 兴趣 |

课程注册表 t_course_reg 的结构如表 4-2 所示。

表 4-2　t_course_reg 表的结构

| 列　名 | 数据类型 | 长度 | 是否为空 | 约束 | 备　注 |
|---|---|---|---|---|---|
| reg_id | bigint | | 否 | | 注册号,从 10000000 开始的连续编号,不用于复制 |
| student_id | char | 12 | 否 | | 学号 |
| course_code | char | 4 | 否 | | 课程号 |
| teacher_id | char | 12 | 否 | | 教师编号 |
| school_year | char | 4 | 是 | | 学年 |
| school_term | tinyint | | 是 | | 学期 |
| charge_flag | bit | | 是 | | 收费否 |
| reg | bit | | 是 | | 注册 |
| score | decimal | 5,2 | 是 | | 成绩 |
| credit | tinyint | | 是 | | 学分 |

**任务实施**

### 1. 使用对象资源管理器创建数据表

1) 创建学生信息表

(1) 在对象资源管理器中右击“数据库”→EMIS→“表”节点,在弹出的快捷菜单中选择“新建”→“表”命令,如图 4-1 所示。

(2) 在新建表窗口中输入该表所有列的列名和数据类型及长度,并在“允许 Null 值”中将所有不为空的列的复选框取消选中,如图 4-2 所示。

(3) 右击 student_id 列,在弹出的快捷菜单中选择“设置主键”命令,将该列设置为主键,如图 4-3 所示。

图 4-1　选择"新建"→"表"命令

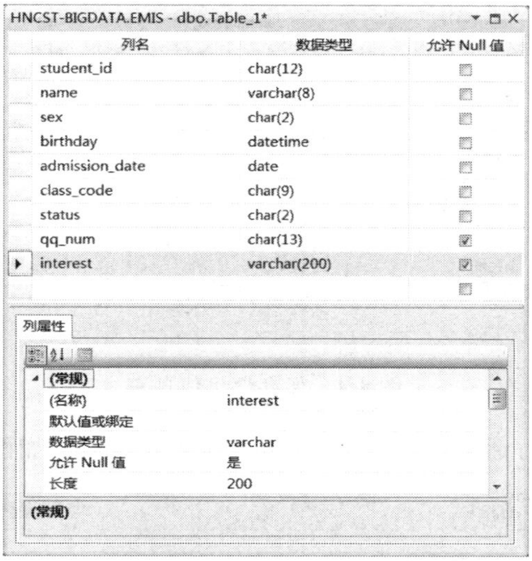

图 4-2　创建学生信息表的结构

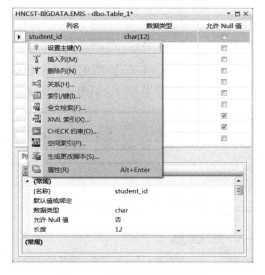

图 4-3　选择"设置主键"命令

（4）右击新建表窗口的标题栏，在弹出的快捷菜单中选择"保存 Table_1"命令，如图 4-4 所示。

图 4-4    保存学生信息表

（5）在"选择名称"对话框中，为新表输入名称 t_student，如图 4-5 所示。

图 4-5    "选择名称"对话框

（6）单击"确定"按钮，完成数据表 t_student 的创建。创建成功的数据表显示在对象资源管理器中的"数据库"→EMIS→"表"节点下，如图 4-6 所示。

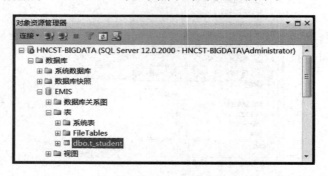

图 4-6    t_student 数据表

2）创建"课程注册表"

（1）右击"表"节点，在弹出的快捷菜单中选择"新建"→"表"命令。

（2）在新建表窗口中输入课程注册表所有列的列名和数据类型，并在"允许 Null 值"中将所有不为空的列的复选框取消选中，如图 4-7 所示。

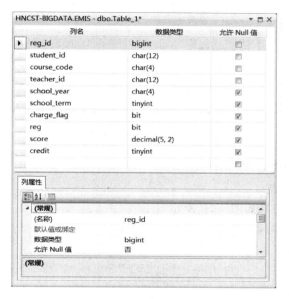

图 4-7　创建课程注册表的结构

（3）单击 reg_id 列，在"列属性"下的"标识规范"中设置"（是标识）"为"是"，"标识增量"为 1，"标识种子"为 10000000，"不用于复制"为"否"，如图 4-8 所示。

图 4-8　设置 reg_id 列的标识规范

（4）将该表保存为数据表 t_course_reg，创建成功的数据表显示在对象资源管理器中的"数据库"→EMIS→"表"节点下，如图 4-9 所示。

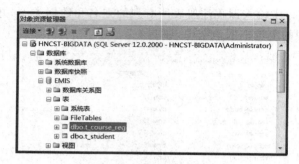

图 4-9    t_course_reg 数据表

## 2. 使用 Transact-SQL 语句创建数据表

### 1）创建学生信息表

具体代码及执行结果如图 4-10 所示。

```
USE EMIS
GO
CREATE TABLE t_student
(
    student_id       char(12) NOT NULL CONSTRAINT pk_student PRIMARY KEY,
    name             varchar(8) NOT NULL,
    sex              char(2) NOT NULL,
    birthday         datetime NOT NULL,
    admission_date   date NOT NULL,
    class_code       char(9) NOT NULL,
    status           char(2) NOT NULL,
    qq_num           char(13) NULL,
    interest         varchar(200) NULL
)
GO
```

图 4-10    使用 Transact-SQL 语句创建 t_student 表

### 2）创建课程注册表

具体代码及执行结果如图 4-11 所示。

```
USE EMIS
GO
CREATE TABLE t_course_reg
(
    reg_id          bigint IDENTITY(10000000, 1) NOT NULL,
    student_id      char(12) NOT NULL,
    course_code     char(4) NOT NULL,
    teacher_id      char(12) NOT NULL,
    school_year     char(4),
    school_term     tinyint,
    charge_flag     bit,
    reg             bit,
    score           decimal(5, 2),
    credit          tinyint
)
GO
```

图 4-11    使用 Transact-SQL 语句创建 t_course_reg 表

相关知识

**1. 数据表的相关概念**

数据表是包含数据库中所有数据的数据库对象。数据在表中的逻辑组织方式与在电子表格中相似,都是按行和列的格式组织的。每一行代表一条唯一的记录,每一列代表记录中的一个字段。例如,在包含公司雇员数据的表中,每一行代表一名雇员,各列分别代表该雇员的信息,如雇员编号、姓名、地址、职位以及家庭电话号码等。

(1)数据库中的表数仅受数据库中允许的对象数(2147483647)的限制。标准的用户定义的表可以有多达1024列。表的行数仅受服务器的存储容量的限制。

(2)可将属性分配到表和表中的每个列以控制允许的数据和其他属性。例如,可在列上创建约束以禁止空值或在未指定值时提供默认值,也可以在表上指定强制唯一性或定义表之间的关系的键约束。

(3)可对表中的数据按行进行压缩。

**2. 数据类型**

在创建表时,必须为表中每个列定义数据类型。数据类型指定了每个列可以容纳的数据的类型(数值、字符、日期或货币等)以及在内存中如何存储该列的数据。除表中的字段外,局部变量、表达式和参数都具有一个相关的数据类型。SQL Server 2014中的数据类型可以分为两类:系统数据类型和基于系统数据类型的用户定义数据类型。

1)系统数据类型

SQL Server 2014提供的系统数据类型有30多种,可以分为10大类。SQL Server会自动限制每个系统数据类型的值的范围,当插入表中的值超过了数据类型允许的范围时,SQL Server就会报错。

(1)二进制数据类型

二进制数据类型包括两种:binary、varbinary。

① binary[(n)]:表示长度为n字节的固定长度二进制数据,n必须是1~8000的值。该类型的数据所占存储空间的大小为n字节。在输入binary类型的值时,应以十六进制格式输入,即以0x打头,后面使用0~9和A~F表示,如0x28B。如果输入数据长度大于定义的长度,超出的部分会被截断。

② varbinary[(n|max)]:表示n字节可变长二进制数据,n必须是1~8000的值。该类型数据所占存储空间大小为实际输入数据长度加2字节,而不是n字节。max表示最大存储空间大小为$2^{31}-1$字节。

**注意**:在定义的范围内,不论输入的数据长度是多少,binary类型的数据都占用相同的存储空间;而varbinary类型的数据是在存储时根据实际值的长度使用存储空间。

(2)整数数据类型

整数数据类型是常用的数据类型之一,主要用于存储数值数据,可以直接进行数学运算而不必使用函数转换。整数数据类型有5种:bit、int、bigint、smallint、tinyint。

① bit：位数据类型,该类型的数据只能取 0 或 1,长度为 1 字节。通常使用 bit 类型的数据表示真假逻辑关系,如开/关、是/否、真/假等。当输入非零值时,系统将其转换为 1。要注意,不能对 bit 类型的字段使用索引。

② int：每个 int 类型数据占用的存储空间为 4 字节,可以存储 $-2^{31}\sim 2^{31}-1$ 的整数。

③ bigint：每个 bigint 类型数据占用的存储空间为 8 字节,可以存储 $-2^{63}\sim 2^{63}-1$ 的整数。

④ smallint：每个 smallint 类型数据占用的存储空间为 2 字节,可以存储 $-2^{15}\sim 2^{15}-1$ 的整数。

⑤ tinyint：每个 tinyint 类型数据占用的存储空间为 1 字节,可以存储 $0\sim 255$ 的整数。

(3) 浮点数据类型

浮点数据类型包括 float 和 real 两种,用于表示浮点数据的大致数值。浮点数据为近似值,因此,并非数据类型范围内的所有值都能精确地表示。

① real：可以存储正的或者负的十进制数值,占 4 字节的存储空间,其数据范围是 $-3.40\text{E}+38\sim -1.18\text{E}-38$、0 以及 $1.18\text{E}-38\sim 3.40\text{E}+38$。

② float[(n)]：该类型数据的范围为 $-1.79\text{E}+308\sim -2.23\text{E}-308$、0 以及 $2.23\text{E}-308\sim 1.79\text{E}+308$。其中,n 为用于存储 float 数值尾数的位数(以科学计数法表示)。如果指定了 n,则它必须是 $1\sim 53$ 的值,n 的默认值为 53。当 n 为 $1\sim 24$ 时,实际上是定义了一个 real 类型的数据,系统用 4 字节存储它；当 n 为 $25\sim 53$ 时,系统认为是 float 类型,用 8 字节存储它。

浮点数据容易发生舍入误差,因此一般在货币运算上不使用它,但是在科学运算或统计计算等不要求绝对精确的运算场合,使用浮点数据类型非常方便。

(4) 精确小数数据类型

精确小数数据类型包括 decimal[(p[,s])]和 numeric[(p[,s])]两种,可以精确指定该小数的总位数 p(必须是 $1\sim 38$,默认为 18)和小数点右边的位数 s(必须是 $0\sim p$,默认为 0)。例如,decimal(12,5)表示共有 12 位数,其中整数 7 位,小数 5 位。这两种数据的取值范围都是 $-(10^{38}-1)\sim 10^{38}-1$。

注意：仅在指定了小数的总位数 p 后,才可以指定小数点右边的位数,并且 $0\leqslant s\leqslant p$。

(5) 货币数据类型

货币数据类型专门用于处理货币数据,包括 money 和 smallmoney 两种。

① money：以 money 数据类型存储的货币值的范围为 $-922337203685477.5808\sim 922337203685477.5807$,精确到货币单位的万分之一。money 数据类型要求由两个 4 字节整数构成,前面的 4 字节表示货币值的整数部分,后面的 4 字节表示货币值的小数部分。

② smallmoney：以 smallmoney 数据类型存储的货币值范围为 $-214748.3648\sim 214748.3647$,精确到货币单位的万分之一。smallmoney 数据类型要求由两个 2 字节整数构成,前面的 2 字节表示货币值的整数部分,后面的 2 字节表示货币值的小数部分。

（6）日期/时间数据类型

日期/时间数据类型可以存储日期数据、时间数据以及日期、时间的组合数据，包括 date、time、datetime、datetime2、smalldatetime 以及 datetimeoffset 6 种。

① date：存储用字符串表示的日期数据，可以表示公元 1 年 1 月 1 日到公元 9999 年 12 月 31 日（0001-01-01～9999-12-31)间的任意日期值。数据格式为 YYYY-MM-DD，其中 YYYY 为表示年份的 4 位数字，范围是 0001～9999；MM 表示指定年份中的月份的两位数字，范围为 01～12；DD 表示指定月份中某一天的两位数字，范围为 01～31（最大值取决于具体月份）。每个 date 类型的数据占用 3 字节的存储空间。

② time：以字符串形式记录一天中的某个时间，取值范围为 00：00：00.0000000～ 23：59：59.9999999，数据格式为 hh：mm：ss[.nnnnnnn]。其中，hh 为表示小时的两位数字，范围为 0～23；mm 为表示分钟的两位数字，范围为 0～59；ss 为表示秒的两位数字，范围为 0～59；nnnnnnn 表示秒的小数部分，为 0～7 位数字，范围为 0～9999999。每个 time 类型的数据占用 5 字节的存储空间。

③ datetime：存储从 1753 年 1 月 1 日到 9999 年 12 月 31 日的日期和时间数据，默认值为 1900-01-01 00：00：00。当插入或在其他地方使用 datetime 类型的数据时，需用单引号或双引号括起来，而年、月、日之间的分隔符可以使用"/""-"或"."。每个 datetime 类型的数据占用 8 字节的存储空间。

④ datetime2：datetime 类型的扩展，其数据范围更大，默认的小数精度更高，并具有可选的用户定义的精度。默认的数据格式是 YYYY-MM-DD hh：mm：ss[.fractionaseconds]，日期范围是公元 1 年 1 月 1 日到公元 9999 年 12 月 31 日（0001-01-01～9999-12-31）。

⑤ smalldatetime：存储从 1900 年 1 月 1 日到 2079 年 6 月 6 日的日期和时间数据，可以精确到 1 分钟。每个 smalldatetime 类型的数据占用 4 字节的存储空间。

⑥ datetimeoffset：用于定义一个采用 24 小时制与日期相组合并可识别时区的一日内时间。默认格式为 YYYY-MM-DD hh：mm：ss[.nnnnnnn][{＋|－}hh：mm]。其中，{＋|－}hh：mm 为时区偏移量，hh 为两位数，范围为 －14～＋14；mm 为两位数，范围为 00～59。该类型数据中保存的是世界标准时间（UTC）值，例如要存储北京时间 2018 年 4 月 8 日 12 点整，该值将是 2018-04-08 12：00：00＋08：00，因为北京处于东八区，比 UTC 早 8 个小时。存储该类型数据时默认占用 10 字节的存储空间。

（7）字符数据类型

字符类型数据是由字母、数字和符号组合而成的数据，如 'beijing'、'zyf123@126.com' 等都是合法的字符类型数据。在使用字符类型数据时，需要在其前后加上英文单引号或者双引号。字符数据类型包括 char 和 varchar。

① char[(n)]：当用 char 数据类型存储数据时，每个字符占用 1 字节的存储空间。n 表示所有字符占用的存储空间，n 的取值为 1～8000。若不指定 n 值，则系统默认 n 为 1。

② varchar(n|max)：n 为存储字符的最大长度，取值范围为 1～8000，但可根据实际存储的字符数改变存储空间；max 表示最大存储空间是 $2^{31}-1$ 字节。存储空间是输入数

据的实际长度加 2 字节。例如,声明某个变量的类型为 varchar(20),则该变量最多只能存储 20 个字符,不够 20 个字符时按实际长度存储。

（8）Unicode 数据类型

Unicode 数据类型包括 nchar 和 nvarchar。

① nchar(n)：表示 n 个字符的固定长度的 Unicode 字符数据,n 的取值范围是 1～4000,如果缺省 n,则默认长度为 1。此数据类型采用 Unicode 标准字符集,因此每个字符所占存储空间为 2 字节,整个 Unicode 数据所占的存储空间为字符数×2(字节)。

② nvarchar(n|max)：与 varchar 相似,用于存储可变长度的 Unicode 字符数据,n 用来定义字符数据的最大长度,取值范围是 1～4000,如果没有指定 n,则默认长度为 1。max 定义最大存储空间为 $2^{31}-1$ 字节。

（9）文本和图形数据类型

① text：专门用于存储数量庞大的变长的非 Unicode 字符数据。最大长度可达 $2^{31}-1(2147483647)$ 个字符。

② ntext：用于存储可变长度的 Unicode 字符数据,最多可以存储 $2^{30}-1$ 个 Unicode 字符数据。所占存储空间大小是输入字符数的两倍。

③ image：可变长度的二进制数据,用于存储字节数超过 8KB 的数据,如 Microsoft Word 文档、Microsoft Excel 图表和图像数据等,其最大长度为 $2^{31}-1$ 字节。该类型的数据由系统根据数据的长度自动分配空间,存储该字段的数据时一般不能使用 INSERT 语句直接输入。

**注意**：在 Microsoft SQL Server 的未来版本中,有可能删除 text、ntext 和 image 数据类型,在新开发的项目中要避免使用这些数据类型,而用 varchar(max)、nvarchar(max)、varbinary(max)3 种类型。

（10）特殊数据类型

① sql_variant：该数据类型可以应用在列、参数、变量和函数返回值中,该数据类型可以存储除 text、ntext、image、timestamp 外的各种数据。

② rowversion：它是公开数据库中自动生成的唯一二进制数字的数据类型。rowversion 通常用于为表行加版本戳。该类型数据占用的存储空间为 8 字节。每个数据库都有一个计数器,当对数据库中包含 rowversion 列的表执行插入或更新操作时,该计数器的值就会增加。

③ timestamp：该数据类型是 rowversion 数据类型的同义词,提供数据库范围内的唯一值,反映数据修改的相对顺序,是一个单调上升的计数器,此列的值被自动更新。

**注意**：微软公司有可能在后续版本的 SQL Server 中删除 timestamp,因此在开发工作中应避免使用该数据类型,并修改当前还在使用该数据类型的应用程序。

④ uniqueidentifier：表示 16 字节的全球唯一标识符,是 SQL Server 根据网络适配器地址和主机 CPU 时钟产生的唯一号码。每个表只能包含一个 uniqueidentifier 列。

⑤ cursor：该类型类似于数据表,其保存的数据中包含行和列值,但是没有索引。游标用来建立一个数据的数据集,每次处理一行数据。

⑥ table：是一种特殊的数据类型,存储对表或视图处理后的结果集。这种数据类型

使变量可以存储为一个表,从而使函数或过程返回查询结果更加方便、快捷。该类型只能用于定义局部变量或用户定义函数的返回值。

⑦ xml：该类型用于存储 XML 数据。可以在列中或者 xml 类型的变量中存储 XML 实例。xml 数据类型的实例大小不能超过 2GB。

2）用户定义数据类型

SQL Server 2014 允许用户定义数据类型,即允许数据库开发人员根据需要定义符合自己需求的数据类型。用户定义数据类型是建立在系统数据类型基础之上的。当多个表的列中要存储相同类型的数据,且想确保这些列具有完全相同的数据类型、长度和是否为空属性时,可以使用用户定义数据类型。需注意的是,用户定义数据类型虽然使用比较方便,但是需要大量的性能开销,所以使用时要谨慎。

用户可以使用 SQL Server Management Studio 或 Transact-SQL 语句来创建用户定义数据类型。创建用户定义数据类型时必须提供名称、新数据类型所依据的系统数据类型、数据类型是否允许空值。用户定义数据类型一旦创建成功,用户可以像使用系统数据类型一样使用它。

（1）创建用户定义数据类型

① 使用对象资源管理器创建用户定义数据类型。为数据库 EMIS 定义一个基于 varchar 类型的数据类型 name_code（长度为 8 字节,不允许空值）,用于说明学生表中姓名列的数据类型。

在对象资源管理器中展开"数据库"→EMIS→"可编程性"→"类型"→"用户定义数据类型"节点,可以看到如图 4-12 所示的"用户定义数据类型"。

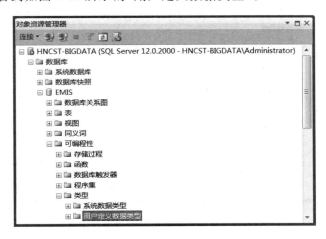

图 4-12　查看"用户定义数据类型"

右击"用户定义数据类型"节点,在弹出的快捷菜单中选择"新建用户定义数据类型"命令。

在"新建用户定义数据类型"窗口的"名称"文本框中输入用户定义数据类型的名称 name_code。在"数据类型"下拉列表框中选择用户定义数据类型所依据的系统数据类型 varchar。在"长度"数值框中输入 8,如图 4-13 所示。

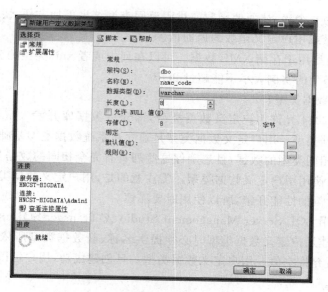

图 4-13 "新建用户定义数据类型"窗口

单击"确定"按钮,即可创建用户定义数据类型 name_code。创建成功的用户数据类型显示在对象资源管理器的"数据库"→EMIS→"可编程性"→"类型"→"用户定义数据类型"节点下,如图 4-14 所示。

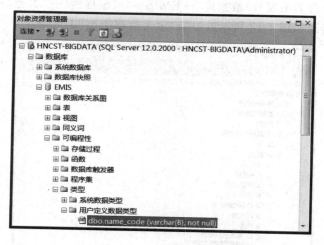

图 4-14 name_code 用户定义数据类型

② 使用 Transact-SQL 语句创建用户定义数据类型。为数据库 EMIS 定义一个基于 varchar 类型的用户定义数据类型 dept_name_code(长度为 32,不允许空值),用于说明系部表中系部名称列的数据类型。

具体代码及执行结果如图 4-15 所示。

(2) 删除用户定义数据类型

① 使用对象资源管理器删除用户定义数据类型。将数据库 EMIS 中的用户定义数

图 4-15 使用 Transact-SQL 语句创建用户定义数据类型

据类型 name_code 删除。

在对象资源管理器中右击"数据库"→EMIS→"可编程性"→"类型"→"用户定义数据类型"→name_code 数据类型,在弹出的快捷菜单中选择"删除"命令即可完成删除操作。

② 使用 Transact-SQL 语句删除用户定义数据类型。将数据库 EMIS 中的用户定义数据类型 dept_name_code 删除。具体代码及执行结果如图 4-16 所示。

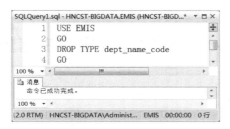

图 4-16 删除用户定义数据类型

## 3. 创建数据表——CREATE TABLE 语句

语法格式如下。

```
CREATE TABLE [database_name.[schema_name].|schema_name.]table_name
(
    column_name1 data_type [ DEFAULT constant_expression] [ IDENTITY ( SEED, INCREMENT )]
                           [ NULL | NOT NULL ]
    [ ,...n ]
)
[ON { filegroup | DEFAULT } ]
[FILEGROWTH = growth_increment]
```

语法说明如下。

(1) database_name:指定在其中创建表的数据库的名称。如果未指定,则 database_name 默认为当前数据库。

(2) schema_name:指定新表所属架构的名称。

(3) table_name:指定新表的名称。表名必须遵循数据库对象的命名规则。除了本地临时表名不能超过 116 个字符外,table_name 最多可包含 128 个字符。

(4) column_name1:指定表中列的名称。列名在表中必须唯一。

(5) data_type:指定对应列数据所采用的数据类型,可以是数据库管理系统支持的任何数据类型。

(6) DEFAULT constant_expression：指定所定义的列的默认值，默认值由常量表达式确定。

(7) IDENTITY：定义该列是一个标识列。在定义标识列时，必须同时定义标识种子和标识增量。

(8) SEED：标识种子，即标识列的起始值。

(9) INCREMENT：标识列的增量。

(10) NULL| NOT NULL：指出该列是否允许为空，默认为 NULL。

(11) ON〈filegroup | DEFAULT〉：指定在哪个文件组上创建表。DEFAULT 表示将表存储在默认文件组中。

(12) FILEGROWTH = growth_increment：指定数据文件或日志文件的增长幅度，默认单位为 MB。0 值表示不增长，即自动增长被设置为关闭，不允许增加空间。增幅既可以用具体的容量表示，也可以用文件大小的百分比表示。如果没有指定该项，系统默认按文件大小的 10% 增长。

# 任务 4.2   导入和导出学生信息数据

 **任务描述**

在数据库中已经存在学生信息表，现有一批新生入学，如果要将数据批量添加到数据表中，可以通过导入的方式将外部数据导入，并通过导出方式将数据表中的数据进行备份。

 **任务实施**

**1. 导入学生信息表数据**

打开 student_data.xls 文件，其中预先存放了学生信息数据，如图 4-17 所示。

图 4-17   查看 Excel 文件中的学生信息数据

（1）在对象资源管理器中右击"数据库"→EMIS节点，在弹出的快捷菜单中选择"任务"→"导入数据"命令。

（2）在打开的"SQL Server导入和导出向导"窗口中单击"下一步"按钮。

（3）在"选择数据源"界面中选择数据源为Microsoft Excel，单击"浏览"按钮选中数据源文件，如图4-18所示。单击"下一步"按钮。

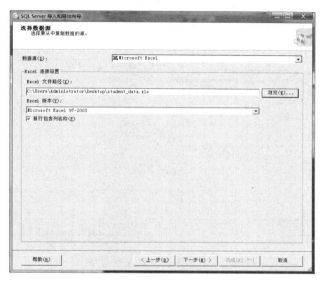

图4-18　"选择数据源"界面

（4）在"选择目标"界面中选择目标SQL Server Native Client 11.0，服务器名称为HNCST-BIGDATA，"身份验证"为"使用Windows身份验证"，数据库为EMIS，如图4-19所示。单击"下一步"按钮。

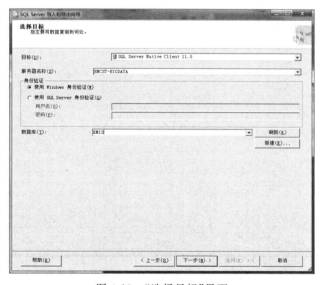

图4-19　"选择目标"界面

（5）在"指定表复制或查询"界面中选择"复制一个或多个表或视图的数据"单选按钮，如图 4-20 所示。单击"下一步"按钮。

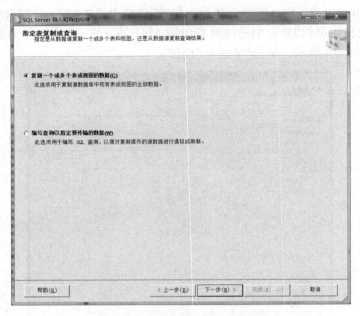

图 4-20　"指定表复制或查询"界面

（6）在"选择源表和源视图"界面中源选择"学生信息"，目标选择［dbo］.［t_student］，如图 4-21 所示。单击"下一步"按钮。

图 4-21　"选择源表和源视图"界面

（7）在"查看数据类型映射"界面中单击"下一步"按钮，如图 4-22 所示。

图 4-22　"查看数据类型映射"界面

（8）在"保存并运行包"界面中单击"下一步"按钮，如图 4-23 所示。

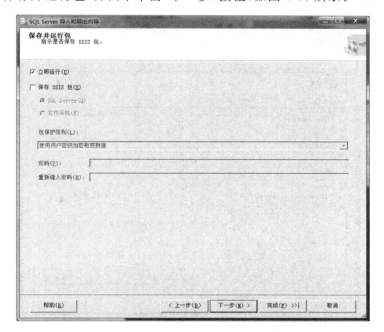

图 4-23　"保存并运行包"界面

（9）在"完成该向导"界面中单击"完成"按钮，结束数据导入的设置操作，如图 4-24 所示。

图 4-24　"完成该向导"界面

（10）在"执行成功"界面中单击"关闭"按钮完成导入操作，如图 4-25 所示。

图 4-25　"执行成功"窗口

（11）在对象资源管理器中右击"数据库"→EMIS→"表"→t_student 节点，在弹出的快捷菜单中选择"编辑前 200 行"命令。

(12) 在编辑表数据窗口中可以看到数据已经被成功导入,如图 4-26 所示。

HNCST-BIGDATA.EMIS - dbo.t_student

| student_id | name | sex | birthday | admission_date | class_code | status | qq_num | interest |
|---|---|---|---|---|---|---|---|---|
| 2015020101 | 王庆子 | 男 | 1999-02-23 00:00:00.000 | 2015-09-01 | 15wljs301 | 01 | 27101805923 | 看书 |
| 2015020102 | 徐毅达 | 男 | 1998-01-13 00:00:00.000 | 2015-09-01 | 15wljs301 | 01 | 38547088528 | 演讲 |
| 2015020103 | 宋滨 | 男 | 1999-12-03 00:00:00.000 | 2015-09-01 | 15wljs301 | 01 | 22087740524 | 射击 |
| 2015020104 | 杨坚 | 男 | 1998-04-14 00:00:00.000 | 2015-09-01 | 15wljs301 | 01 | 21128361312 | 看书 |
| 2015020105 | 索超 | 男 | 1998-01-17 00:00:00.000 | 2015-09-01 | 15wljs301 | 01 | 3281608514 | 排球 |
| 2015020106 | 张黎明 | 男 | 1999-07-11 00:00:00.000 | 2015-09-01 | 15wljs301 | 01 | 44527276895 | 演讲 |
| 2015020107 | 孙阁 | 男 | 1998-07-22 00:00:00.000 | 2015-09-01 | 15wljs301 | 01 | 17272396347 | 射击 |
| 2015020108 | 覃隆锋 | 男 | 1998-09-23 00:00:00.000 | 2015-09-01 | 15wljs301 | 01 | 39215722594 | 羽毛球 |
| 2015020109 | 王森 | 男 | 1999-08-13 00:00:00.000 | 2015-09-01 | 15wljs301 | 01 | 28167353987 | 舞蹈 |
| 2015020110 | 王迪 | 男 | 1998-11-16 00:00:00.000 | 2015-09-01 | 15wljs301 | 01 | 7094293299 | 棋牌 |
| 2015020111 | 宋妮妮 | 女 | 1998-01-20 00:00:00.000 | 2015-09-01 | 15wljs301 | 01 | 45449309645 | 看书 |

1 / 88

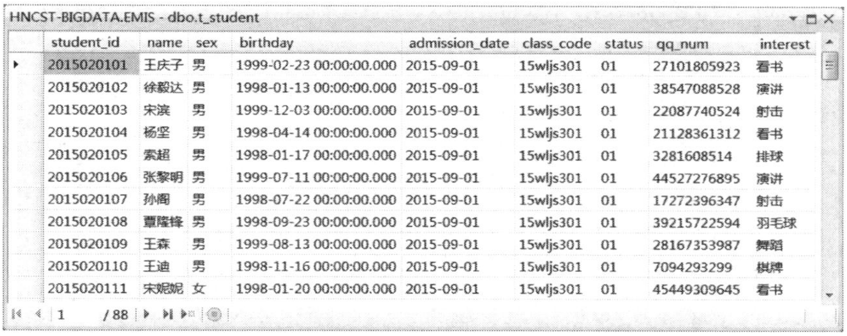

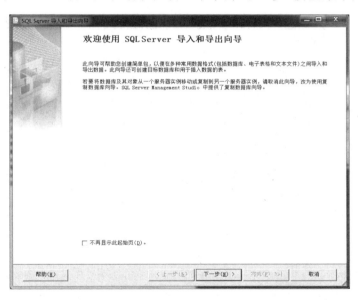

图 4-26　数据导入成功

**2. 导出学生信息表数据**

对 t_student 数据表中的数据进行导出操作。

(1) 在对象资源管理器中右击"数据库"→EMIS 节点,在弹出的快捷菜单中选择"任务"→"导出数据"命令。

(2) 在"SQL Server 导入和导出向导"窗口中单击"下一步"按钮,如图 4-27 所示。

图 4-27　"SQL Server 导入和导出向导"窗口

(3) 在"选择数据源"界面中选择数据源为 SQL Server Native Client 11.0,服务器名称为 HNCST-BIGDATA,"身份验证"为"使用 Windows 身份验证",数据库为 EMIS,如图 4-28 所示。单击"下一步"按钮。

(4) 在"选择目标"界面中选择目标为 Microsoft Excel,Excel 文件路径设为本地桌面,如图 4-29 所示。单击"下一步"按钮。

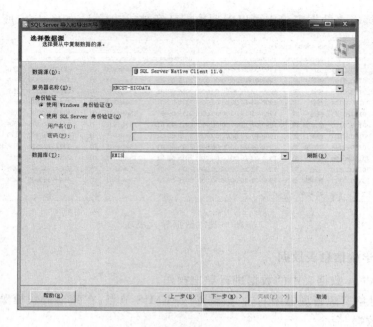

图 4-28 "选择数据源"界面

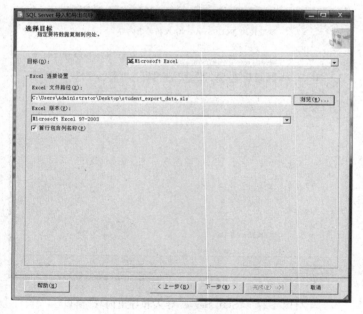

图 4-29 "选择目标"界面

(5) 在"指定表复制或查询"界面中选择"复制一个或多个表或视图的数据"单选按钮，如图 4-30 所示。单击"下一步"按钮。

(6) 在"选择源表和源视图"界面中选择 t_student 表，如图 4-31 所示。单击"下一步"按钮。

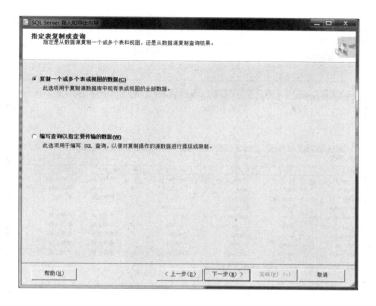

图 4-30 "指定表复制或查询"界面

图 4-31 "选择源表和源视图"界面

（7）在"查看数据类型映射"界面中单击"下一步"按钮，如图 4-32 所示。

（8）在"保存并运行包"界面中单击"下一步"按钮，如图 4-33 所示。

（9）在"完成该向导"界面中单击"完成"按钮，如图 4-34 所示。

（10）在"执行成功"界面中单击"关闭"按钮完成导出操作，如图 4-35 所示。

（11）在导出操作完成之后，用 Excel 查看导出的数据，如图 4-36 所示。

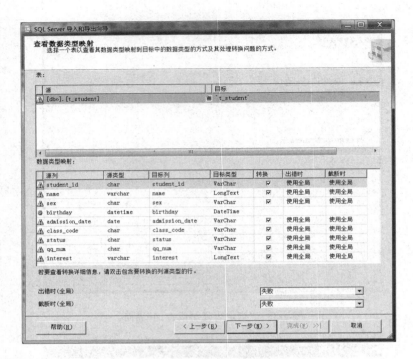

图 4-32　"查看数据类型映射"界面

图 4-33　"保存并运行包"界面

图 4-34　"完成该向导"界面

图 4-35　"执行成功"界面

图 4-36　用 Excel 查看导出的数据

## 任务 4.3   修改、查看和删除学生信息表

 任务描述

在数据库系统开发的过程中,数据表结构变更是一个很正常的需求。当数据表需要变更时,可以使用对象资源管理器或者 Transact-SQL 语句对数据表的结构进行变更。

因项目需求变更,前期设计的学生信息表结构需要进行调整,具体需求如表 4-3 所示。

表 4-3   学生信息表结构调整需求

| 修改类型 | 原字段名 | 新字段名 | 数据类型 | 长度 | 是否为空 | 备 注 |
|---|---|---|---|---|---|---|
| 新增字段 | | phone | varchar | 12 | 是 | 电话 |
| 修改字段 | birthday | | date | | 否 | 生日 |
| 重命名字段 | qq_num | wechat_num | | | | 微信号码 |
| 删除字段 | interest | | | | | 兴趣 |

 任务实施

### 1. 修改数据表的结构

1) 使用对象资源管理器修改数据表的结构

(1) 在对象资源管理器中右击“数据库”→EMIS→“表”→t_student 节点,在弹出的快捷菜单中选择“设计”命令。

(2) 在表设计窗口中输入新增列的列名 phone 和数据类型 varchar(12),如图 4-37 所示。

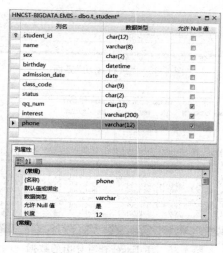

图 4-37   新增列 phone

（3）在表设计窗口中将 birthday 列的数据类型改为 date，如图 4-38 所示。

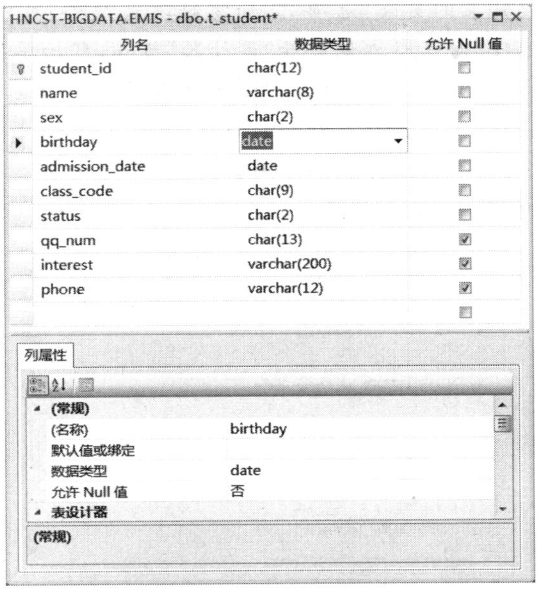

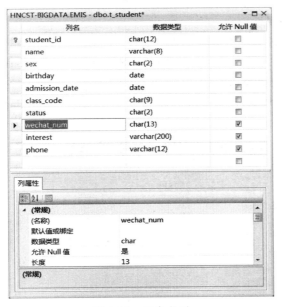

图 4-38    修改 phone 列的数据类型

（4）在表设计窗口中将 qq_num 列的列名改为 wechat_num，如图 4-39 所示。

图 4-39    重命名列

（5）在表设计窗口中右击 interest 列，在弹出的快捷菜单中选择"删除列"命令。

（6）右击 t_student 窗口的标题栏，在弹出的快捷菜单中选择"保存 t_student"命令。

**提示**：第一次在设计器中保存数据表结构更改时会弹出错误提示"不允许保存更改。

您所做的更改要求删除并重新创建以下表。您对无法重新创建的表进行了更改或者启用了'阻止保存要求重新创建表的更改'选项"。如需修改表结构,可以在主菜单中选择"工具"→"选项"命令,在"选项"对话框左侧展开"设计器"节点,然后单击"表设计器和数据库设计器"节点,在右侧的"表选项"区域中清除"阻止保存要求重新创建表的更改"复选框,单击"保存"按钮即可在设计器中保存表结构的修改。

2)使用 Transact-SQL 语句修改数据表的结构

具体代码及执行结果如图 4-40 所示。

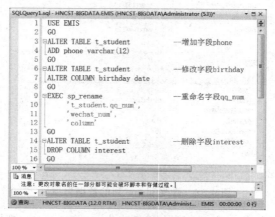

图 4-40　修改数据表的结构

**2. 查看数据表的属性**

1)在对象资源管理器中查看数据表的属性

(1)在对象资源管理器中右击"数据库"→EMIS→"表"→t_student 节点,在弹出的快捷菜单中选择"属性"命令。

(2)在弹出的"表属性-t_student"窗口中可以看到 t_student 表的各项属性,如图 4-41 所示。

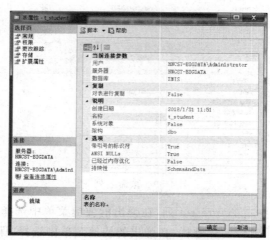

图 4-41　"表属性"对话框

2）使用 Transact-SQL 语句查看数据表的属性

具体代码及执行结果如图 4-42 所示。

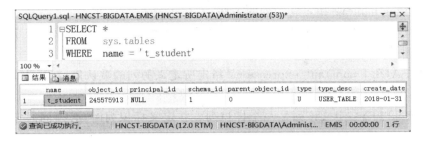

图 4-42　查看数据表的属性

### 3. 删除数据表

分别通过对象资源管理器和 Transact-SQL 语句删除 t_student 数据表。

1）在对象资源管理器中删除数据表

（1）在对象资源管理器中右击"数据库"→EMIS→"表"→t_student 节点，在弹出的快捷菜单中选择"删除"命令。

（2）在弹出的"删除对象"对话框中单击"确定"按钮，即可完成数据表的删除操作。

2）使用 Transact-SQL 语句删除数据表

具体代码及执行结果如图 4-43 所示。

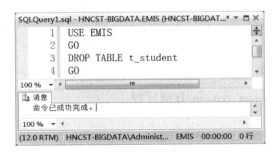

图 4-43　删除数据表

### 1. 修改数据表——ALTER TABLE 语句

语法格式如下。

```
ALTER TABLE table_name
{ ADD column_name1 data_type
  [DEFAULT constant_expression][IDENTITY(SEED,INCREMENT)][NULL | NOT NULL]
  | DROP COLUMN column_name2
  | ALTER COLUMN column_name3 new_data_type [NULL | NOT NULL ]
}
```

语法说明如下。

（1）table_name：指定要修改的数据表的名称。

（2）column_name1：指定新增列的名称。

（3）data_type：指定对应列数据所采用的数据类型，可以是数据库管理系统支持的任何数据类型。

（4）DEFAULT constant_expression：指定所定义的列的默认值，默认值由常量表达式确定。

（5）IDENTITY：定义该列是一个标识列。在定义标识列时，必须同时定义标识种子和标识增量。

（6）SEED：标识种子，即标识列的起始值。

（7）INCREMENT：标识列的增量。

（8）NULL | NOT NULL：指出该列是否允许为空，默认为 NULL。

（9）column_name2：指定要删除的列的名称。

（10）column_name3：指定要修改的列的名称。

（11）new_data_type：指定要修改的列所采用的数据类型，可以是数据库管理系统支持的任何数据类型。

**2. 删除数据表——DROP TABLE 语句**

语法格式如下。

```
DROP TABLE table_name1[, … n]
```

语法说明如下。

table_name1：指定要删除的数据表的名称。

**3. 重命名表或列——sp_rename 存储过程**

语法格式如下。

```
sp_rename [ @objname = ] 'object_name', [ @newname = ] 'new_name'
```

语法说明如下。

（1）[ @objname = ] 'object_name'：指定要重命名的是表还是列。如果要重命名的对象是表，则 object_name 是一个表名；如果要重命名的是列，则 object_name 的格式必须是 table. column。

只有在指定了合法的对象时才必须使用引号。如果提供了完全限定名称，包括数据库名称，则该数据库名称必须是当前数据库的名称。object_name 的数据类型为 nvarchar(776)，无默认值。

（2）[ @newname = ] 'new_name'：指定对象的新名称。new_name 必须是名称的一部分，并且必须遵循标识符的规则。newname 的数据类型为 sysname，无默认值。

# 项目实训 4

本实训实现学生信息相关表的创建及维护，具体步骤如下。

（1）根据下面的数据字典创建系部表、专业表、班级表、课程表和成绩表，其中外键约束的需求可以留到项目 6 完成。

系部表 t_department 的表结构如表 4-4 所示。

**表 4-4　系部表 t_department 的表结构**

| 列　名 | 数据类型 | 长度 | 是否为空 | 约束 | 备　注 |
| --- | --- | --- | --- | --- | --- |
| dept_code | char | 2 | 否 | 主键 | 系部代码 |
| dept_name | varchar | 30 | 否 | | 系部名称 |
| dept_head | varchar | 8 | 是 | | 系主任 |
| dept_intro | varchar | 200 | | | 系部介绍 |

专业表 t_major 的表结构如表 4-5 所示。

**表 4-5　专业表 t_major 的表结构**

| 列　名 | 数据类型 | 长度 | 是否为空 | 约束 | 备　注 |
| --- | --- | --- | --- | --- | --- |
| major_code | char | 4 | 否 | 主键 | 专业代码 |
| major_name | varchar | 20 | 否 | | 专业名称 |
| department_code | char | 2 | 是 | 外键 | 系部代码 |
| major_charge | char | 12 | 是 | | 专业负责人 |
| major_intro | varchar | 200 | 是 | | 专业介绍 |

班级表 t_class 的表结构如表 4-6 所示。

**表 4-6　班级表 t_class 的表结构**

| 列　名 | 数据类型 | 长度 | 是否为空 | 约束 | 备　注 |
| --- | --- | --- | --- | --- | --- |
| class_code | char | 9 | 否 | 主键 | 班级代码 |
| class_name | varchar | 20 | 否 | | 班级名称 |
| class_master | char | 12 | 否 | | 班主任 |
| major_code | char | 4 | 否 | 外键 | 专业代码 |
| comment | varchar | 10 | 是 | | 备注 |

课程表 t_course 的表结构如表 4-7 所示。

**表 4-7　课程表 t_course 的表结构**

| 列　名 | 数据类型 | 长度 | 是否为空 | 约束 | 备　注 |
| --- | --- | --- | --- | --- | --- |
| course_code | char | 4 | 否 | 主键 | 课程号 |
| course_name | varchar | 50 | 否 | | 课程名称 |
| course_before | char | 4 | 是 | 外键 | 先修课 |
| comment | varchar | 50 | 是 | | 备注 |

成绩表 t_score 的表结构如表 4-8 所示。

**表 4-8　课程表 t_score 的表结构**

| 列　名 | 数据类型 | 长度 | 是否为空 | 约束 | 备　注 |
|---|---|---|---|---|---|
| student_id | char | 12 | 否 | 外键 | 学号 |
| course_code | char | 4 | 否 | 外键 | 课程号 |
| score | decimal | 5,2 | 是 | | 成绩 |

（2）在项目的实施过程中需要对某些表进行调整，需求如表 4-9 所示。

**表 4-9　表结构调整需求**

| 表　名 | 修改类型 | 原列名 | 新列名 | 数据类型 | 长度 | 是否为空 | 备　注 |
|---|---|---|---|---|---|---|---|
| t_course | 新增列 | | credit | tinyint | | 否 | 学分 |
| t_course | 重命名列 | course_before | course_prepair | | | | 先修课 |
| t_class | 修改列 | comment | | varchar | 50 | 是 | 备注 |
| t_department | 删除列 | dept_intro | | | | | 系部介绍 |

（3）删除 t_score 表。

# 项目 5

# 操作学生信息表的数据

数据库用表来存储和管理数据。新表创建后,表中并不包含任何记录,要实现数据的存储就需要向表中添加数据。同时,要实现对数据的良好管理,还需要对表中的数据进行修改和删除。数据库系统中,除了数据检索,执行最多的操作就是插入、修改和删除数据。

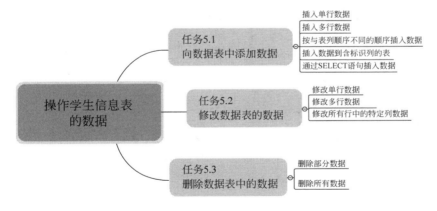

## 任务 5.1 向数据表中添加数据

在开学之初,需要向 EMIS 数据库中添加新生的数据和对应的课程注册信息。在操作表数据时,为了避免误操作,往往还会将数据备份到新表中。

在 EMIS 数据库中,向学生表 t_student 中添加 2017 级新生的数据,新生信息如表 5-1 所示,课程注册信息如表 5-2 所示。数据插入后将 t_student 中的所有数据备份到 t_student_bak 表中。

**表 5-1 学生信息**

| 学 号 | 姓名 | 性别 | 出生日期 | 入学日期 | 班级代码 | 学籍状态 | 微信号 | 手机号 |
|---|---|---|---|---|---|---|---|---|
| 2017020101 | 刘一 | 女 | 2001-3-4 | 2017-9-1 | 17wljs301 | 01 | liuyi | 19814535273 |
| 2017020102 | 陈二 | 男 | 2001-3-8 | 2017-9-1 | 17wljs301 | 01 | chener | 19422561099 |
| 2017020103 | 张三 | 男 | 2001-2-4 | 2017-9-1 | 17wljs301 | 01 | zhangsan | 19793473458 |
| 2017020104 | 李四 | 男 | 2001-4-6 | 2017-9-1 | 17wljs301 | 01 | lisi | 19960117130 |
| 2017020105 | 王五 | 男 | 2001-4-11 | 2017-9-1 | 17wljs301 | 01 | | |

**表 5-2 课程注册信息**

| 注册号 | 学 号 | 课程号 | 教师编号 | 学年 | 学期 | 收费否 | 注册 | 成绩 | 学分 |
|---|---|---|---|---|---|---|---|---|---|
| | 2017020101 | 0001 | 2017020101 | 2017 | 1 | | | | |

 任务实施

### 1. 插入单行数据

根据表 5-1 将 2017 级网络技术 301 班新生"刘一"的信息插入 t_student 表。

具体代码及执行结果如图 5-1 所示。

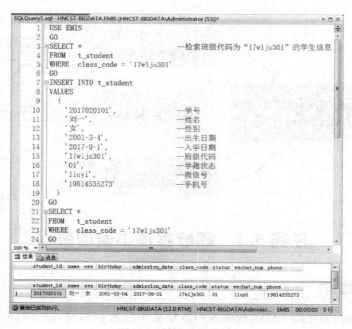

图 5-1 插入单行数据

## 2. 插入多行数据

根据表 5-1 将 2017 级网络技术 301 班新生"陈二""张三"和"李四"的信息插入 t_student 表。

具体代码及执行结果如图 5-2 所示。

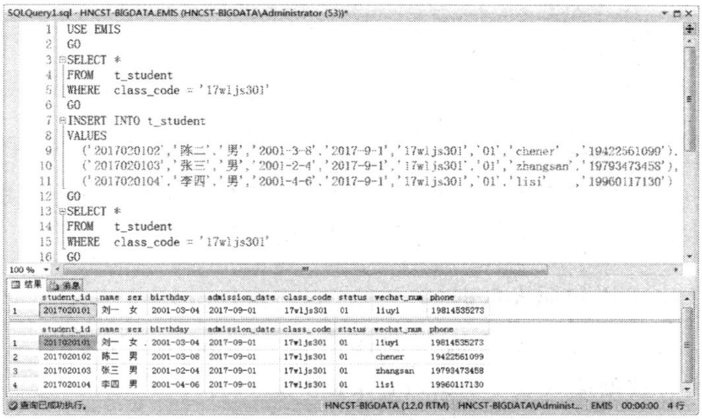

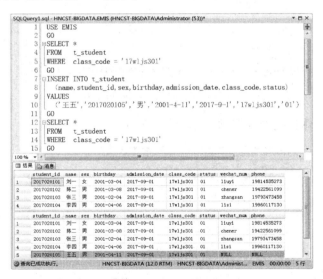

图 5-2　插入多行数据

## 3. 按与表列顺序不同的顺序插入数据

根据表 5-1 将 2017 级网络技术 301 班新生"王五"的信息插入 t_student 表。

具体代码及执行结果如图 5-3 所示。

图 5-3　按与表列顺序不同的顺序插入数据

## 4. 插入数据到含标识列的表

根据表 5-2 将课程注册的信息插入 t_course_reg 表。

具体代码及执行结果如图 5-4 所示。

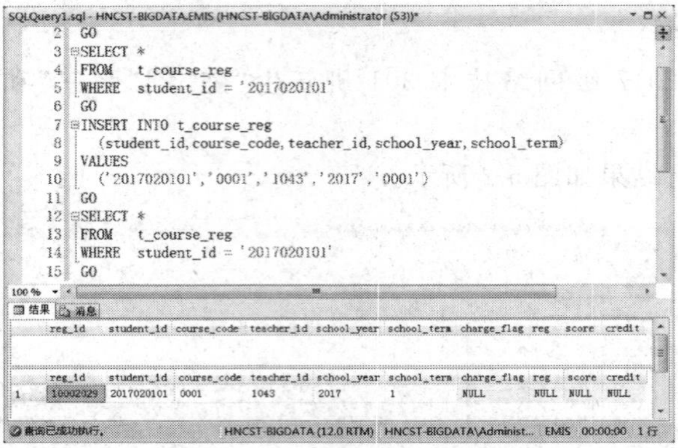

图 5-4　插入数据到含有标识列的表

### 5. 通过 SELECT 语句插入数据

新建一个与表 t_student 结构相同的空表 t_student_bak 作为备份表，并将表
t_student 中的所有数据插入表 t_student_bak 中。

新建备份表的具体代码及执行结果如图 5-5 所示。

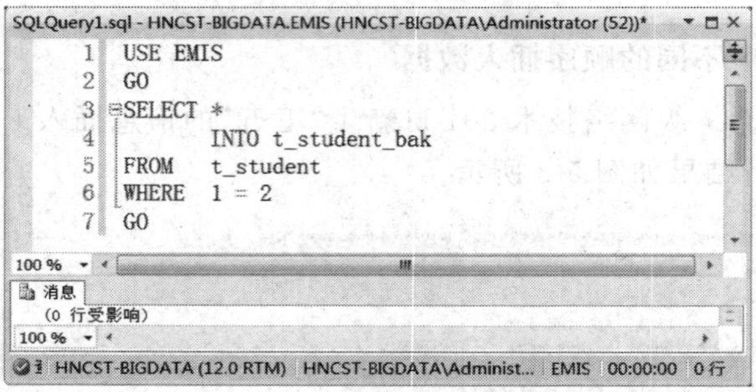

图 5-5　创建 t_student_bak 表

插入数据的具体代码及执行结果如图 5-6 所示。

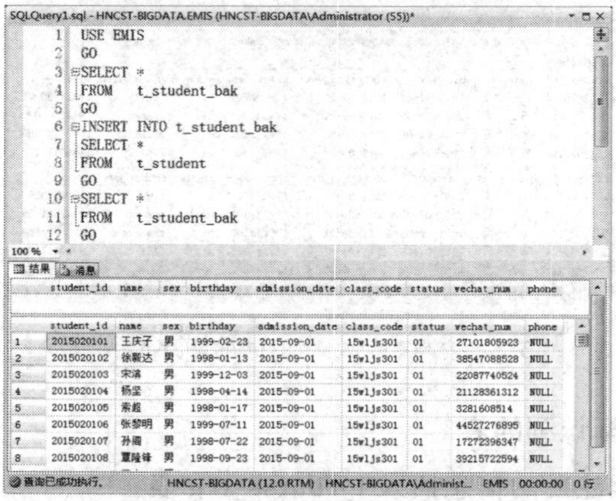

图 5-6　通过 SELECT 语句插入数据

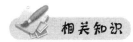 **相关知识**

**1. 使用 INSERT 语句插入数据**

语法格式如下。

```
INSERT [ INTO ] table_name [ ( column_name [,...n] ) ]
VALUES ( expression | NULL | DEFAULT [,...n] )
```

语法说明如下。

（1）INSERT：向表中插入数据时使用的关键字。

（2）INTO：为可选的关键字，使用 INTO 关键字可以增强语句的可读性。

（3）table_name：要插入记录的表名。

（4）（column_name[,...n]）：指明要插入数据的字段名列表，为可选参数，当给表中所有字段插入值时，该字段名列表可以省略。

（5）VALUES：关键字，该关键字后面指定要插入的数据列表值。

（6）expression：与 column_name 对应的字段的值，插入字符型和日期型值时要加单引号。

**注意**：必须保证 VALUES 后的各数据项位置同表定义时的顺序一致，否则系统会报错。使用该语句时字段和数据值的数量必须相同。value_list 中的值可以是 DEFAULT、NULL 或者是表达式。DEFAULT 表示插入该列在定义时的默认值；NULL 表示插入空值；若是表达式则插入表达式计算之后的结果。

**2. 使用查询子句 SELECT 插入数据**

在 INSERT INTO 语句中加入查询子句 SELECT，通过 SELECT 子句从其他表中选出符合条件的数据，再将其插入指定的表中。

语法格式如下。

```
INSERT [ INTO ] dest_table_name [ ( column_name [,...n] ) ]
SELECT select_list
FROM source_table_name
[ WHERE search_conditions ]
```

语法说明如下。

（1）INSERT：向表中插入数据时使用的关键字。

（2）INTO：为可选的关键字，使用 INTO 关键字可以增强语句的可读性。

（3）dest_table_name：指定要插入记录的表名。

（4）（column_name[,...n]）：指定要插入数据的字段名列表，为可选参数，当给表中所有字段插入值时，该字段名列表可以省略。

（5）SELECT：进行数据查询时使用的关键字。

（6）select_list：指定要为结果集选择的列表。选择列表是以逗号分隔的一系列字段名或表达式。

**注意**：要插入数据的表 dest_table_name 必须是已经存在的，不能向不存在的表中插入数据。要插入数据的表 dest_table_name 中的字段和 SELECT 子句中字段的数量、顺序和数据类型都要相同。

### 3. 使用 SELECT 语句创建表

语法格式如下。

```
SELECT select_list
INTO new_table_name
FROM table_name
[ WHERE search_conditions ]
```

语法说明如下。

（1）SELECT：进行数据查询时使用的关键字。

（2）select_list：要为结果集选择的列表。选择列表是以逗号分隔的一系列字段名或表达式。

（3）INTO：为关键字，在其后面指定要创建的表名。

（4）new_table_name：新建表的表名。

（5）table_name：查询所使用的表名。

（6）WHERE search_conditions：为可选部分，指定创建新表时向表中插入数据的过滤条件，若省略则将 table_name 表中的数据全部复制到新表中。当 search_conditions 不成立时，将创建一张空表。

# 任务 5.2　修改数据表的数据

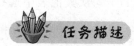

教务系统在运行的过程中会遇到学生转专业、参军、退学等各种问题，即使系统中已经有可视化的操作设计，作为数据库管理员，也应该知道数据库中的数据操作方法。

### 1. 修改单行数据

学生刘一（学号 2017020101）在校期间应召入伍，办理完手续后，教务处要将他的入学状态（status）改为 02（参军）。

具体代码及执行结果如图 5-7 所示。

### 2. 修改多行数据

在就读过程中，学号为 2016020126、2016020128 和 2016020129 的 3 位同学要转专业，转到物联网专业就读，需要将他们的班级代码变为 16wlw301（16 物联网 301 班）。

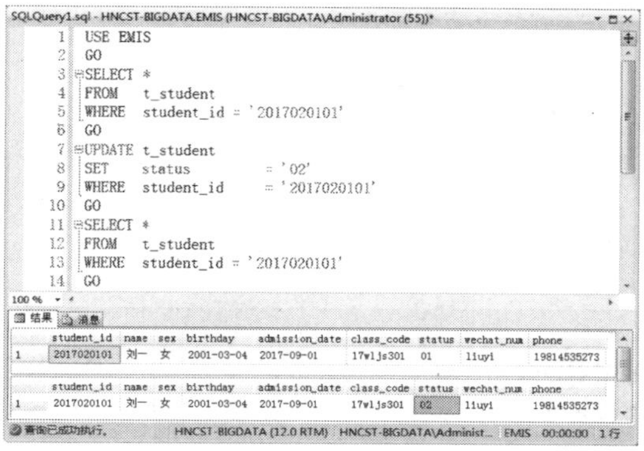

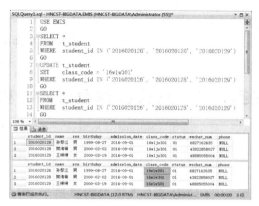

图 5-7　修改单行数据

具体代码及执行结果如图 5-8 所示。

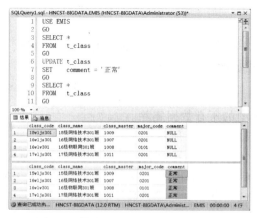

图 5-8　修改多行数据

### 3. 修改所有行中的特定列数据

修改班级表中的班级注释信息,将所有班级的注释都改为"正常"。

具体代码及执行结果如图 5-9 所示。

图 5-9　修改所有行中的特定列数据

 相关知识

**更新数据 UPDATE 语句**

语法格式如下。

```
UPDATE table_name
SET column_name = expression [,...n]
[ WHERE search_conditions ]
```

语法说明如下。

（1）table_name：指定要修改数据的表名。

（2）column_name：指定要修改数据的列名。

（3）expression：指定修改后的数据值。

（4）search_conditions：指定更新条件，只对表中满足该条件的记录进行更新。

# 任务 5.3　删除数据表中的数据

 任务描述

学生刘一（学号 2017020101）由于个人原因需要退学，因此需要将该同学在教务系统中课程注册表中的数据删除。另外，备份表中的数据也不再需要，应对其进行清空。

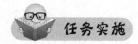 任务实施

**1. 删除部分数据**

将学生刘一（学号 2017020101）在课程注册表中的信息删除。

具体代码及执行结果如图 5-10 所示。

**2. 删除所有数据**

将 t_student_bak 表中的所有数据删除。

具体代码及执行结果如图 5-11 所示。

提示：若要删除表中的所有行，也可以用 DELETE FROM t_student_bak 语句进行删除。建议使用 TRUNCATE TABLE 语句。TRUNCATE TABLE 语句比 DELETE 语句速度快，且使用的系统和事务日志资源较少。

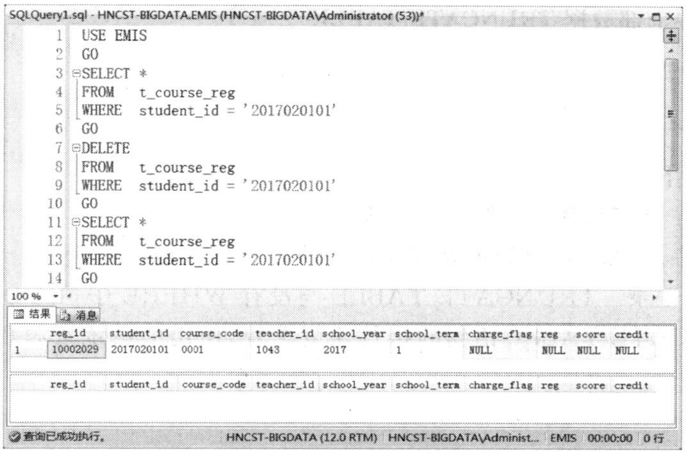

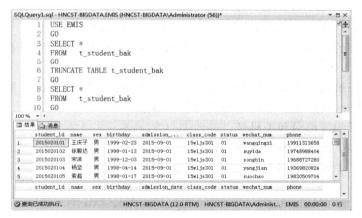

图 5-10 删除部分数据

图 5-11 删除表中所有数据

### 1. 删除数据 DELETE 语句

语法格式如下。

```
DELETE FROM table_name
[WHERE search_conditions]
```

语法说明如下。

（1）table_name：指定要执行删除操作的表。

（2）［WHERE search_conditions］：为可选参数，用于指定删除条件。

DELETE 语句的功能是删除表中符合条件 search_conditions 的数据；若缺省 WHERE 子句，则删除该表中的所有数据。

**2. 删除表中全部数据 TRUNCATE TABLE**

语法格式如下。

```
TRUNCATE TABLE table_name
```

语法说明如下。

table_name：指定要执行删除操作的表。

TRUNCATE TABLE 语句可以删除表中的所有记录或指定表的分区，而不对单个行删除进行日志记录。TRUNCATE TABLE 与没有 WHERE 子句的 DELETE 语句类似，但是 TRUNCATE TABLE 语句的执行速度更快，使用的系统资源和事务日志资源更少。

# 项目实训 5

本实训通过 Transact-SQL 语句实现数据的添加、修改和删除。

1. 将你所在的系部、所属专业、班主任和班级信息分别添加到系部表、专业表、教师表和班级表中。

2. 将你所在班级的所有学生信息添加到学生表中，微信号、手机号和入学时间可以暂时不填写；此外，再加上一条用于测试的学生信息。

3. 更新全班的微信号和手机号。

4. 将全班学生的入学时间统一更新为入学年的 9 月 1 日。

5. 将操作 2 中添加的用于测试的学生信息删除。

# 情境三
# 实现学生成绩管理

项目

# 保护学生成绩数据的完整性

数据库的使用者众多,不同的人对数据库表中的数据理解程度也不同,因此向数据表中添加或者修改的数据也会五花八门,这就会造成错误数据的出现,导致系统无法正常使用,而约束正是为了规范和确保数据正确性的一种有效方法。

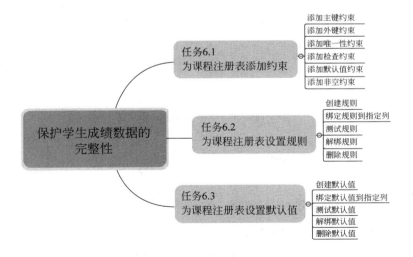

# 任务 6.1　为课程注册表添加约束

### 任务描述

课程注册表中包含了注册号、学号、课程表、教师号、学年、注册、分数和学分信息。为了保护表中数据的完整性，在该表创建以后，需要将该表的 reg_id 列设为主键；在 student_id 列上设置外键并将其关联到 t_student 表；将 student_id、course_code 和 school_term 三列的组合设置为唯一键；设置 score 列的取值范围为 0～100；reg 列的默认值是 1；credit 列设置为非空。

### 任务实施

**1. 添加主键约束**

1）在对象资源管理器中添加主键

（1）在对象资源管理器中右击"数据库"→EMIS→"表"→t_course_reg 节点，在弹出的快捷菜单中选择"设计"命令，进入 t_course_reg 表的设计器窗口，如图 6-1 所示。

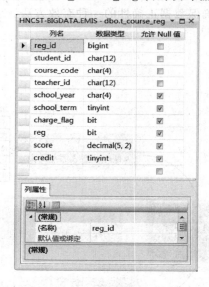

图 6-1　t_course_reg 表的设计器窗口

（2）右击 reg_id 列，在弹出的快捷菜单中选择"设置主键"命令。

（3）单击工具栏中的"保存"按钮，就完成了主键约束的创建。在对象资源管理器中单击"刷新"按钮，展开 t_course_reg 表中的"列"和"键"，即可看到"列"中 reg_id 前多了一个钥匙图标，"键"中多了一个新的对象 PK_t_course_reg，如图 6-2 所示。

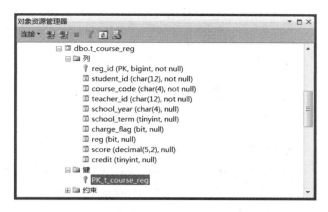

图 6-2　对象资源管理器中查看新建主键

2）使用 Transact-SQL 语句添加主键

具体代码如下。

```
USE EMIS
GO
ALTER TABLE t_course_reg
ADD CONSTRAINT PK_t_course_reg
PRIMARY KEY CLUSTERED(reg_id)
GO
```

由于主键不能重复创建，需要在使用 Transact-SQL 语句添加主键前删除原有主键。
具体操作如下。

（1）右击 PK_t_course_reg 节点，在弹出的快捷菜单中选择"删除"命令。

（2）在弹出的"删除对象"窗口中单击"确定"按钮将主键删除，如图 6-3 所示。

图 6-3　"删除对象"窗口

（3）在查询编辑器窗口输入创建主键的 Transact-SQL 语句，具体代码及执行结果如图 6-4 所示。

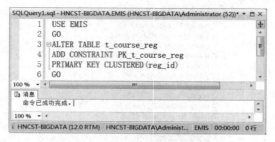

图 6-4　使用 Transact-SQL 语句创建主键

### 2．添加外键约束

1）在对象资源管理器中添加外键

（1）在对象资源管理器中右击"数据库"→EMIS→"表"→t_course_reg 节点，在弹出的快捷菜单中选择"设计"命令，进入 t_course_reg 表的设计器窗口。右击 student_id 列，在弹出的快捷菜单中选择"关系"命令。

（2）弹出"外键关系"对话框，如图 6-5 所示。

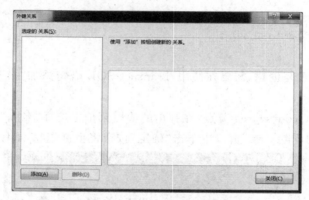

图 6-5　"外键关系"对话框 1

（3）在"选定的关系"下方单击"添加"按钮，如图 6-6 所示。

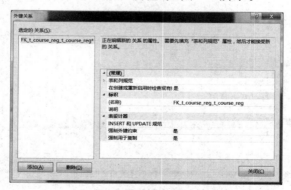

图 6-6　"外键关系"对话框 2

（4）单击"表和列规范"右侧的按钮，弹出"表和列"对话框。外键表的列名选择 student_id；主键表的表名选择 t_student，列名选择 student_id，如图 6-7 所示。

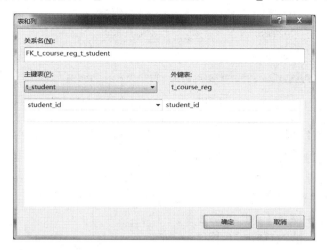

图 6-7　"表和列"对话框

（5）单击"确定"按钮，并在工具栏中单击"保存"按钮。在对象资源管理器中单击"刷新"按钮，展开 t_course_reg 表中的"列"和"键"，即可看到"列"中 student_id 前多了一个钥匙图标，"键"中多了一个新的对象 FK_t_course_reg_t_student，如图 6-8 所示。

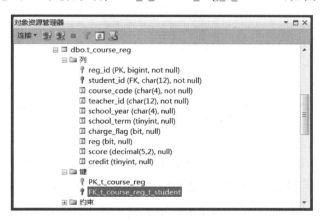

图 6-8　在对象资源管理器中查看新建的外键

2）使用 Transact-SQL 语句添加外键

由于相同的外键不能重复创建，需要在使用 Transact-SQL 语句添加外键前删除原有外键。

（1）右击 FK_t_course_reg_t_student 节点，在弹出的快捷菜单中选择"删除"命令。

（2）在弹出的"删除对象"窗口中单击"确定"按钮将外键删除。

（3）在查询编辑器窗口中输入创建外键 FK_t_course_reg_t_student 的 Transact-SQL 语句，具体代码及执行结果如图 6-9 所示。

```
SQLQuery1.sql - HNCST-BIGDATA.EMIS (HNCST-BIGDATA\Administrator (52))*
1  USE EMIS
2  GO
3  ALTER TABLE t_course_reg
4  ADD CONSTRAINT FK_t_course_reg_t_student
5  FOREIGN KEY (student_id) REFERENCES t_student(student_id)
6  GO
```

消息
命令已成功完成。

查询已成功执…　HNCST-BIGDATA (12.0 RTM)　HNCST-BIGDATA\Administ…　EMIS　00:00:00　0 行

图 6-9　使用 Transact-SQL 语句添加外键

**3. 添加唯一性约束**

1）在对象资源管理器中添加唯一性约束

（1）在对象资源管理器中右击"数据库"→EMIS→"表"→t_course_reg 节点，在弹出的快捷菜单中选择"设计"命令，进入 t_course_reg 表的设计器窗口。右击 student_id 列，在弹出的快捷菜单中选择"索引/键"命令。

（2）弹出"索引/键"对话框，如图 6-10 所示。

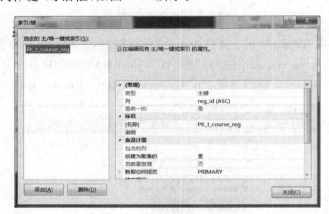

图 6-10　"索引/键"对话框 1

（3）在"选定的主/唯一键或索引"下方单击"添加"按钮，如图 6-11 所示。

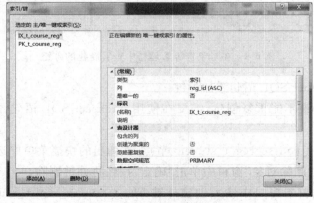

图 6-11　"索引/键"对话框 2

（4）单击"列"右侧的按钮，弹出"索引列"对话框，选择 student_id、course_code 和 school_term 三列，排序顺序均为"升序"，如图 6-12 所示。

图 6-12　"索引列"对话框

（5）单击"确定"按钮回到"索引/键"对话框。在"类型"属性中选择"唯一键"，在名称处输入 UK_t_course_reg，如图 6-13 所示。

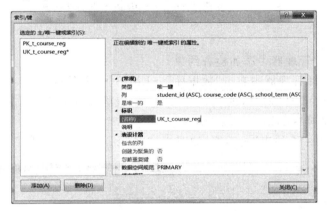

图 6-13　"索引/键"对话框 3

（6）单击"关闭"按钮，然后单击工具栏中的"保存"按钮。在对象资源管理器中单击"刷新"按钮，展开 t_course_reg 表中的"键"，即可看到"键"中多了一个新的对象 UK_t_course_reg，如图 6-14 所示。

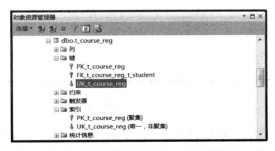

图 6-14　在对象资源管理器中查看新建的唯一键

2）使用 Transact-SQL 语句添加唯一性约束

由于唯一键不能重复创建，需要在使用 Transact-SQL 语句添加唯一键前删除前面创建的唯一键。

（1）右击 UK_t_course_reg 节点，在弹出的快捷菜单中选择"删除"命令。

（2）在弹出的"删除对象"对话框中单击"确定"按钮。

（3）在查询编辑器窗口中输入创建唯一键 UK_t_course_reg 的 Transact-SQL 语句，具体代码及执行结果如图 6-15 所示。

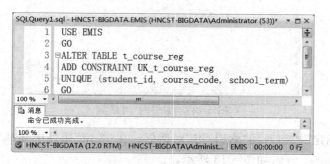

图 6-15　使用 Transact-SQL 语句添加唯一键

### 4. 添加检查约束

1）在对象资源管理器中添加检查约束

（1）在对象资源管理器中右击"数据库"→EMIS→"表"→t_course_reg 节点，在弹出的快捷菜单中选择"设计"命令，进入 t_course_reg 表的设计器窗口。右击 score 列，在弹出的快捷菜单中选择"CHECK 约束"命令。

（2）弹出"CHECK 约束"对话框，如图 6-16 所示。

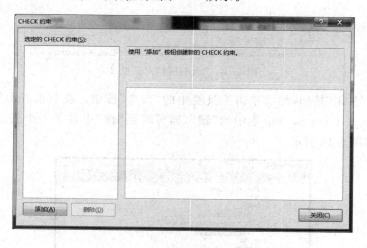

图 6-16　"CHECK 约束"对话框 1

（3）在"选定的 CHECK 约束"下方单击"添加"按钮，在表达式中输入 score>=0 and score<=100，如图 6-17 所示。

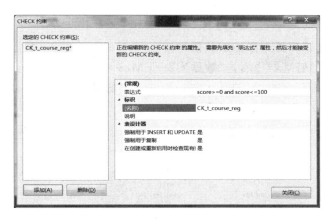

图 6-17　"CHECK 约束"对话框 2

（4）单击"关闭"按钮，然后单击工具栏中的"保存"按钮。在对象资源管理器中单击"刷新"按钮，展开 t_course_reg 表中的"约束"，即可看到"约束"中多了一个新的对象 CK_t_course_reg，如图 6-18 所示。

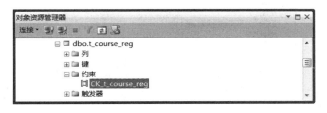

图 6-18　在对象资源管理器中查看新建的检查约束

2）使用 Transact-SQL 语句添加检查约束

由于没有必要创建两个功能相同的约束，在使用 Transact-SQL 语句添加检查约束前删除原有的检查约束。

（1）右击 CK_t_course_reg 节点，在弹出的快捷菜单中选择"删除"命令。

（2）在弹出的"删除对象"窗口中单击"确定"按钮。

（3）在查询编辑器窗口中输入创建检查约束 CK_t_course_reg 的 Transact-SQL 语句，具体代码及执行结果如图 6-19 所示。

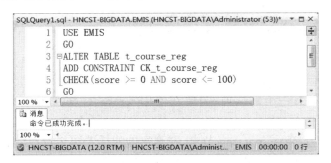

图 6-19　使用 Transact-SQL 语句添加检查约束

**5. 添加默认值约束**

1) 在对象资源管理器中添加默认值约束

(1) 在对象资源管理器中右击"数据库"→EMIS→"表"→t_course_reg 节点，在弹出的快捷菜单中选择"设计"命令，进入 t_course_reg 表的设计器窗口。单击 reg 列，在列属性中的"默认值或绑定"中输入 1，如图 6-20 所示。

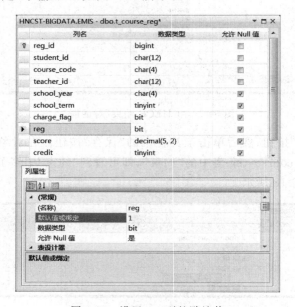

图 6-20  设置 reg 列的默认值

(2) 单击工具栏中的"保存"按钮。在对象资源管理器中单击"刷新"按钮，展开 t_course_reg 表中的"约束"，即可看到"约束"中多了一个新的对象 DF_t_course_reg_reg，如图 6-21 所示。

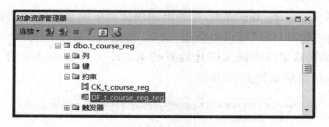

图 6-21  在对象资源管理器中查看新建的默认值约束

2) 使用 Transact-SQL 语句添加默认值约束

由于每一列只能有一个默认值，需要在使用 Transact-SQL 语句设置默认值前删除原有默认值。

(1) 右击 DF_t_course_reg_reg 节点，在弹出的快捷菜单中选择"删除"命令。

(2) 在弹出的"删除对象"窗口中单击"确定"按钮。

(3) 在查询编辑器窗口中输入创建默认值约束 DF_t_course_reg_reg 的 Transact-SQL

语句,具体代码及执行结果如图 6-22 所示。

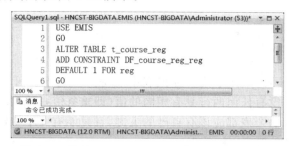

图 6-22　使用 Transact-SQL 语句添加默认值约束

### 6. 添加非空约束

1) 在对象资源管理器中添加非空约束

在对象资源管理器中右击"数据库"→EMIS→"表"→t_course_reg 节点,在弹出的快捷菜单中选择"设计"命令。将列名为 credit 行中的"允许 Null 值"复选框清除,如图 6-23 所示。然后单击工具栏中的"保存"按钮,credit 列即可设置为非空。

图 6-23　设置 credit 列为非空

2) 使用 Transact-SQL 语句添加非空约束

在查询编辑器窗口中输入设置非空约束的 Transact-SQL 语句,具体代码及执行结果如图 6-24 所示。

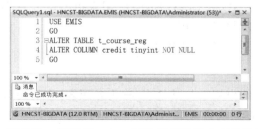

图 6-24　使用 Transact-SQL 语句设置非空约束

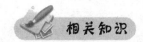

### 1. 主键约束

主键(Primary Key)约束用于唯一标识表中的每一条记录。可以定义表中的一列或多列为主键,主键列上没有任何两行具有相同的值(即重复值),该列也不能为空值。为了有效实现数据的管理,每个表都应该有自己的主键,且只能有一个主键。

1) 创建表时在列上创建主键约束

语法格式如下。

col_name data_type PRIMARY KEY

语法说明如下。

(1) col_name:主键列的列名。

(2) data_type:列的数据类型。

2) 创建表时在定义完所有列之后创建主键约束

语法格式如下。

CONSTRAINT constraint_name PRIMARY KEY [ CLUSTERED | NONCLUSTERED ] ( col_name [,...n])

语法说明如下。

(1) constraint_name:指定约束名称。

(2) CLUSTERED | NONCLUSTERED:用来指出是否为 PRIMARY KEY 约束创建聚集索引或非聚集索引,默认为聚集索引。

(3) col_name[,...n]:指定主键列的列名。

3) 在未设置主键的表中添加主键约束

语法格式如下。

ALTER TABLE table_name
ADD CONSTRAINT constraint_name PRIMARY KEY [ CLUSTERED | NONCLUSTERED ]
( col_name [,...n])

语法说明如下。

(1) table_name:指定主键约束所在表的表名。

(2) constraint_name:指定约束名称。

(3) CLUSTERED | NONCLUSTERED:用来指出是否为 PRIMARY KEY 约束创建聚集索引或非聚集索引,默认为聚集索引。

(4) col_name[,...n]:指定主键列的列名。

### 2. 外键约束

外键(Foreign Key)约束用于与其他表(称为参照表)中的列(称为参照列)建立连接。通过将参照表中主键所在列或具有唯一性约束的列包含在另一个表(外键表)中,这些列就构成了外键表的外键。当参照表中的参照列更新后,外键表中的外键列也会自动更新,从而保证两个表之间的一致性。

1）创建表时在定义完所有列之后创建外键约束

语法格式如下。

```
CONSTRAINT constraint_name
FOREIGN KEY col_name1[,...n] REFERENCES table_name column_name1[,...n]
```

语法说明如下。

（1）constraint_name：指定约束名称。

（2）col_name1[,...n]：指定从表中要添加外键约束的列。

（3）table_name：指定参照表表名。

（4）column_name1[,...n]：指定参照表中的参照列。

2）单独创建外键约束

语法格式如下。

```
ALTER TABLE tab_name
ADD CONSTRAINT constraint_name FOREIGN KEY (col_name1[,...n])
REFERENCES table_name(column_name1[,...n])
```

语法说明如下。

（1）tab_name：指定要创建外键约束的表名。

（2）constraint_name：指定约束名称。

（3）col_name1[,...n]：指定从表中要添加外键约束的列。

（4）table_name：指定参照表表名。

（5）column_name1[,...n]：指定参照表中的参照列。

**3. 唯一性约束**

唯一性（Unique）约束用来限制不受主键约束的列上数据的唯一性，即表中任意两行在指定列上都不允许有相同的值。一个表中可以设置多个唯一性约束。

唯一性约束和主键约束的区别如下。

唯一性约束允许在该列上存在空值，而主键约束限制更为严格，不但不允许有重复，而且不允许有空值。

在创建唯一性约束和主键约束时，可以创建聚集索引和非聚集索引，但在默认情况下，主键约束产生聚集索引，唯一性约束产生非聚集索引。

1）创建表时在列上创建唯一性约束

语法格式如下。

```
col_name data_type UNIQUE
```

语法说明如下。

（1）col_name：指定唯一键的列名。

（2）data_type：指定列的数据类型。

2）创建表时在定义完所有列之后创建唯一性约束

语法格式如下。

```
CONSTRAINT constraint_name UNIQUE [ CLUSTERED | NONCLUSTERED ] ( col_name [,...n])
```

语法说明如下。

（1）constraint_name：指定约束名称。

（2）CLUSTERED | NONCLUSTERED：用来指出是否为唯一性约束创建聚集索引或非聚集索引，默认为聚集索引。

（3）col_name[,...n]：指定唯一键的列名。

3）单独创建唯一性约束

语法格式如下。

```
ALTER TABLE table_name
ADD CONSTRAINT constraint_name UNIQUE [ CLUSTERED | NONCLUSTERED ]
( col_name [,...n])
```

语法说明如下。

（1）table_name：指定唯一性约束所在表的表名。

（2）constraint_name：指定约束名称。

（3）CLUSTERED | NONCLUSTERED：用来指出是否为 PRIMARY KEY 约束创建聚集索引或非聚集索引，默认为聚集索引。

（4）col_name[,...n]：指定唯一性约束所在列的列名。

**4. 检查约束**

检查（Check）约束用来指定某列可取值的范围。它通过限制输入列中的值来强制域的完整性。可以在单列上定义多个检查约束，以它们定义的顺序来求值。

1）创建表时在定义完所有列之后创建检查约束

语法格式如下。

```
CHECK (expression)
```

语法说明如下。

expression：定义要对列进行检查的条件，可以是任何表达式，包括算术表达式、关系表达式、逻辑表达式或如 IN、LIKE 和 BETWEEN 之类的关键字。

2）单独添加检查约束

语法格式如下。

```
ALTER TABLE table_name
ADD CONSTRAINT constraint_name CHECK (expression)
```

语法说明如下。

（1）table_name：指定检查约束所在表的表名。

（2）constraint_name：指定约束名称。

（3）expression：定义要对列进行检查的条件，可以是任何表达式，包括算术表达式、关系表达式、逻辑表达式或如 IN、LIKE 和 BETWEEN 之类的关键字。

### 5. 默认值约束

默认值（Default）约束用于给表中指定列赋予一个常量值（默认值），当向该表插入数据时，如果用户没有明确给出该列的值，SQL Server 会自动为该列输入默认值。每列只能有一个默认值约束。

1）创建表时在列上创建默认值约束

语法格式如下。

```
column_name data_type DEFAULT (expression | NULL)
```

语法说明如下。

（1）column_name：指定默认值约束对应的列名。

（2）data_type：指定列的数据类型。

（3）expression：指定默认值的表达式。

2）单独添加默认值约束

语法格式如下。

```
ALTER TABLE table_name
ADD CONSTRAINT constraint_name DEFAULT (expression | NULL) FOR column_name
```

语法说明如下。

（1）table_name：指定默认值约束所在表的表名。

（2）constraint_name：指定约束名称。

（3）expression：指定默认值的表达式。

（4）column_name：指定默认值约束对应的列名。

**注意**：不能在具有 Identity 属性的列上设置默认值约束。

默认值约束只能用于 INSERT 语句。

如果对一个已经有数据的表添加默认值约束，原来的数据不会得到默认值。

### 6. 非空约束

非空（Not Null）约束是数据库中的一种较为简单的约束，其作用是判断数据表的列值是否为空。非空约束的创建与其他约束不同，其创建方法是直接修改数据表中的列。

1）创建表时在列上创建非空约束

语法格式如下。

```
column_name data_type NOT NULL
```

语法说明如下。

（1）column_name：指定非空约束对应的列名。

（2）data_type：指定列的数据类型。

2）单独添加非空约束

语法格式如下。

```
ALTER TABLE table_name
ALTER COLUMN column_name data_type NOT NULL
```

语法说明如下。

（1）table_name：指定非空约束所在表的表名。

（2）column_name：指定修改为非空列的列名。

（3）data_type：指定修改的列的数据类型。

**7．删除约束**

语法格式如下。

```
ALTER TABLE table_name DROP CONSTRAINT constraint_name
```

语法说明如下。

（1）table_name：指定要删除约束所在表的表名。

（2）constraint_name：指定要删除的约束名。

**注意**：非空约束不能使用该方法删除。

# 任务 6.2　为课程注册表设置规则

课程注册表中的 credit 列的列值应该大于 0，本任务创建这个规则并将该规则绑定到 credit 列。绑定之后对规则的效果进行测试，最后解绑并删除规则。

**1．创建规则**

具体代码及执行结果如图 6-25 所示。

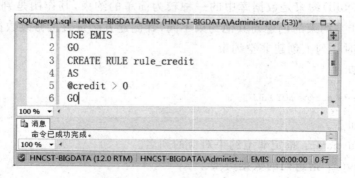

```
USE EMIS
GO
CREATE RULE rule_credit
AS
@credit > 0
GO
```

图 6-25　创建规则

在对象资源管理器中单击"刷新"按钮,展开"数据库"→EMIS→"可编程性"→"规则"
节点,即可看到新创建的规则 dbo.rule_credit,如图 6-26 所示。

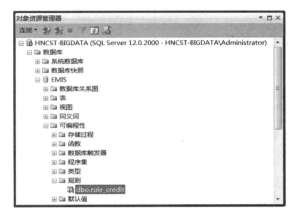

图 6-26 在对象资源管理器中查看规则

## 2. 绑定规则到指定列

具体代码及执行结果如图 6-27 所示。

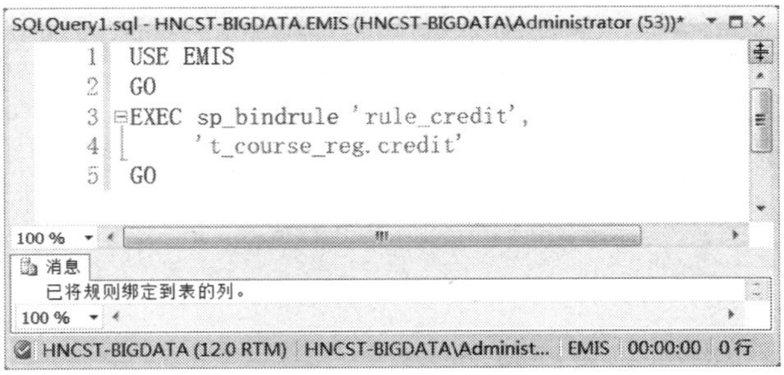

```
USE EMIS
GO
EXEC sp_bindrule 'rule_credit',
     't_course_reg.credit'
GO
```

已将规则绑定到表的列。

图 6-27 绑定规则到指定列

## 3. 测试规则

在查询编辑器窗口中执行向 t_course_reg 数据表中插入不符合规则要求的数据的
Transact-SQL 语句,执行可以看到报错信息:"列的插入或更新与先前的 CREATE
RULE 语句所指定的规则发生冲突",说明规则已经生效。具体代码及执行结果如
图 6-28 所示。

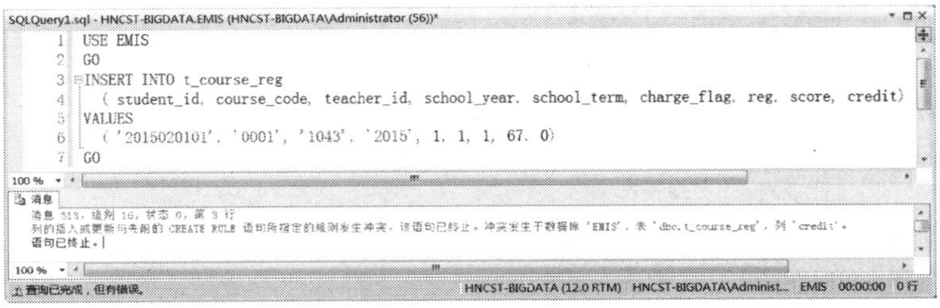

```
USE EMIS
GO
INSERT INTO t_course_reg
    ( student_id, course_code, teacher_id, school_year, school_term, charge_flag, reg, score, credit)
VALUES
    ('2015020101', '0001', '1043', '2015', 1, 1, 1, 67, 0)
GO
```

消息 513, 级别 16, 状态 0, 第 3 行
列的插入或更新与先前的 CREATE RULE 语句所指定的规则发生冲突, 该语句已终止。冲突发生于数据库 'EMIS', 表 'dbo.t_course_reg', 列 'credit'。
语句已终止。

图 6-28 测试规则

**4．解绑规则**

具体代码及执行结果如图 6-29 所示。

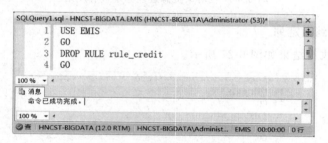

图 6-29　解绑规则

**5．删除规则**

具体代码及执行结果如图 6-30 所示。

图 6-30　删除规则

　相关知识

**1．规则的概念**

规则是一种数据库对象，它的作用与检查约束相同，用来限制输入值的取值范围，实现数据的域完整性。检查约束比规则更简明，它可以在建表时由 CREATE TABLE 语句或在修改表时由 ALTER TABLE 语句将其作为表的一部分进行指定，而规则需要单独创建，然后绑定到列上。在一个列上只能应用一个规则，但是却可以应用多个检查约束。使用规则的优点是：一个规则只须定义一次就可以被多次应用，也可以应用于多个表或多个列。

**2．创建规则**

语法格式如下。

```
CREATE RULE [ schema_name. ] rule_name
AS condition_expression
```

语法说明如下。

（1）schema_name：指定规则所属架构的名称。

（2）rule_name：指定新规则的名称。规则名称必须符合标识符规则。根据需要，指定规则所有者名称。

（3）condition_expression：定义规则的条件。规则可以是 WHERE 子句中任何有效的表达式，并且可以包括算术运算符、关系运算符和谓词（如 IN、LIKE、BETWEEN）等元素。规则不能引用列或其他数据库对象。可以包括不引用数据库对象的内置函数。不能使用用户定义函数。

条件 condition_expression 包括一个变量。每个局部变量的前面都有一个@符号。该表达式引用通过 UPDATE 或 INSERT 语句输入的值。在创建规则时，可以使用任何名称或符号表示值，但第一个字符必须是@。

### 3. 绑定规则到指定列

语法格式如下。

```
sp_bindrule [ @rulename = ] 'rule',
    [ @objname = ] 'object_name'
    [ , [ @futureonly = ] 'future_only_flag' ]
```

语法说明如下。

（1）[@rulename＝] 'rule'：指定由 CREATE RULE 语句创建的规则的名称。rule 的数据类型为 nvarchar(776)，无默认值。

（2）[@objname＝] 'object_name'：指定要绑定规则的表和列或别名数据类型。不能将规则绑定到 text、ntext、image、varchar(max)、nvarchar(max)、varbinary(max)、xml、CLR 用户定义类型或 timestamp 列。无法将规则绑定到计算列。object_name 的数据类型为 nvarchar(776)，无默认值。如果 object_name 是由单个部分组成的名称，则按别名数据类型进行解析。如果是由两部分或三部分组成的名称，则首先按表和列进行解析；如果解析失败，则按别名数据类型进行解析。默认情况下，除非规则已经直接绑定到列，否则别名数据类型的现有列将继承 rule。

（3）[@futureonly＝] 'future_only_flag'：仅当将规则绑定到别名数据类型时才能使用。future_only_flag 的数据类型为 varchar(15)，默认值为 NULL。当此参数设置为 futureonly 时，可以防止具有别名类型的现有列继承新的规则。如果 futureonly_flag 为 NULL，则会将新规则绑定到目前没有规则或正在使用别名数据类型的现有规则的所有别名数据类型列上。

### 4. 解绑规则

语法格式如下。

```
sp_unbindrule [ @objname = ] 'object_name'
    [ , [ @futureonly = ] 'futureonly_flag' ]
```

语法说明如下。

（1）[ @objname＝] 'object_name'：指定要取消规则绑定的表、列或别名数据类型的名称。object_name 的数据类型为 nvarchar(776)，无默认值。SQL Server 尝试先将两部分标识符解析为列名,再解析为别名数据类型。在取消别名数据类型的规则绑定时,也同时取消数据类型相同并具有相同规则的任何列的绑定。属于该数据类型并且规则直接绑定的列不受影响。

(2)[@futureonly= ]'futureonly_flag':仅在取消别名数据类型的规则绑定时使用。futureonly_flag 的数据类型为 varchar(15),默认值为 NULL。当 futureonly_flag 的数据类型为 futureonly 时,该数据类型的现有列不会失去指定的规则。

**5. 删除规则**

语法格式如下。

```
DROP RULE { [ schema_name. ] rule_name } [ ,...n ]
```

语法说明如下。

(1)schema_name:指定规则所属架构的名称。

(2)rule_name:指定要删除的规则名称。规则名称必须符合标识符规则,可以根据需要选择指定规则架构名称。

# 任务 6.3  为课程注册表设置默认值

 **任务描述**

课程注册表中的 charge_flag 列的默认值为 1,可以创建一个默认值并将该默认值绑定到 charge_flag 列。绑定之后对默认值进行测试,最后解绑并删除默认值。

 **任务实施**

**1. 创建默认值**

具体代码及执行结果如图 6-31 所示。

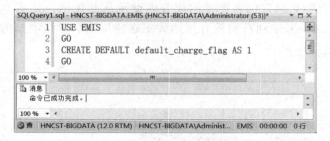

```
SQLQuery1.sql - HNCST-BIGDATA.EMIS (HNCST-BIGDATA\Administrator (53))*
1  USE EMIS
2  GO
3  CREATE DEFAULT default_charge_flag AS 1
4  GO
```

消息
命令已成功完成。

HNCST-BIGDATA (12.0 RTM) | HNCST-BIGDATA\Administ... | EMIS | 00:00:00 | 0 行

图 6-31  创建默认值

在对象资源管理器中单击"刷新"按钮,依次展开"数据库"→EMIS→"可编程性"→"默认值"节点,即可看到新创建的默认值 dbo.default_charge_flag,如图 6-32 所示。

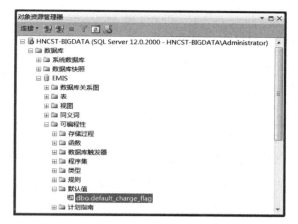

图 6-32  在对象资源管理器中查看默认值

## 2. 绑定默认值到指定列

具体代码及执行结果如图 6-33 所示。

```
SQLQuery1.sql - HNCST-BIGDATA.EMIS (HNCST-BIGDATA\Administrator (53))*
1   USE EMIS
2   GO
3   EXEC sp_bindefault 'default_charge_flag',
4       't_course_reg.charge_flag'
5   GO
```

消息
已将默认值绑定到列。

图 6-33  绑定默认值到指定列

## 3. 测试默认值

在查询编辑器窗口中执行向 t_course_reg 数据表插入数据的 Transact-SQL 语句,并且不指定 charge_flag 列的值,执行完插入语句之后查询该列,可以看到 charge_flag 使用的是绑定的默认值 1,具体代码及执行结果如图 6-34 所示。

```
SQLQuery1.sql - HNCST-BIGDATA.EMIS (HNCST-BIGDATA\Administrator (55))*
1   USE EMIS
2   GO
3   INSERT INTO t_course_reg
4       ( student_id, course_code, teacher_id, school_year, school_term, reg, score, credit )
5   VALUES
6       ( '2017020101', '0001', '1043', '2017', 1, 1, NULL, 0 )
7   GO
8   SELECT *
9   FROM    t_course_reg
10  WHERE   student_id      = '2017020101'
11          AND course_code = '0001'
12  GO
```

| | reg_id | student_id | course_code | teacher_id | school_year | school_term | charge_flag | reg | score | credit |
|---|---|---|---|---|---|---|---|---|---|---|
| 1 | 10002031 | 2017020101 | 0001 | 1043 | 2017 | 1 | 1 | 1 | NULL | 0 |

图 6-34  测试默认值

**4. 解绑默认值**

具体代码及执行结果如图 6-35 所示。

SQLQuery1.sql - HNCST-BIGDATA.EMIS (HNCST-BIGDATA\Administrator (56))*
```
1  USE EMIS
2  GO
3  EXEC sp_unbindefault 't_course_reg.charge_flag '
4  GO
```
消息
已解除了表列与其默认值之间的绑定。

查询已成功...  HNCST-BIGDATA (12.0 RTM)  HNCST-BIGDATA\Administ...  EMIS  00:00:00  0 行

图 6-35　解绑默认值

**5. 删除默认值**

具体代码及执行结果如图 6-36 所示。

SQLQuery1.sql - HNCST-BIGDATA.EMIS (HNCST-BIGDATA\Administrator (56))*
```
1  USE EMIS
2  GO
3  DROP DEFAULT default_charge_flag
4  GO
```
消息
命令已成功完成。

查询已成功...  HNCST-BIGDATA (12.0 RTM)  HNCST-BIGDATA\Administ...  EMIS  00:00:00  0 行

图 6-36　删除默认值

相关知识

**1. 默认值的概念**

默认值是一种数据库对象,它的作用与默认值约束的作用相同,也是当向表中插入记录时,如果没有为某列提供值,并且该列被绑定了默认值对象,系统会自动将默认值赋给该列。与默认值约束不同的是,默认值对象的定义独立于表,定义一次就可以被多次应用于任意表中的一列或多列,也可以应用于用户定义数据类型。

**2. 创建默认值**

语法格式如下。

```
CREATE DEFAULT [ schema_name . ] default_name
AS constant_expression
```

语法说明如下。

(1) schema_name:指定默认值所属架构的名称。

(2) default_name:指定默认值的名称。默认值名称必须遵守标识符规则,可以选择是否指定默认值所有者名称。

(3) constant_expression:指定只包含常量值的表达式(不能包含任何列或其他数据

库对象的名称)。除了包含别名数据类型的表达式外,可以使用任何常量、内置函数或数学表达式,不能使用用户定义函数。字符和日期常量要放在单引号(')内;货币、整数和浮点常量不需要单引号。二进制数据必须以 0x 开头,货币数据必须以 $ 符号开头。默认值必须与列数据类型兼容。

**3. 绑定默认值到指定列**

语法格式如下。

```
sp_bindefault [ @defname = ] 'default',
    [ @objname = ] 'object_name'
    [ , [ @futureonly = ] 'futureonly_flag' ]
```

语法说明如下。

(1) [ @defname＝ ] 'default': 由 CREATE DEFAULT 语句创建的默认值的名称。default 的数据类型为 nvarchar(776),无默认值。

(2) [ @objname＝ ] 'object_name': 将默认值绑定到的表名、列名或别名数据类型。object_name 的数据类型为 nvarchar(776),无默认值。不能使用 varchar(max)、nvarchar(max)、varbinary(max)、xml 或用户定义类型来定义 object_name。

如果 object_name 是由单个部分组成的名称,则按别名数据类型进行解析。如果是由两部分或三部分组成的名称,则首先按表和列进行解析;如果解析失败,则按别名数据类型进行解析。默认情况下,除非默认值已经直接绑定到列,否则别名数据类型的现有列将继承 default。默认值不能绑定到 text、ntext、image、varchar(max)、nvarchar(max)、varbinary(max)、xml、timestamp 或用户定义类型列,也不能绑定到具有 IDENTITY 属性的列、计算列或已具有默认值约束的列。

(3) [ @futureonly＝ ] 'futureonly_flag': 仅当将默认值绑定到别名数据类型时才能使用。futureonly_flag 的数据类型为 varchar(15),默认值为 NULL。当此参数设置为 futureonly 时,该数据类型的现有列无法继承新默认值。将默认值绑定到列时,从不使用此参数。如果 futureonly_flag 为 NULL,则新默认值将绑定到别名数据类型的所有列,这些列当前没有默认值或正在使用别名数据类型的现有默认值。

**4. 解绑默认值**

语法格式如下。

```
sp_unbindefault [ @objname = ] 'object_name'
    [ , [ @futureonly = ] 'futureonly_flag' ]
```

语法说明如下。

(1) [ @objname＝ ] 'object_name': 指定要解除默认值绑定的表和列或别名数据类型的名称。object_name 的数据类型为 nvarchar(776),无默认值。SQL Server 尝试先将两部分标识符解析为列名,再解析为别名数据类型。解除别名数据类型的默认值绑定时,同时解除数据类型相同且具有相同默认值的任何列的默认值绑定。属于该数据类型并且直接绑定默认值的类将不受影响。

(2) [ @futureonly＝ ] 'futureonly_flag': 仅在解除别名数据类型的默认值绑定时

使用。futureonly_flag 的数据类型为 varchar(15),默认值为 NULL。当 futureonly_flag 的数据类型为 futureonly 时,该数据类型的现有列不会失去指定默认值。

### 5. 删除默认值

语法格式如下。

```
DROP DEFAULT { [ schema_name . ] default_name } [ ,...n ]
```

语法说明如下。

(1) schema_name:指定默认值所属架构的名称。

(2) default_name:指定现有默认值的名称。若要查看现有默认值的列表,可执行 sp _help 存储过程,默认值必须符合标识符规则。可以选择是否指定默认架构名称。

## 项目实训 6

本实训实现学生成绩管理数据库中数据的完整性,具体步骤如下。

(1) 创建课程收费表。课程收费表 t_course_charge 的结构如表 6-1 所示。

表 6-1　课程收费表 t_course_charge 的结构

| 列　名 | 数据类型 | 长度 | 是否为空 | 备　注 |
|---|---|---|---|---|
| student_id | char | 12 | 否 | 学号 |
| course_code | char | 4 | 否 | 课程号 |
| charge | tinyint |  | 是 | 收费 |
| school_year | char | 4 | 否 | 学年 |
| school_term | tinyint |  | 否 | 学期 |

(2) 为课程收费表中的 student_id 创建外键引用学生表中的 student_id,为 course_ code 创建外键引用课程表中的 course_code。

(3) 将 student_id、course_code 和 school_term 三列的组合设置为唯一键。

(4) 设置 school_term 的取值范围为 1~10。

(5) 设置 charge 列的默认值为 0。

# 项目 7

# 检索学生成绩数据

## 项目背景

　　对于数据库管理系统来说，数据查询是执行频率最高的操作，是数据库中非常重要的部分。用户可以通过查询来获得所需数据。查询可以通过 SELECT 语句实现；也可以通过其他图形界面的软件实现，但这些软件最终都要将每个查询转换成 SELECT 语句，然后发送到 SQL Server 服务器执行。

## 内容导航

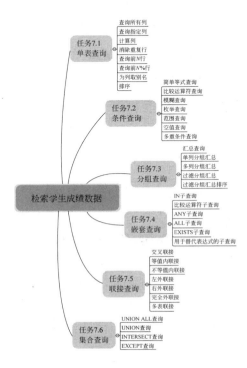

# 任务7.1 单表查询

**任务描述**

在 EMIS 数据库中,查询学生成绩数据。

**任务实施**

## 1. 查询所有列

查询课程注册表的所有信息。

具体代码及执行结果如图 7-1 所示。

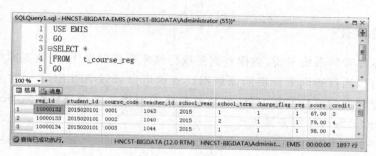

图 7-1 查询所有列

## 2. 查询指定列

查询课程注册表中学号、课程号和成绩的信息。

具体代码及执行结果如图 7-2 所示。

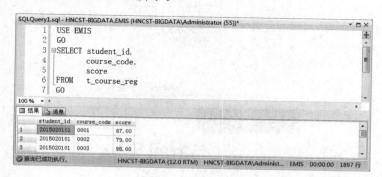

图 7-2 查询指定列

## 3. 计算列

查询课程注册表中的学号、课程号及对应的绩点信息。

具体代码及执行结果如图 7-3 所示。

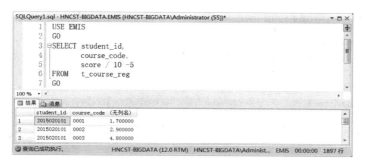

图 7-3 查询计算列

### 4. 消除重复行

检索被选修的课程号，每个课程号仅显示一次。

具体代码及执行结果如图 7-4 所示。

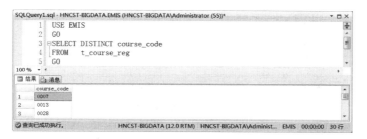

图 7-4 消除重复行

### 5. 查询前 N 行

查询课程注册表中前 3 行信息。

具体代码及执行结果如图 7-5 所示。

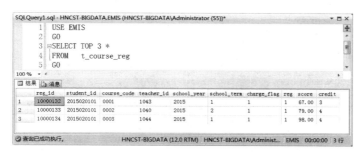

图 7-5 查询课程注册表中前 3 行数据

### 6. 查询前 N％行

查询课程注册表中前 10％的数据。

具体代码及执行结果如图 7-6 所示。

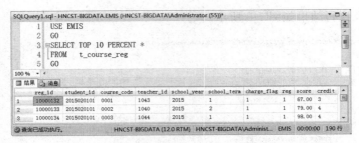

图 7-6　查询课程注册表中前 10％的数据

### 7. 为列取别名

查询课程注册表中学号、课程号和成绩的信息并将列名用中文标识。

具体代码及执行结果如图 7-7 所示。

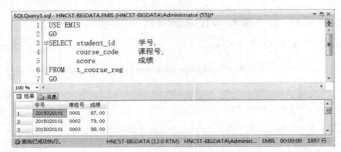

图 7-7　用别名显示列

### 8. 排序

查询课程注册表的所有信息并按照课程号升序排列。

具体代码及执行结果如图 7-8 所示。

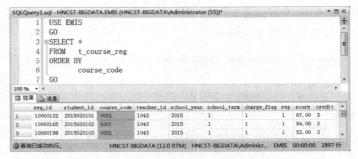

图 7-8　查询并排序

### 1. 简单查询

语法格式如下。

```
SELECT  [ ALL | DISTINCT ]
 [TOP number [PERCENT] ]  select_list FROM table_name
```

语法说明如下。

（1）SELECT：该关键字用于从表中选取数据。

（2）ALL：指定在结果集中可以显示重复的行，这是默认的关键字。

（3）DISTINCT：指定在结果集中消除重复的行。

（4）TOP number：指定在结果集中显示前 number 条记录。

（5）TOP number PERCENT：指定在结果集中显示前 number％的记录。

（6）select_list：指定选取列的列名或者表达式，当选取所有列时可以使用"＊"代替。

（7）FROM：该关键字后面要指定查询的数据表。

（8）table_name：指定要查询的数据表的表名。

**2. 排序**

语法格式如下。

```
SELECT select_list FROM table_name
ORDER BY order_expression [ ASC | DESC ]
```

语法说明如下。

（1）SELECT：该关键字用于从表中选取数据。

（2）select_list：指定选取列的列名或者表达式，当选取所有列时可以使用"＊"代替。

（3）FROM：该关键字后面要指定查询的数据表。

（4）table_name：指定要查询的数据表的表名。

（5）ORDER BY：该关键字后面要指定结果集排序依据的列或表达式。

（6）order_expression：指定结果集排序依据的列或表达式。

（7）ASC：指定结果集按照升序进行排序，默认是升序。

（8）DESC：指定结果集按照降序进行排序。

# 任务 7.2　条 件 查 询

 **任务描述**

在 EMIS 数据库中，根据需求对数据表中的数据进行过滤，进而得到真正
需要的数据。

**1. 简单等式查询**

查询 2016 年（school_year 值为 2016）的课程注册信息。

具体代码及执行结果如图 7-9 所示。

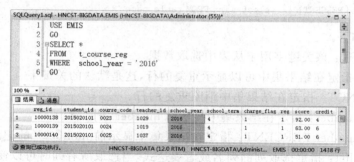

图 7-9　简单等式查询

## 2. 比较运算符查询

查询 80 分以上的成绩信息。

具体代码及执行结果如图 7-10 所示。

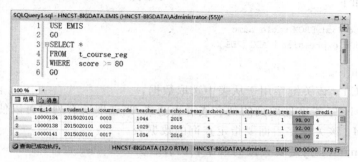

图 7-10　比较运算符查询

## 3. 模糊查询

查询学号以 20150201 开头的成绩信息。

具体代码及执行结果如图 7-11 所示。

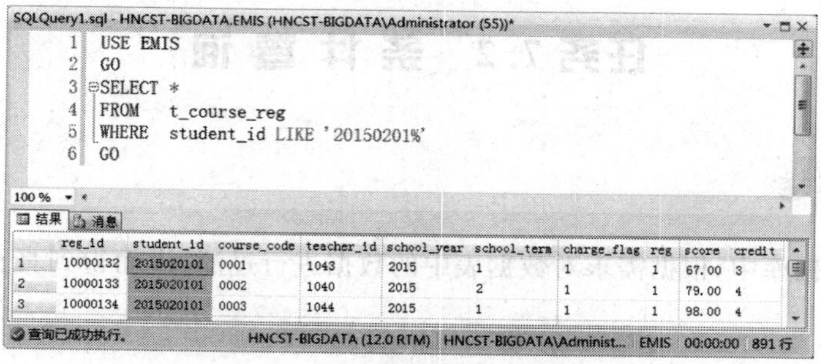

图 7-11　模糊查询

## 4. 枚举查询

查询课程号为 0001 和 0002 这两门课的成绩信息。

具体代码及执行结果如图 7-12 所示。

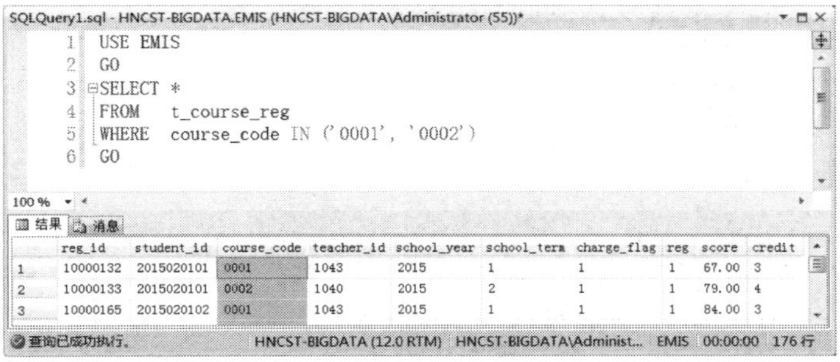

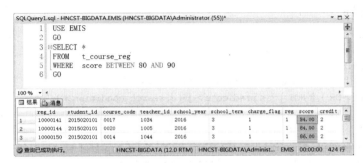

图 7-12 枚举查询

### 5．范围查询

查询 80～90 分的成绩信息。

具体代码及执行结果如图 7-13 所示。

图 7-13 范围查询

### 6．空值查询

查询课程注册表中成绩为空的成绩信息。

具体代码及执行结果如图 7-14 所示。

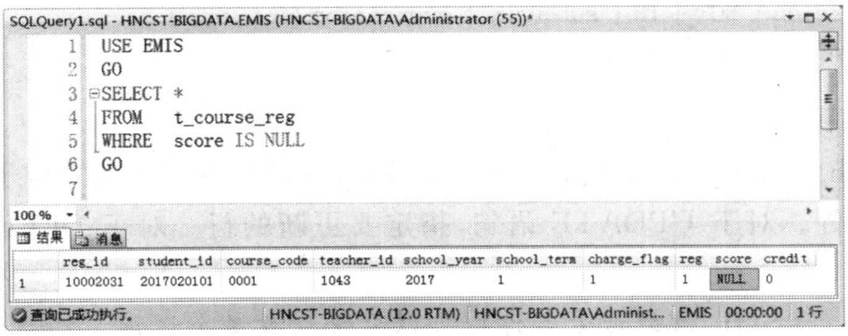

图 7-14 空值查询

### 7．多重条件查询

查询 0001 这门课不及格的成绩信息。

具体代码及执行结果如图 7-15 所示。

```
SQLQuery1.sql - HNCST-BIGDATA.EMIS (HNCST-BIGDATA\Administrator (55))*
  1   USE EMIS
  2   GO
  3   SELECT *
  4   FROM     t_course_reg
  5   WHERE    course_code = '0001'
  6            AND score < 60
  7   GO
```

100 % ▾ ◀

结果 | 消息

| | reg_id | student_id | course_code | teacher_id | school_year | school_term | charge_flag | reg | score | credit |
|---|--------|-----------|-------------|-----------|-------------|-------------|-------------|-----|-------|--------|
| 1 | 10000198 | 2015020103 | 0001 | 1043 | 2015 | 1 | 1 | 1 | 52.00 | 3 |
| 2 | 10000330 | 2015020107 | 0001 | 1043 | 2015 | 1 | 1 | 1 | 55.00 | 3 |
| 3 | 10000891 | 2015020124 | 0001 | 1043 | 2015 | 1 | 1 | 1 | 53.00 | 3 |

查询已成功执行。    HNCST-BIGDATA (12.0 RTM)   HNCST-BIGDATA\Administ...   EMIS   00:00:00   16 行

图 7-15　多重条件查询

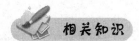

相关知识

### WHERE 条件

语法格式如下。

```
< search_condition > :: =
      { [ NOT ] < predicate > | ( < search_condition > ) }
      [ { AND | OR } [ NOT ] { < predicate > | ( < search_condition > ) } ] ]
[ ,...n ]
< predicate > :: =
      { expression { = | <> | ! = | > | >= | !> | < | <= | !< } expression
      | string_expression [ NOT ] LIKE string_expression
   [ ESCAPE 'escape_character' ]
      | expression [ NOT ] BETWEEN expression AND expression
      | expression IS [ NOT ] NULL
      | CONTAINS
   ( { column | * } , '< contains_search_condition >' )
      | FREETEXT ( { column | * } , 'freetext_string' )
      | expression [ NOT ] IN ( subquery | expression [ ,...n ] )
      | expression { = | <> | ! = | > | >= | !> | < | <= | !< }
```

语法说明如下。

(1) ＜search_condition＞：指定要在 SELECT 语句、查询表达式或子查询的结果集中返回的行的条件。对于 UPDATE 语句，指定要更新的行。对于 DELETE 语句，指定要删除的行。

提示：Transact-SQL 语句搜索条件中可以包含任意多个谓词。

(2) AND：组合两个条件，并在两个条件都为 TRUE 时取值为 TRUE。

(3) OR：组合两个条件，并在任何一个条件为 TRUE 时取值为 TRUE。

(4) NOT：对谓词指定的布尔表达式求反。

(5) ＜predicate＞：为返回 TRUE、FALSE 或 UNKNOWN 的表达式。

(6) expression：为列名、常量、函数、变量、标量子查询，或者通过运算符或子查询连

接的列名、常量和函数的任意组合。expression 中还可以包含 CASE 语句。

注意：当引用 Unicode 字符数据类型 nchar、nvarchar 和 ntext 时，expression 应采用大写字母 N 作为前缀。如果未指定 N，则 SQL Server 会将字符串转换为与数据库或列的默认排序规则相对应的代码页。此代码页中没有的字符都将丢失。

Transact-SQL 语句中常用的运算符如下。

＝：用于测试两个表达式是否相等。

＜＞：用于测试两个表达式是否不相等（可移植性较好）。

!＝：用于测试两个表达式是否不相等。

＞：用于测试一个表达式是否大于另一个表达式。

＞＝：用于测试一个表达式是否大于或等于另一个表达式。

!＞：用于测试一个表达式是否不大于另一个表达式。

＜：用于测试一个表达式是否小于另一个表达式。

＜＝：用于测试一个表达式是否小于或等于另一个表达式。

!＜：用于测试一个表达式是否不小于另一个表达式。

（7）string_expression：为字符串和通配符。

（8）［NOT］LIKE：指示后续字符串使用时要进行模式匹配。

（9）ESCAPE 'escape_character'：允许在字符串中搜索通配符，而不是将其作为通配符使用。escape_character 是放在通配符前表示此特殊用法的字符。

（10）［NOT］BETWEEN：指定值的包含范围。使用 AND 分隔开始值和结束值。

（11）IS［NOT］NULL：根据使用的关键字指定是否搜索空值或非空值。如果有任何一个操作数为 NULL，则包含位运算符或算术运算符的表达式的计算结果为 NULL。

（12）CONTAINS：在包含基于字符的数据的列中，搜索单个词和短语的精确或不精确（"模糊"）的匹配项、在一定范围内相同的近似词以及加权匹配项。此选项只能与 SELECT 语句一起使用。

（13）FREETEXT：在包含基于字符的数据的列中，搜索与谓词中的词的含义相符而非精确匹配的值，从而提供一种形式简单的自然语言查询。此选项只能与 SELECT 语句一起使用。

（14）［NOT］IN：根据是在列表中包含还是排除某表达式指定对该表达式的搜索。搜索表达式可以是常量或列名，而列表可以是一组常量，比较常用的是子查询。将一组值用圆括号括起来。

## 任务7.3 分组查询

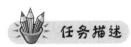
任务描述

在 EMIS 数据库中，对数据进行汇总查询，并根据需求进行分组及过滤。

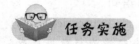

### 1. 汇总查询

查询所有成绩的最高分、最低分、平均分、成绩记录条数和成绩非空的记录条数。

具体代码及执行结果如图 7-16 所示。

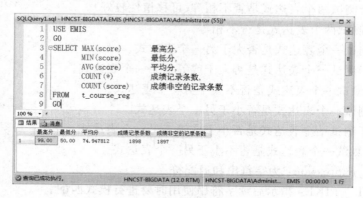

图 7-16    汇总查询

### 2. 单列分组汇总

查询每位学生的最高分、最低分及成绩记录条数。

具体代码及执行结果如图 7-17 所示。

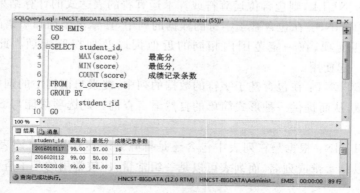

图 7-17    单列分组汇总

### 3. 多列分组汇总

查询每位教师上的各门课程的平均分。

具体代码及执行结果如图 7-18 所示。

### 4. 过滤分组汇总

查询最低分大于或等于 60 分的学生的学号、最高分、最低分及成绩记录条数。

具体代码及执行结果如图 7-19 所示。

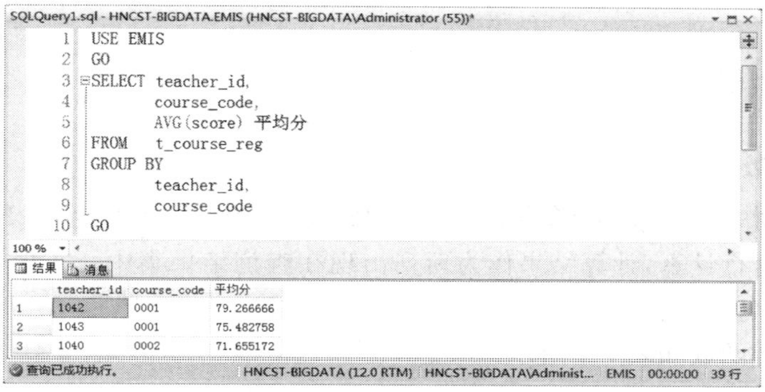

图 7-18　多列分组汇总

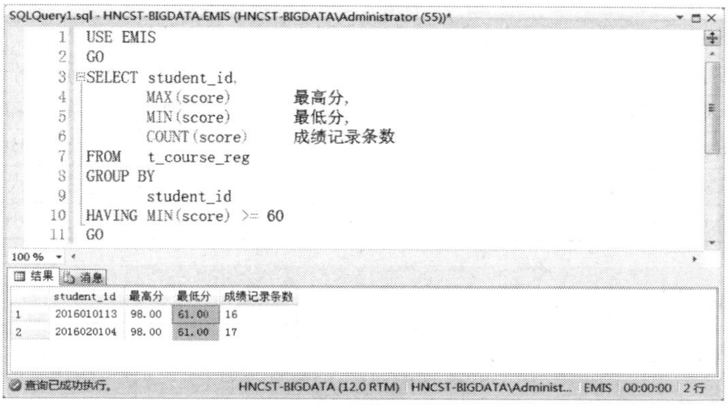

图 7-19　过滤分组汇总

## 5. 过滤分组汇总排序

查询最低分大于或等于 60 分的学生的学号、最高分、最低分及平均分信息，并按照平均分从高到低排序。

具体代码及执行结果如图 7-20 所示。

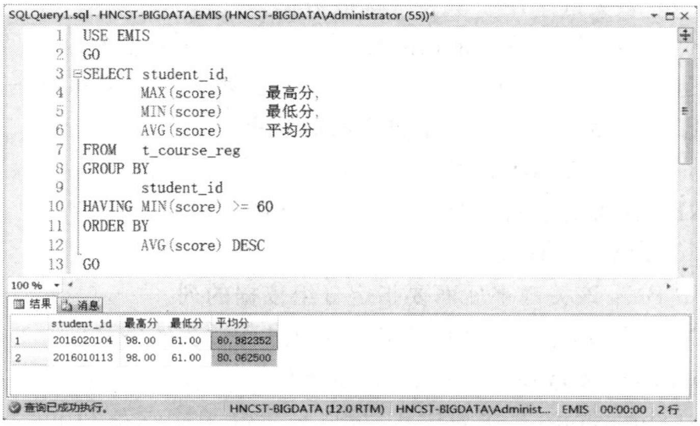

图 7-20　过滤分组汇总排序

相关知识

### 1. 聚合函数

聚合函数对一组值进行计算并返回单个值,也称为组合函数。SELECT 语句中可以使用聚合函数进行计算,计算结果作为新列出现在查询结果集中。在聚合运算的表达式中,可以包括列名、常量以及由运算符连接起来的函数。

常用的聚合函数如表 7-1 所示。

表 7-1　常用的聚合函数

| 函　　数 | 功　　能 |
|---|---|
| COUNT([DISTINCT\|ALL] * ) | 统计记录条数 |
| COUNT([DISTINCT\|ALL]<列名>) | 统计一列中值的个数 |
| SUM([DISTINCT\|ALL]<列名>) | 计算一列值的总和 |
| AVG([DISTINCT\|ALL]<列名>) | 计算一列值的平均值 |
| MAX([DISTINCT\|ALL]<列名>) | 计算一列值的最大值 |
| MIN([DISTINCT\|ALL]<列名>) | 计算一列值的最小值 |

### 2. 分组查询语句

语法格式如下。

```
SELECT column_name, aggregate_function(col_name)
FROM table_name
WHERE search_condition
GROUP BY column_name
HAVING group_filter_condition
ORDER BY order_expression [ ASC | DESC ]
```

语法说明如下。

(1) SELECT:该关键字用于从表中选取数据。

(2) column_name:用作分组依据的列,可以是一列或者多列。

(3) aggregate_function(col_name):为进行分组统计所使用的聚合函数。

(4) FROM:该关键字后面要指定查询的数据表。

(5) table_name:要查询的数据表的表名。

(6) WHERE:该关键字后面要指定查询的条件。

(7) search_condition:查询条件。

(8) GROUP BY:该关键字后面要指定分组依据的列。

(9) HAVING:该关键字后面要指定对分组进行过滤的条件。

(10) group_filter_condition:分组过滤的条件。

(11) order_expression:排序表达式,可以是聚合函数或者 group by 子句中的列或表达式。

# 任务7.4　嵌套查询

### 任务描述

在 EMIS 数据库中,由于业务逻辑的复杂性,有时需要进行嵌套查询。嵌套查询主要包括:IN 子查询、比较运算符子查询、ANY 子查询、ALL 子查询、EXISTS 子查询以及用于替代表达式的子查询。

### 1. IN 子查询

查询平均成绩大于 80 分的所有成绩信息。

具体代码及执行结果如图 7-21 所示。

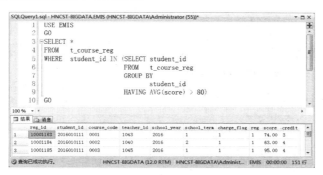

```
1   USE  EMIS
2   GO
3 □SELECT *
4   FROM  t_course_reg
5   WHERE  student_id IN (SELECT student_id
6                         FROM  t_course_reg
7                         GROUP BY
8                              student_id
9                         HAVING AVG(score) > 80)
10  GO
```

| | reg_id | student_id | course_code | teacher_id | school_year | school_term | charge_flag | reg | score | credit |
|---|---|---|---|---|---|---|---|---|---|---|
| 1 | 10001183 | 2016010111 | 0001 | 1043 | 2016 | 1 | 1 | 1 | 74.00 | 3 |
| 2 | 10001184 | 2016010111 | 0002 | 1040 | 2016 | 2 | 1 | 1 | 63.00 | 4 |
| 3 | 10001185 | 2016010111 | 0003 | 1045 | 2016 | 1 | 1 | 1 | 95.00 | 4 |

图 7-21　IN 子查询

### 2. 比较运算符子查询

查询 0001 这门课程中成绩比平均分高的所有成绩信息。

具体代码及执行结果如图 7-22 所示。

```
1   USE EMIS
2   GO
3   SELECT *
4   FROM  t_course_reg
5   WHERE  course_code = '0001'
6        AND score >(
7            SELECT AVG(score)
8            FROM  t_course_reg
9            WHERE  course_code = '0001'
10           )
11  GO
```

| | reg_id | student_id | course_code | teacher_id | school_year | school_term | charge_flag | reg | score | credit |
|---|---|---|---|---|---|---|---|---|---|---|
| 1 | 10000165 | 2015020102 | 0001 | 1043 | 2015 | 1 | 1 | 1 | 84.00 | 3 |
| 2 | 10000231 | 2015020104 | 0001 | 1043 | 2015 | 1 | 1 | 1 | 92.00 | 3 |
| 3 | 10000264 | 2015020105 | 0001 | 1043 | 2015 | 1 | 1 | 1 | 90.00 | 3 |

图 7-22　比较运算符子查询

### 3. ANY 子查询

查询比 0001 课程中指定成绩低的 0002 课程的成绩信息。

具体代码及执行结果如图 7-23 所示。

图 7-23　ANY 子查询

### 4. ALL 子查询

查询比 0018 课程中所有成绩高的 0001 课程的成绩信息。

具体代码及执行结果如图 7-24 所示。

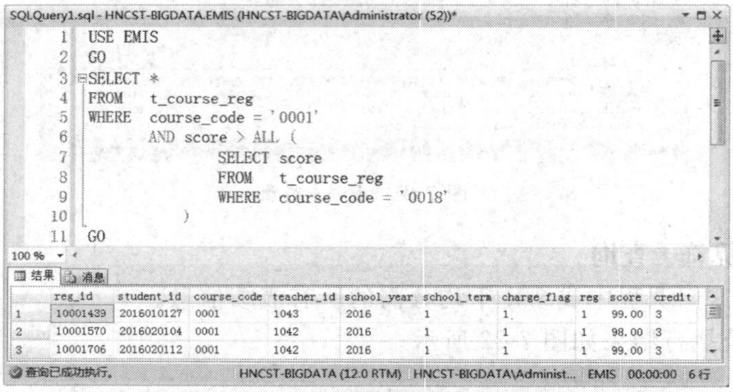

图 7-24　ALL 子查询

### 5. EXISTS 子查询

查询所有不及格的学生信息。

具体代码及执行结果如图 7-25 所示。

### 6. 用于替代表达式的子查询

查询所有学生的学号、姓名和班级名称。

具体代码及执行结果如图 7-26 所示。

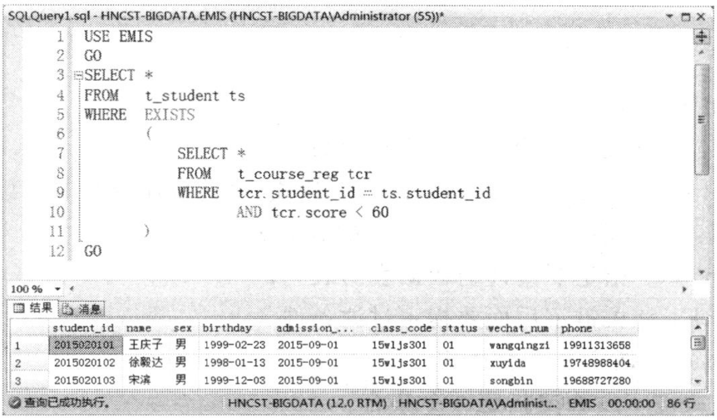

图 7-25  EXISTS 子查询

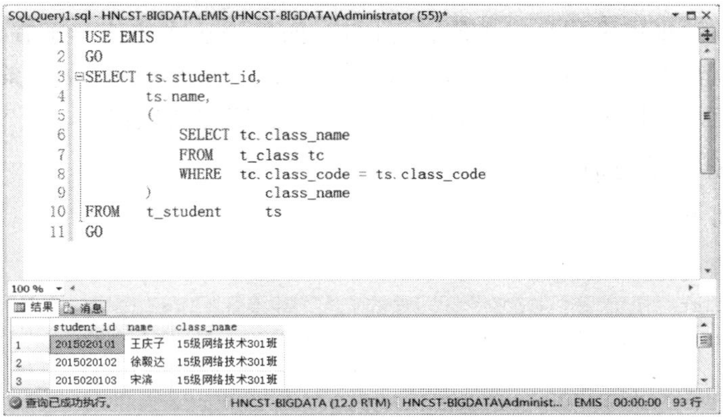

图 7-26  用于替代表达式的子查询

**相关知识**

子查询是一个嵌套在 SELECT、INSERT、UPDATE 或 DELETE 语句或其他子查询中的查询。任何允许使用表达式的地方都可以使用子查询。子查询也称为内部查询或内部选择,而包含子查询的语句称为外部查询或外部选择。在 Transact-SQL 中,包含子查询的语句和语义上等效的不包含子查询的语句在性能上通常没有差别。但是,在一些必须检查存在性的情况下,使用联接会得到更高的性能,否则,为确保消除重复值,必须为外部查询的每个结果处理嵌套查询。所以,在这些情况下,使用联接方式会得到更好的效果。子查询中可以使用比较运算符,如 <、<=、=、>=、>、<> 和 != 等。子查询中常用的操作符有 ANY(SOME)、ALL、IN 和 EXISTS。

### 1. IN 子查询

语法格式如下。

```
SELECT select_list
```

```
FROM table_list
WHERE expression [NOT] IN (sub - query)
```

语法说明如下。

（1）SELECT：该关键字用于从表中选取数据。

（2）select_list：指定选取列的列名或者表达式，当选取所有列时可以使用"＊"代替。

（3）FROM：该关键字后面要指定查询的数据表。

（4）table_name：指定要查询的数据表的表名。

（5）WHERE：该关键字后面要指定过滤条件。

（6）expression：指定一个表达式。

（7）IN：该关键字后面要指定一个集合。

（8）sub-query：该子查询只能返回一个值。

IN 子查询中，子查询的结果是一个集合。父查询通过 IN 运算符将父查询中的一个表达式与子查询结果集中的每一个值进行比较，如果表达式的值与子查询结果集合中的任何一个值相等，父查询中的 expression［NOT］IN（sub-query）条件表达式返回 TRUE，否则返回 FALSE。NOT IN 运算符与 IN 运算符结果相反。

### 2. 比较运算符子查询

语法格式如下。

```
SELECT select_list
FROM table_list
WHERE expression comparison_operator (sub - query)
```

语法说明如下。

（1）SELECT：该关键字用于从表中选取数据。

（2）select_list：指定选取列的列名或者表达式，当选取所有列时可以使用"＊"代替。

（3）FROM：该关键字后面要指定查询的数据表。

（4）table_name：指定要查询的数据表的表名。

（5）WHERE：该关键字后面要指定过滤条件。

（6）expression：指定一个表达式。

（7）comparison_operator：比较运算符包括＜、＜＝、＝、＞＝、＞ 、＜＞和！＝等。

（8）sub-query：该子查询只能返回一个值。

比较运算符子查询中，子查询的结果是一个单值。父查询通过比较运算符将父查询中的一个表达式与子查询结果（单值）进行比较。如果表达式的值与子查询结果比较运算的结果为 TRUE，父查询中的 expression comparison_operator（sub-query）条件表达式返回 TRUE，否则返回 FALSE。

### 3. ANY/ALL 子查询

语法格式如下。

```
SELECT select_list
FROM table_list
```

```
WHERE expression comparison_operator ANY|ALL (sub - query)
```

语法说明如下。

（1）SELECT：该关键字用于从表中选取数据。

（2）select_list：指定选取列的列名或者表达式，当选取所有列时可以使用"＊"代替。

（3）FROM：该关键字后面要指定查询的数据表。

（4）table_list：指定要查询的数据表的表名列表。

（5）WHERE：该关键字后面要指定过滤条件。

（6）expression：指定一个表达式。

（7）comparison_operator：比较运算符包括＜、＜＝、＝、＞＝和＞等。

（8）ANY|ALL：ANY 表示某一个，ALL 表示所有。

（9）sub-query：该子查询只能返回一个值。

子查询中返回单值时可以用比较运算符，使用 ANY 或 ALL 运算符时，必须同时使用比较运算符，如＜ANY、＜ALL、＞ANY、＞ALL 等。在带有 ANY 或 ALL 运算符的子查询中，子查询的结果是一个结果集。ANY 或 ALL 与比较运算符一起使用的语义如表 7-2 所示。

表 7-2　ANY 或 ALL 与比较运算符一起使用的语义

| 运算符 | 语　义 |
| --- | --- |
| ＞ANY | 大于子查询结果中的某个值 |
| ＞ALL | 大于子查询结果中的所有值 |
| ＜ANY | 小于子查询结果中的某个值 |
| ＜ALL | 小于子查询结果中的所有值 |
| ＞＝ANY | 大于或等于子查询结果中的某个值 |
| ＞＝ALL | 大于或等于子查询结果中的所有值 |
| ＜＝ANY | 小于或等于子查询结果中的某个值 |
| ＜＝ALL | 小于或等于子查询结果中的所有值 |
| ＝ANY | 等于子查询结果中的某个值 |

父查询通过 ANY 或 ALL 运算符将父查询中的一个表达式与子查询结果集中的每一个值进行比较，如果表达式的值与子查询结果集中的任何一个值做比较运算后结果为TRUE，则父查询中的 expression comparison_operator ANY|ALL（sub-query）条件表达式返回 TRUE，否则返回 FALSE。

### 4. EXISTS 子查询

语法格式如下。

```
SELECT select_list
FROM table_list
WHERE [ NOT ] EXISTS (sub - query)
```

语法说明如下。

（1）SELECT：该关键字用于从表中选取数据。

（2）select_list：指定选取列的列名或者表达式，当选取所有列时可以使用"*"代替。

（3）FROM：该关键字后面要指定查询的数据表。

（4）table_list：指定要查询的数据表的表名列表。

（5）WHERE：该关键字后面要指定过滤条件。

（6）EXISTS：该关键字后要指定子查询。

（7）sub-query：该子查询不返回任何数据，只产生 TRUE 或 FALSE。

EXISTS 子查询的目标列通常为"*"，带有 EXISTS 的子查询返回逻辑值，给出列名没有实际意义。这类子查询与其他子查询有不同之处，即子查询的查询条件依赖于父查询的某一个属性值，这类子查询称为相关子查询。查询条件不依赖于父查询的子查询称为不相关子查询。

不相关子查询是一次求解，而相关子查询的求解与不相关子查询不同，它的过程如下。

（1）取外层查询表的第一条记录，用这条记录与内层查询相关的属性值去参与内层查询的求解。若内层查询的 WHERE 子句返回 TRUE，则将这条记录放入结果集。

（2）取外层查询表的下一条记录。

（3）重复过程（1）、（2），直到外层表全部处理完为止。

**5. 用于替代表达式的子查询**

在 Transact-SQL 语句中，除 ORDER BY 列表中的列名外，在 SELECT、UPDATE、INSERT 和 DELETE 语句中任何能够使用表达式的地方都可以用子查询替代。

# 任务7.5　联接查询

在 EMIS 数据库中，要查询的数据往往来自多个数据表，经常需要多表进行关联查询，关联查询主要包括交叉联接、等值内联接、不等值内联接、左外联接、右外联接、完全外联接以及多表联接。

**1. 交叉联接**

查询所有学生姓名和所有课程名称的组合信息。

具体代码及执行结果如图 7-27 所示。

**2. 等值内联接**

查询所有的成绩以及对应的学生姓名和课程号。

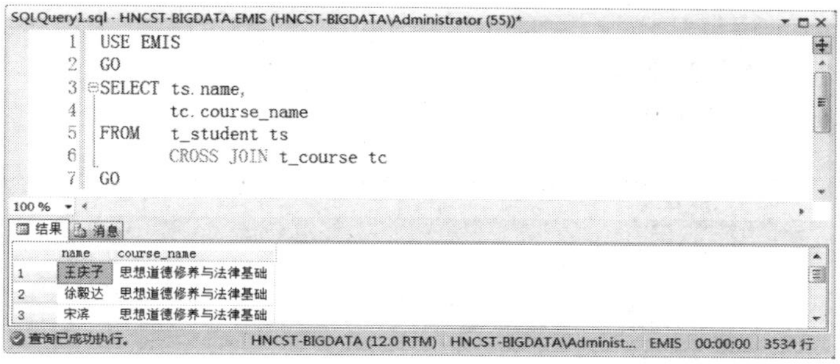

图 7-27 交叉联接

具体代码及执行结果如图 7-28 所示。

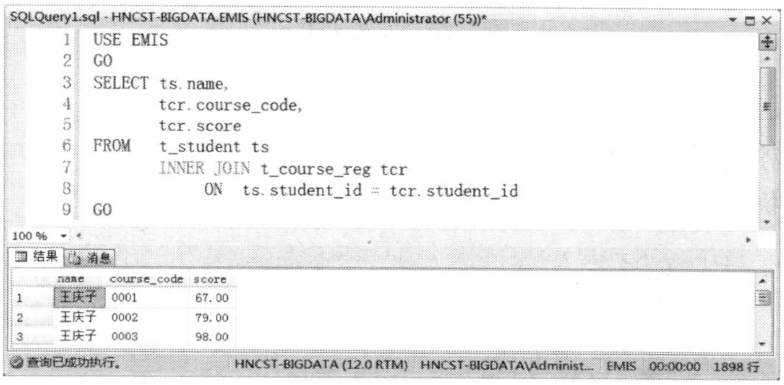

图 7-28 等值内联接

### 3. 不等值内联接

查询所有 2 门以上课程不及格的学生学号、课程号和成绩的信息。

具体代码及执行结果如图 7-29 所示。

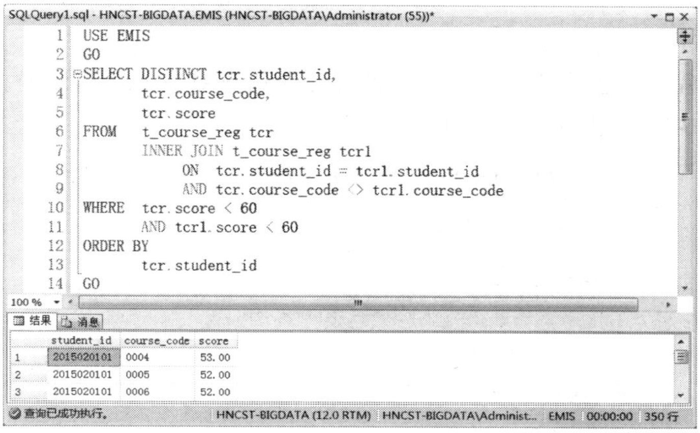

图 7-29 不等值内联接

#### 4. 左外联接

查询所有学生的课程注册信息。

具体代码及执行结果如图 7-30 所示。

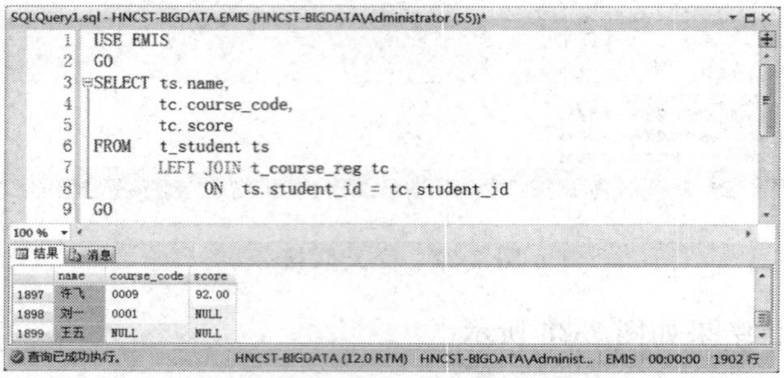

图 7-30 左外联接

#### 5. 右外联接

查询所有课程的课程注册信息。

具体代码及执行结果如图 7-31 所示。

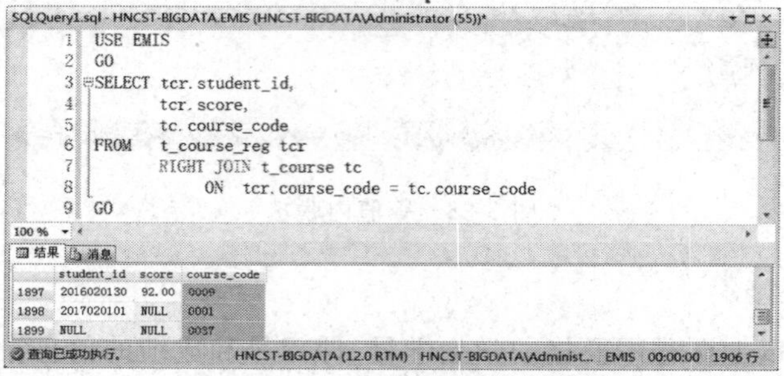

图 7-31 右外联接

#### 6. 完全外联接

查询所有课程的课程注册信息及所有课程注册信息对应的所有课程。

具体代码及执行结果如图 7-32 所示。

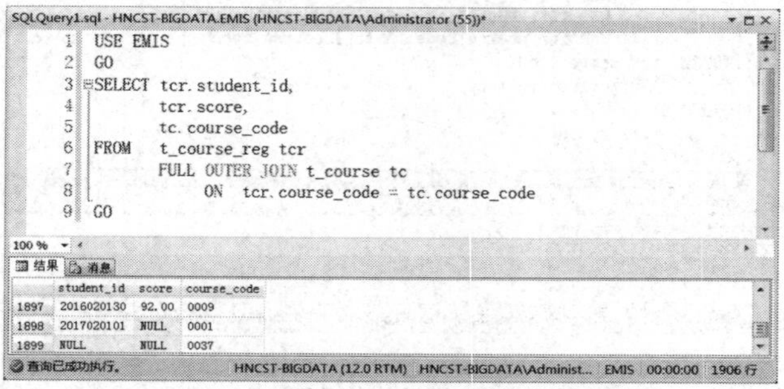

图 7-32 完全外联接

### 7. 多表联接

查询所有成绩及对应的学生姓名和课程名称信息。

具体代码及执行结果如图 7-33 所示。

```
SQLQuery1.sql - HNCST-BIGDATA.EMIS (HNCST-BIGDATA\Administrator (55))*
  1    USE EMIS
  2    GO
  3  ⊟SELECT  ts.name,
  4              tc.course_name,
  5              tcr.score
  6    FROM      t_student ts
  7              INNER JOIN t_course_reg tcr
  8                   ON  ts.student_id = tcr.student_id
  9              INNER JOIN t_course tc
 10                   ON  tcr.course_code = tc.course_code
 11    GO
100 %
结果  消息
      name    course_name                              score
1     王庆子   思想道德修养与法律基础                      67.00
2     王庆子   毛泽东思想和中国特色的社会主义理论体系概论      79.00
3     王庆子   大学英语                                  98.00
查询已成功执行。   HNCST-BIGDATA (12.0 RTM)   HNCST-BIGDATA\Administ...   EMIS   00:00:00   1898 行
```

图 7-33　多表联接

**相关知识**

### 1. 交叉联接查询

语法格式如下。

```
SELECT select_list
FROM table_name1 CROSS JOIN table_name2
```

语法说明如下。

CROSS JOIN：交叉联接关键字。

没有 WHERE 子句的交叉联接将产生联接所涉及的表的笛卡尔积。第一个表的行数乘以第二个表的行数等于笛卡尔积结果集的大小。

### 2. 内联接查询

语法格式如下。

```
SELECT select_list
FROM table_name1 [INNER] JOIN table_name2
ON table_name1.column_name1 comparison_operator table_name2.column_name2
```

语法说明如下。

（1）［INNER］JOIN：指定联接类型为内联接，INNER 可以省略。

（2）ON：该关键字后面要指定联接条件。

（3）comparison_operator：当比较运算符为"＝"时称为等值联接查询，使用其他运算符的联接称为不等值联接。与比较运算符一起组成联接条件的列称为联接列。

### 3. 外联接查询

语法格式如下。

```
SELECT select_list
FROM table_name1 LEFT|RIGHT|FULL [OUTER] JOIN table_name2
ON table_name1.column_name1 comparison_operator table_name2.column_name2
```

语法说明如下。

（1）LEFT JOIN：指定联接类型为左联接。

（2）RIGHT JOIN：指定联接类型为右联接。

（3）FULL JOIN：指定联接类型为全联接。

仅当两个表中都至少有一行符合联接条件时，内联接才返回行。内联接消除了与另一个表中的行不匹配的行；外联接会返回 FROM 子句中提到的至少一个表或视图中的所有行，只要这些行符合任何 WHERE 或 HAVING 搜索条件。将检索通过左外联接引用的左表中的所有行，以及通过右外联接引用的右表中的所有行。在完全外联接中，将返回两个表的所有行。

若要通过在联接的结果中包括不匹配的行来保留不匹配信息，可以使用完全外联接。SQL Server 提供了完全外联接运算符 FULL [OUTER] JOIN，联接结果包括两个表中的所有行，不论另一个表中是否有匹配的值。

### 4. 自联接查询

语法格式如下。

```
SELECT select_list
FROM table_name1 [INNER] JOIN table_name1
ON table_name1.column_name1 comparison_operator table_name1.column_name2
```

语法说明如下。

表可以通过自联接与自身联接。要创建将某个表中的记录与同一个表中的其他记录相联接的结果集时，使用自联接。若要在同一查询中两次列出某个表，必须至少为该表名称的一个实例提供表别名。此表别名帮助查询处理器确定列应从表的右边还是左边呈现数据。

### 5. 多表联接查询

语法格式如下。

```
SELECT select_list
FROM table_name1 [INNER] JOIN table_name2
ON table_name1.column_name1 comparison_operator table_name2.column_name2
[INNER] JOIN table_name3
On table_name2.column_name3 comparison_operator table_name3.column_4
```

语法说明如下。

（1）[INNER] JOIN：指定联接类型为内联接，INNER 可以省略。

（2）ON：该关键字后面要指定联接条件。

虽然每个联接只联接两个表，但 FROM 子句可包含多个联接。这样一个查询可以联接许多表。

# 任务7.6　集合查询

**任务描述**

在 EMIS 数据库中,有时需要将不同来源的数据进行集合操作。

**任务实施**

### 1. UNION ALL 查询

查询课程 0001 对应的所有学号、课程号和成绩的信息以及小于 60 分的所有学号、课程号和成绩信息的合集,重复行不消除。

具体代码及执行结果如图 7-34 所示。

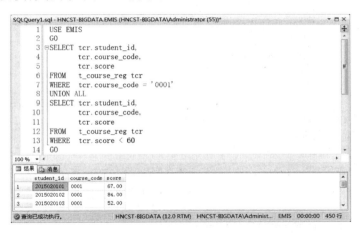

```
SQLQuery1.sql - HNCST-BIGDATA.EMIS (HNCST-BIGDATA\Administrator (55))*
1   USE EMIS
2   GO
3   SELECT tcr.student_id,
4          tcr.course_code,
5          tcr.score
6   FROM   t_course_reg tcr
7   WHERE  tcr.course_code = '0001'
8   UNION ALL
9   SELECT tcr.student_id,
10         tcr.course_code,
11         tcr.score
12  FROM   t_course_reg tcr
13  WHERE  tcr.score < 60
14  GO
```

|   | student_id | course_code | score |
|---|------------|-------------|-------|
| 1 | 2015020101 | 0001 | 67.00 |
| 2 | 2015020102 | 0001 | 84.00 |
| 3 | 2015020103 | 0001 | 52.00 |

查询已成功执行。　HNCST-BIGDATA (12.0 RTM)　HNCST-BIGDATA\Administ...　EMIS　00:00:00　450 行

图 7-34　UNION ALL 查询

### 2. UNION 查询

查询课程 0001 对应的所有学号、课程号和成绩的信息以及小于 60 分的所有学号、课程号和成绩信息的合集,并消除重复行。

具体代码及执行结果如图 7-35 所示。

### 3. INTERSECT 查询

查询课程 0001 和 0002 的成绩都大于或者等于 90 分的学生的学号信息。

具体代码及执行结果如图 7-36 所示。

### 4. EXCEPT 查询

查询课程 0001 的分数大于或者等于 90 分,并且没有课程不及格的学生的学号信息。

具体代码及执行结果如图 7-37 所示。

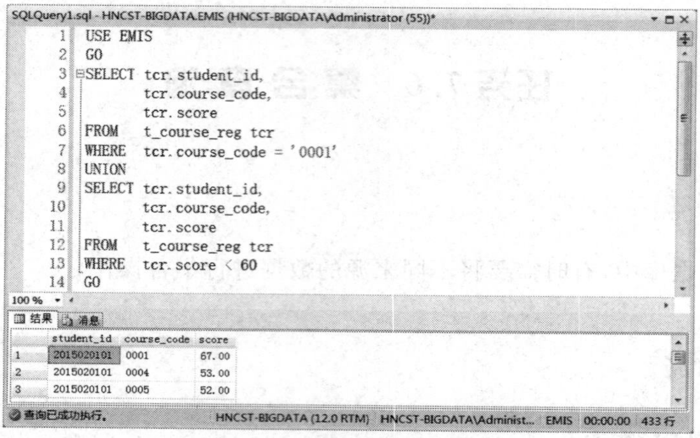

图 7-35　UNION 查询

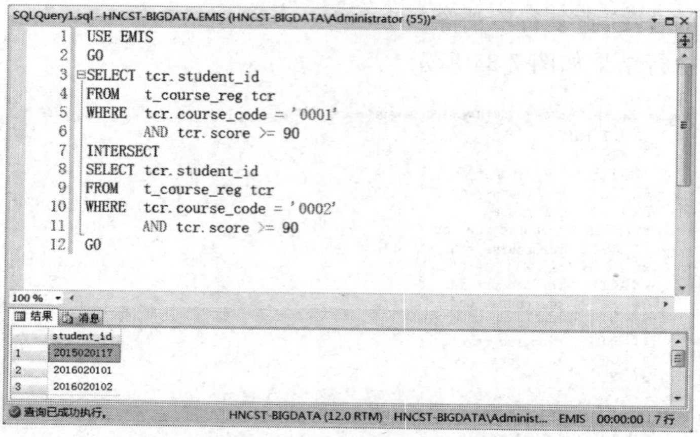

图 7-36　INTERSECT 查询

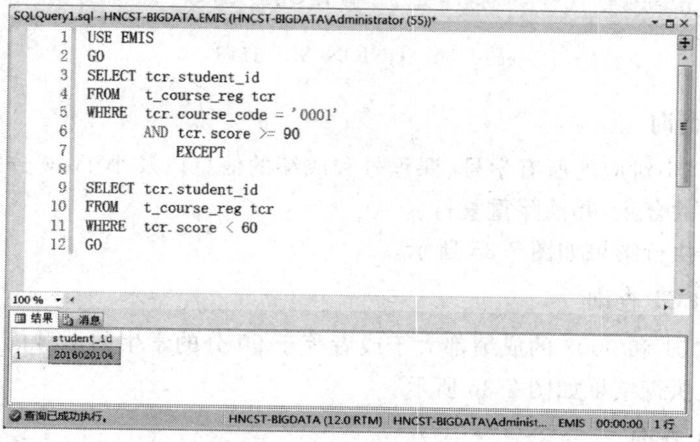

图 7-37　EXCEPT 查询

相关知识

集合查询的 Transact-SQL 语法格式如下。

```
{ <query_specification> | ( <query_expression> ) }
  UNION [ ALL ] | INTERSECT | EXCEPT
{ <query_specification> | ( <query_expression> ) }
```

语法说明如下。

（1）＜query_specification＞|（＜query_expression＞）：指定查询规范或查询表达式,用于返回要与另一个查询规范或查询表达式所返回的数据合并的数据。作为集合运算的一部分的列定义可以不相同,但它们必须通过隐式转换实现兼容。如果数据类型不同,则根据数据类型优先级规则确定所产生的数据类型。如果类型相同,但精度、小数位数或长度不同,则根据用于合并表达式的相同规则来确定结果。

（2）UNION：指定合并多个结果集并将其作为单个结果集返回。

（3）ALL：将全部行并入结果中,其中包括重复行。如果未指定该参数,则删除重复行。

（4）INTERSECT：将多个结果集取其交集。

（5）EXCEPT：将前面的结果集减去后面的结果集,取差集。

## 项目实训 7

本实训实现数据的查询,具体查询需求如下。

（1）查询 2015 级网络技术 301 班所有姓陈的男生的信息。

（2）查询每个班的男生、女生各有多少人。

（3）查询平均成绩大于 80 分的学生的学号、姓名和班级名称信息。

（4）查询大学英语成绩前三名的学生的学号、姓名以及所在的系部名称。

（5）查询只有一门课程不及格的学生的最高分、最低分及平均分信息。

（6）查询 1995 年 8 月出生的女生的信息。

# 情境四
# 应用 EMIS 数据库

项目

# 操作EMIS数据库的视图

数据库用户有时并不关心如何编写复杂的查询语句,也不关心数据的结构,而仅仅想用最简单的查询语句获得所需的业务数据。数据库管理员有时只想让用户仅能获得特定表中特定列的数据。视图通常用来集中、简化和自定义每个用户对数据库的不同认识。此外,视图还可用作安全机制,方法是允许用户通过视图访问数据,而不授予用户直接访问视图基础表的权限。

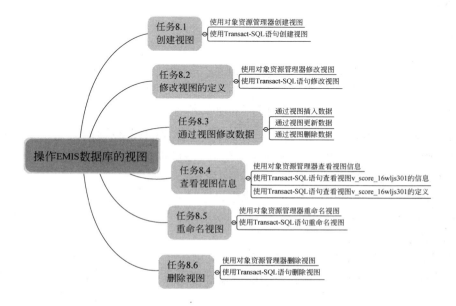

# 任务8.1　创 建 视 图

**任务描述**

在 EMIS 数据库中创建一个视图 v_score_16wljs301,通过该视图获取 2016 级网络技术 301 班(班级代码为 16wljs301)学生的姓名、课程名称和成绩信息。

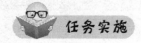

**任务实施**

### 1. 使用对象资源管理器创建视图

(1) 在对象资源管理器中右击"数据库"→EMIS→"视图"节点,在弹出的快捷菜单中选择"新建视图"命令。

(2) 在弹出的"添加表"对话框中选择该视图所需的 3 个表 t_course、t_course_reg 和 t_student,单击"添加"按钮,如图 8-1 所示。

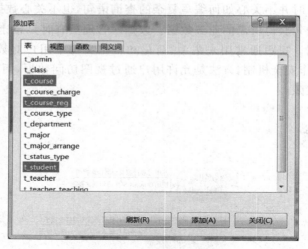

图 8-1　"添加表"对话框

(3) 在弹出的"视图设计器"窗口上方的关系图窗格中选择视图所需引用的列,也可以通过中间的选择条件窗格选择视图所需的列,还可以通过下方的 SQL 代码窗格输入 SELECT 语句来选择视图所需的列,如图 8-2 所示。

(4) 在选择条件窗格中的"筛选器"栏中设置过滤条件。在选择条件窗格中选出所需列 class_code,在右边的筛选器中添加"= '16wljs301'",并清除 class_code 列的"输出"下方的复选框,如图 8-3 所示。

(5) 设置完成后,在"视图设计器"窗口中单击工具栏中的"验证 SQL 句法"按钮 ,验证正确后,单击"执行 SQL"按钮 预览视图返回的结果,如图 8-4 所示。

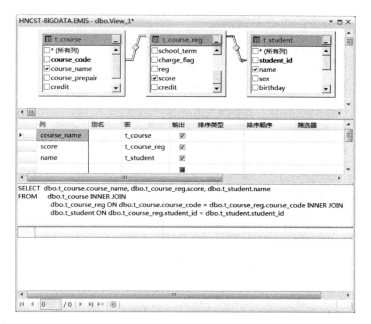

图 8-2 "视图设计器"窗口 1

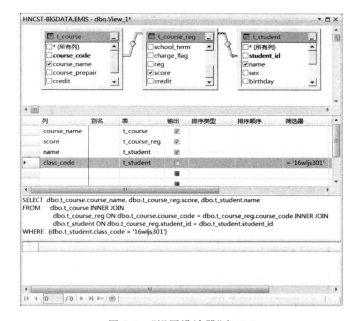

图 8-3 "视图设计器"窗口 2

（6）测试正常后,选择"文件"→"保存"命令,在"选择名称"对话框中输入视图的名称 v_score_16wljs301,单击"确定"按钮,如图 8-5 所示。

（7）展开"数据库"→EMIS→"视图"节点就可以看到新建视图 v_score_16wljs301,如 图 8-6 所示。

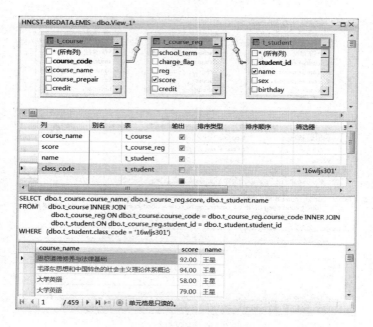

图 8-4　"视图设计器"窗口 3

图 8-5　"选择名称"对话框

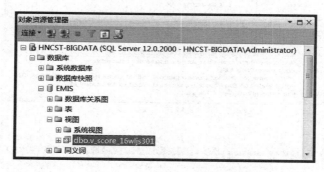

图 8-6　v_score_16wljs301 视图

## 2. 使用 Transact-SQL 语句创建视图

用户也可以使用 Transact-SQL 命令创建视图,并查询视图中的数据。

**提示**:在执行创建视图的代码前,须先从对象资源管理器中删除 v_score_16wljs301 视图。

具体代码及执行结果如图 8-7 所示。

图 8-7　使用 Transact-SQL 命令创建视图

　相关知识

### 1. 视图的概念

视图是一个虚拟表,其内容由查询定义。同表一样,视图包含一系列带有名称的列和行数据。视图在数据库中并不是以数据值存储集形式存在,除非是索引视图。行和列数据来自由定义视图的查询所引用的表,并且在引用视图时动态生成。

对其中所引用的基础表来说,视图的作用类似于筛选。定义视图的筛选可以来自当前或其他数据库的一个或多个表,或者其他视图。分布式查询也可用于定义使用多个异类源数据的视图。例如,如果有多台不同的服务器分别存储你的单位在不同地区的数据,而你需要将这些服务器上结构相似的数据组合起来,这种方式就很有用。

视图通常用来集中、简化和定义每个用户对数据库的不同认识。视图可用作安全机制,方法是允许用户通过视图访问数据,而不授予用户直接访问视图基础表的权限。视图可用于提供向后兼容接口来模拟曾经存在但其架构已更改的表。还可以在向 SQL Server 复制数据和从其中复制数据时使用视图,以便提高性能并对数据进行分区。

### 2. 视图的分类

除了用户定义的标准视图外,SQL Server 还提供了下列类型的视图,这些视图在数据库中起着特殊的作用。

1)索引视图

索引视图是被具体化了的视图,这意味着已经对视图定义进行了计算并且生成的数据像表一样存储。可以为视图创建索引,即对视图创建一个唯一的聚集索引。索引视图可以显著提高某些类型查询的性能。索引视图尤其适于聚合许多行的查询。但它们不太适于经常更新的基本数据集。

2）分区视图

分区视图在一台或多台服务器间平行联接一组成员表中的分区数据。这样，数据看上去如同来自一个表。联接同一个 SQL Server 实例中的成员表的视图是一个本地分区视图。

3）系统视图

系统视图公开目录元数据。用户可以使用系统视图返回与 SQL Server 实例或在该实例中定义的对象有关的信息。例如，可以查询 sys. databases 目录视图以便返回与实例中提供的用户定义数据库有关的信息。

**3. 创建视图**

语法格式如下。

```
CREATE VIEW [ schema_name . ] view_name [ (column [ ,...n ] ) ]
[ WITH < view_attribute > [ ,...n ] ]
AS select_statement
[ WITH CHECK OPTION ] [ ; ]
< view_attribute > :: = { [ ENCRYPTION ] [ SCHEMABINDING ] [ VIEW_METADATA ]}
```

语法说明如下。

（1）schema_name：指定视图所属架构的名称。

（2）view_name：指定视图的名称。视图名称必须符合有关标识符的规则，可以选择是否指定视图所有者名称。

（3）column：指定视图中的列使用的名称。如果未指定 column，则视图列将获得与SELECT 语句中的列相同的名称。

（4）AS：指定视图要执行的操作。

（5）select_statement：定义视图的 SELECT 语句。该语句可以使用多个表和其他视图。视图不必是具体某个表的行和列的简单子集。可以使用多个表或带任意复杂性的SELECT 子句的其他视图创建视图。视图定义中的 SELECT 子句不能包括下列内容。

① ORDER BY 子句，除非在 SELECT 语句的选择列表中也有一个 TOP 子句。

② INTO 关键字。

③ OPTION 子句。

④ 引用临时表或表变量。

UNION 或 UNION ALL 分隔的函数和多个 SELECT 语句可在 select_statement 中使用。

（6）CHECK OPTION：强制针对视图执行的所有数据修改语句都必须符合在 select_statement 中设置的条件。通过视图修改行时，WITH CHECK OPTION 可确保提交修改后仍可通过视图看到数据。

**注意**：即使指定了 CHECK OPTION，也不能依据视图来验证任何直接对视图的基础表执行的更新。

（7）ENCRYPTION：对 sys. syscomments 表中包含 CREATE VIEW 语句文本的项进行加密。使用 WITH ENCRYPTION 可防止在 SQL Server 复制过程中发布视图。

（8）SCHEMABINDING：将视图绑定到基础表的结构。

（9）VIEW_METADATA：指定为引用视图的查询请求浏览模式的元数据时，SQL Server 实例将向 DB-Library、ODBC 和 OLE DB API 返回有关视图的元数据信息，而不返回基表的元数据信息。

# 任务8.2　修改视图的定义

在 EMIS 数据库中，对视图 v_score_16wljs301 进行修改，使通过该视图能获取 2016 级网络技术 301 班（班级代码为 16wljs301）学生的姓名和平均分信息。

## 1. 使用对象资源管理器修改视图

（1）在对象资源管理器中右击"数据库"→EMIS→"视图"→v_score_16wljs301 节点，在弹出的快捷菜单中选择"设计"命令，进入"视图设计器"窗口。在上方的关系图窗格中右击 t_course 表，在弹出的快捷菜单中选择"删除"命令。在中间的选择条件窗格中右击 name 列，在弹出的快捷菜单中选择"添加分组依据"命令，将 score 列的分组依据改为 Avg。然后将 name 的别名改为"姓名"，score 的别名改为"平均分"。结果如图 8-8 所示。

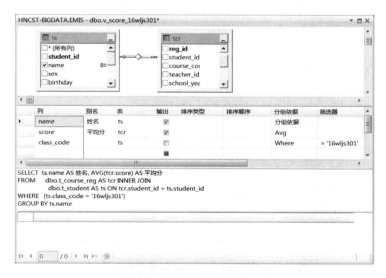

图 8-8　"视图设计器"窗口 1

（2）设置完成后，在"视图设计器"窗口中单击工具栏中的"验证 SQL 句法"按钮 ，验证正确后，单击"执行 SQL"按钮 预览视图返回的结果，如图 8-9 所示。

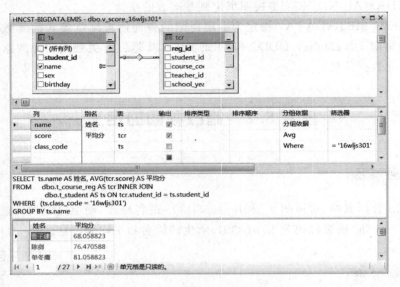

图 8-9　"视图设计器"窗口 2

（3）测试正常后，选择"文件"→"保存"命令，将修改过的视图 v_score_16wljs301 进行保存。

### 2. 使用 Transact-SQL 语句修改视图

具体代码及执行结果如图 8-10 所示。

图 8-10　使用 Transact-SQL 语句修改视图

相关知识

ALTER VIEW 与 CREATE VIEW 除了首个关键字不同外,语法格式都基本相同。

# 任务 8.3　通过视图修改数据

任务描述

视图是一个虚拟表,修改视图中的数据相当于修改基础表中的数据,如果对视图增加、修改或者删除记录,实际上是对其基础表增加、修改或者删除记录。

任务实施

为了方便管理,在 EMIS 数据库中创建一个 2016 级网络技术 301 班的学生名单视图 v_student_16wljs301,并通过该视图对该班的学生数据进行管理。

具体代码及执行结果如图 8-11 所示。

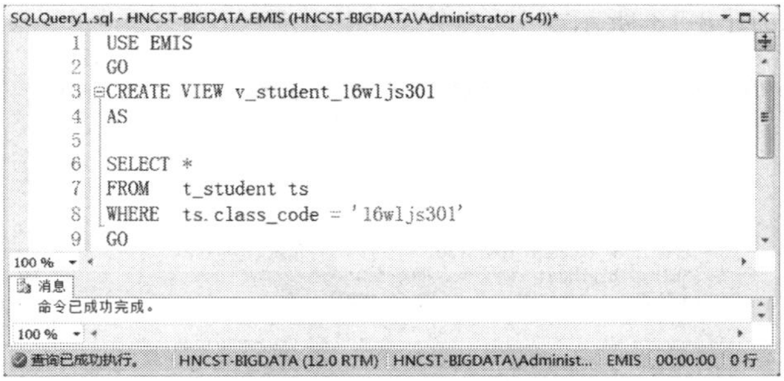

```
SQLQuery1.sql - HNCST-BIGDATA.EMIS (HNCST-BIGDATA\Administrator (54))*
1   USE EMIS
2   GO
3   CREATE VIEW v_student_16wljs301
4   AS
5
6   SELECT *
7   FROM    t_student ts
8   WHERE   ts.class_code = '16wljs301'
9   GO
```

消息
命令已成功完成。

图 8-11　创建视图 v_student_16wljs301

## 1. 通过视图插入数据

用户可以使用 Transact-SQL 语句通过视图向基础表中插入数据。男同学张三转学到 2016 级网络技术 301 班,他的学号是 2016020131,出生日期是 2000 年 3 月 3 日,入学日期是 2016 年 9 月 1 日,状态是注册。

首先确保视图基础表中不存在学号相同的同学,然后向视图中插入数据,命令执行成功后,可以在基础表中查询到新插入的数据。具体代码及执行结果如图 8-12 所示。

## 2. 通过视图更新数据

用户可以使用 Transact-SQL 语句通过视图更新基础表中数据。2016 级网络技术 301 班新入学的张三同学的出生日期录入有误,需要更新为 2000 年 5 月 3 日。

图 8-12　通过视图插入数据

首先查询该生变更前的信息，接着对该生信息进行修改，最后查询变更后的信息。具体代码及执行结果如图 8-13 所示。

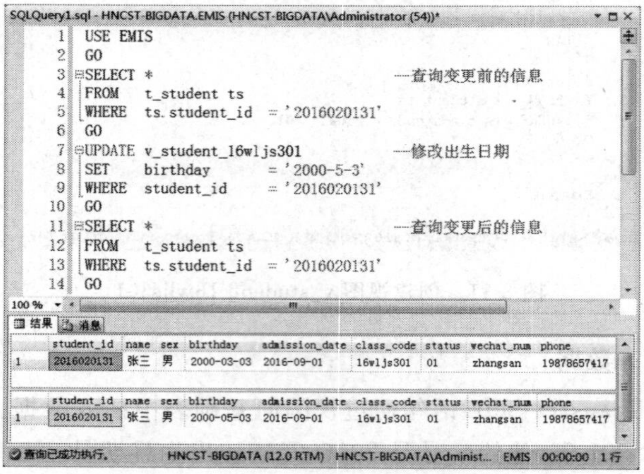

图 8-13　通过视图更新基础表数据

### 3. 通过视图删除数据

用户可以使用 Transact-SQL 语句通过视图删除基础表中数据。张三因为个人原因需要转学，故而系统需要注销该学生，即删除该学生记录。

首先查询基础表中的信息，接着通过视图删除基础表中数据，最后再次查询基础表中的信息。具体代码及执行结果如图 8-14 所示。

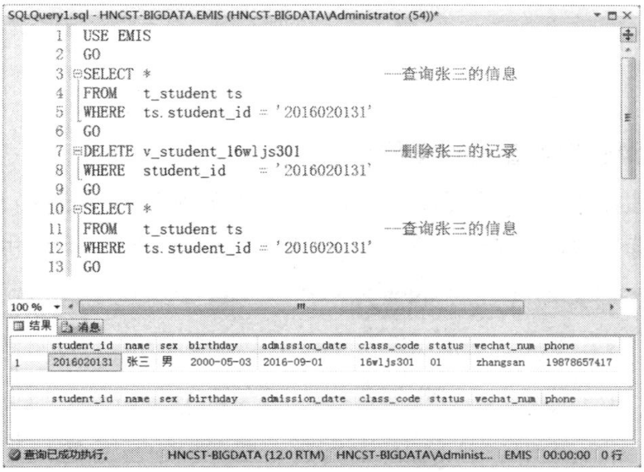

图 8-14 通过视图删除基础表数据

相关知识

**更新视图数据的条件**

只要满足下列条件,即可通过视图修改基础表的数据。

任何修改(包括 UPDATE、INSERT 和 DELETE 语句)都只能引用一个基础表的列。视图中被修改的列必须直接引用基础表列中的基础数据。不能通过以下任何方式对这些列进行派生。

(1) 聚合函数:AVG、COUNT、SUM、MIN、MAX、GROUPING、STDEV、STDEVP、VAR 和 VARP。

(2) 计算。不能从使用其他列的表达式中计算该列。使用集合运算符 UNION、UNION ALL、CROSSJOIN、EXCEPT 和 INTERSECT 形成的列将计入计算结果,且不可更新。

(3) 被修改的列不受 GROUP BY、HAVING 或 DISTINCT 子句的影响。

(4) TOP 在视图的 select_statement 中的任何位置都不会与 WITH CHECK OPTION 子句一起使用。

上述限制应用于视图的 FROM 子句中的任何子查询,就像其应用于视图本身一样。通常情况下,数据库引擎必须能够明确跟踪从视图定义到基础表的修改。

# 任务8.4 查看视图信息

在 EMIS 数据库中查看视图 v_score_16wljs301 的信息。

### 1. 使用对象资源管理器查看视图信息

在对象资源管理器中右击"数据库"→EMIS→"视图"→v_score_16wljs301 节点,在弹出的快捷菜单中选择"属性"命令,即可看到视图信息,如图 8-15 所示。

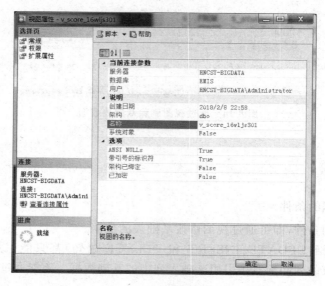

图 8-15 查看视图信息

### 2. 使用 Transact-SQL 语句查看视图 v_score_16wljs301 的信息

具体代码及执行结果如图 8-16 所示。

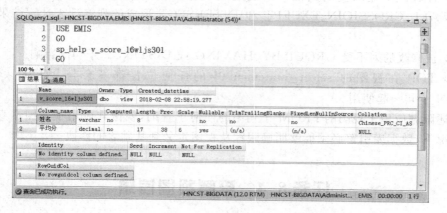

图 8-16 使用 Transact-SQL 语句查看视图信息

### 3. 使用 Transact-SQL 语句查看视图 v_score_16wljs301 的定义

具体代码及执行结果如图 8-17 所示。

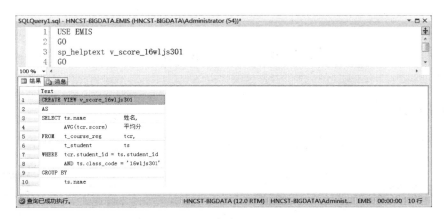

图 8-17　使用 Transact-SQL 语句查看视图的定义

### 1. 查看对象信息的 Transact-SQL 语法格式

存储过程 sp_help 用于报告有关数据库对象的信息、用户定义数据类型或数据类型。语法格式如下。

```
sp_help [ [ @objname = ] 'name' ]
```

语法说明如下。

[ @objname＝]'name'：objname 是数据库中任何对象的名称、用户定义数据类型或系统表，查看视图信息时，name 应为视图名称，如本任务中创建的 v_score_16wljs301。其数据类型是 nvarchar（776），默认值为 NULL，不能是数据库名称。两个或三个部分的名称必须进行分隔，如'Person. AddressType'或［Person. AddressType］。

### 2. 查看对象定义的 Transact-SQL 语法格式

存储过程 sp_helptext 用于显示用户定义规则的定义、默认值、未加密的存储过程、用户定义函数、触发器、计算列、CHECK 约束、视图或系统对象（如系统存储过程）的定义信息。

其语法格式如下。

```
sp_helptext [ @objname = ] 'name' [ , [ @columnname = ] computed_column_name ]
```

语法说明如下。

（1）［ @objname = ］'name'：指定架构范围内的用户定义对象的限定名称和非限定名称。仅当指定限定对象时才需要引号。如果提供的是完全限定名称（包括数据库名称），则数据库名称必须是当前数据库的名称。对象必须在当前数据库中。其数据类型是 nvarchar(776)，无默认值。

（2）［ @columnname = ］computed_column_name：指定要显示其定义信息的计算列的名称。包含列的表必须指定为名称。

## 任务 8.5　重命名视图

**任务描述**

在 EMIS 数据库中,将视图 v_score_16wljs301 重命名为 v_score_2016wljs301。

**任务实施**

### 1. 使用对象资源管理器重命名视图

在对象资源管理器中右击"数据库"→EMIS→"视图"→v_score_16wljs301 节点,在弹出的快捷菜单中选择"重命名"命令即可重命名视图,如图 8-18 所示。

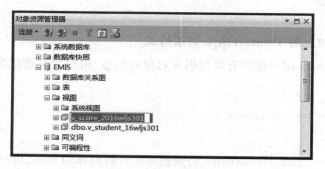

图 8-18　重命名视图

### 2. 使用 Transact-SQL 语句重命名视图

具体代码及执行结果如图 8-19 所示。

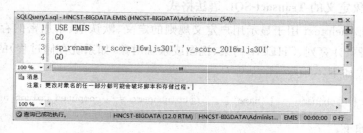

图 8-19　使用 Transact-SQL 语句重命名视图

**相关知识**

存储过程 sp_rename 用于修改对象名称,其语法格式如下。

sp_rename [ @objname = ] 'object_name' , [ @newname = ] 'new_name'
　　[ , [ @objtype = ] 'object_type' ]

语法说明如下。

（1）object_name：指定要修改的对象的原名称。（本任务中为视图名称）

（2）new_name：指定要修改的对象的新名称。

（3）object_type：指定要修改的对象的类型，可不指定。

# 任务8.6 删 除 视 图

## 任务描述

由于 EMIS 数据库中新增了学生的管理功能，在 EMIS 数据库中不再需要视图 v_student_16wljs301，因此将该视图删除。

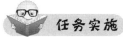

## 任务实施

### 1. 使用对象资源管理器删除视图

（1）在对象资源管理器中右击"数据库"→EMIS→"视图"→v_student_16wljs301 节点，在弹出的快捷菜单中选择"删除"命令。

（2）在"删除对象"窗口中单击"确定"按钮删除视图，如图 8-20 所示。

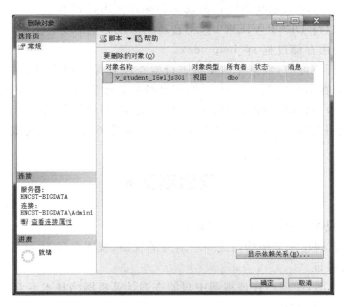

图 8-20 "删除对象"窗口

**2. 使用 Transact-SQL 语句删除视图**

具体代码及执行结果如图 8-21 所示。

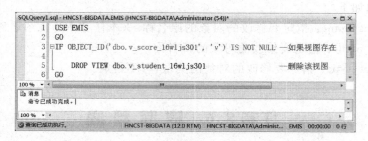

图 8-21　使用 Transact-SQL 语句删除视图 v_student_16wljs301

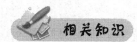
相关知识

语法格式如下。

DROP VIEW [ schema_name . ] view_name [ ,...n ] [ ; ]

语法说明如下。

（1）schema_name：指定视图所属架构的名称。

（2）view_name：指定要删除的视图的名称。

删除视图时,将从系统目录中删除视图的定义和有关视图的其他信息,还将删除视图的所有权限。

使用 DROP TABLE 语句删除任何视图都必须使用显式删除。

对索引视图执行 DROP VIEW 时,将自动删除视图上的所有索引。若要显示视图上的所有索引,可使用存储过程 sp_helpindex。

通过视图进行查询时,数据库引擎将进行检查以确保语句中引用的所有数据库对象都存在,这些对象在语句的上下文中有效,以及数据修改语句没有违反任何数据完整性规则。如果检查失败,将返回错误消息;如果检查成功,则将操作转换为对基础表的操作。如果基础表或视图自最初创建以来已发生更改,则删除并重新创建视图可能很有用。

# 项目实训 8

本实训实现视图的管理及应用,具体步骤如下。

（1）为班级表创建一个结构与之一一对应的视图,视图名称为 v_class,视图创建以后查询该视图进行验证。

（2）修改该视图,使用户在该视图中只能查询计算机网络技术专业的班级信息,修改完成后查询该视图进行验证。

（3）将该视图重命名为 v_class_network。

（4）向该视图中插入一条新的计算机网络技术专业的班级信息并验证数据是否成功插入。

（5）修改该视图中的新增数据，将 comment 列的值修改为"测试视图更新"并验证数据是否更新成功。

（6）删除该视图中的新增数据并验证数据是否删除成功。

（7）将该视图删除。

项目 9

# 操作EMIS数据库的索引

项目背景

　　数据库管理员总结：在数据库管理工作中，索引问题是数据库问题中出现频率最高的，而最常见的索引问题则是无索引。如果访问表时无索引将导致全表扫描，如果表的数据量很大，则应用请求会变慢而占用数据库连接，从而使连接堆积很快达到数据库的最大连接数设置，新的应用请求将会被拒绝导致故障的发生。

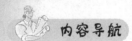内容导航

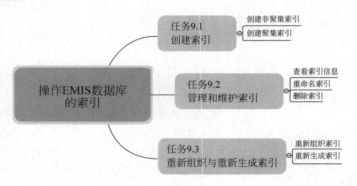

# 任务 9.1　创 建 索 引

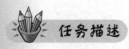任务描述

　　(1) 在对象资源管理器中，对表 t_student 的 student_id 列创建一个非聚集索引，索

引名称为 ix_student_id。

（2）在对象资源管理器中，对表 t_course 的 course_code 列创建一个聚集索引，索引名称为 ix_course_code，设置填充因子为 60%。

（3）使用 Transact-SQL 语句对表 t_major 的 major_code 列创建一个非聚集索引，索引名称为 ix_major_code。

任务实施

**1. 使用对象资源管理器创建非聚集索引**

在表 t_student 中，对字段 student_id 创建一个非聚集索引，索引名称为 ix_student_id。

（1）在对象资源管理器中，右击"数据库"→EMIS→"表"→t_student→"索引"节点，选择"新建索引"→"非聚集索引"命令。

（2）弹出"新建索引"窗口，在"常规"选项卡中输入索引的名称 ix_student_id，选中"唯一"复选框，如图 9-1 所示。

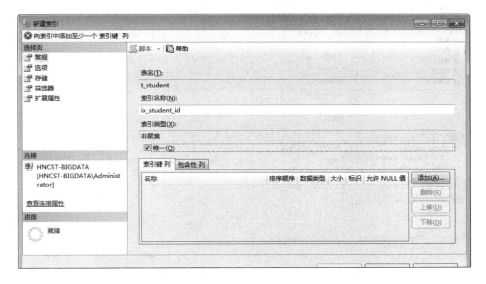

图 9-1 "新建索引"窗口 1

（3）在"新建索引"窗口中单击"添加"按钮，打开如图 9-2 所示的窗口，从中选择要添加到索引中的 student_id 列。

（4）单击"确定"按钮返回"新建索引"窗口，如图 9-3 所示。

（5）单击"确定"按钮返回"对象资源管理器"窗口。展开"索引"节点，可以看到新创建的索引 ix_student_id，如图 9-4 所示。

**2. 使用对象资源管理器创建聚集索引**

在表 t_course 中，对字段 course_code 创建一个聚集索引，索引名称为 ix_course_code，设置填充因子为 60%。

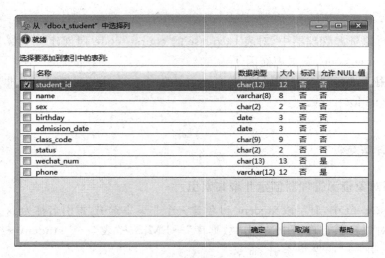

图 9-2　选择要添加到索引中的表列

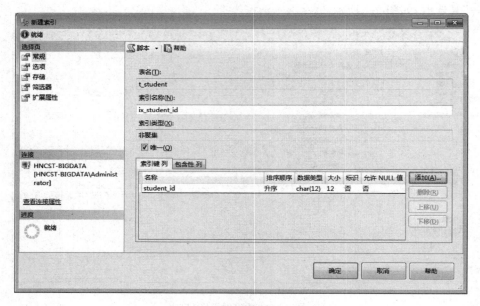

图 9-3　"新建索引"窗口 2

图 9-4　成功创建非聚集索引

（1）在对象资源管理器中，右击"数据库"→EMIS→"表"→t_course→"索引"节点，选择"新建索引"→"聚集索引"命令。

（2）弹出"新建索引"窗口，在"常规"选项卡中输入索引的名称 ix_course_code，选中"唯一"复选框。单击"添加"按钮，打开如图 9-5 所示的窗口，从中选择要添加到索引中的 course_code 列。

图 9-5　"新建索引"窗口 3

（3）在"选项"选项卡中输入填充因子为 60，如图 9-6 所示。

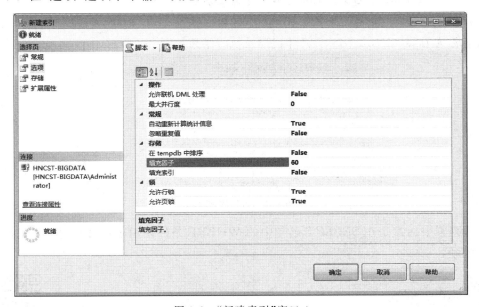

图 9-6　"新建索引"窗口 4

（4）单击"确定"按钮，即可完成新建聚集索引的创建。在对象资源管理器中，展开"索引"节点，可以看到新创建的索引 ix_course_code，如图 9-7 所示。

图 9-7　新建的 ix_course_code 索引

### 3. 使用 Transact-SQL 语句创建非聚集索引

在表 t_major 中,对字段 major_code 创建一个非聚集索引,索引名称为 ix_major_code。具体代码及执行结果如图 9-8 所示。

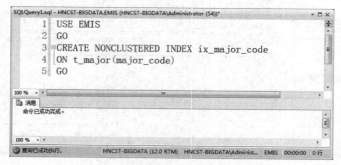

图 9-8　新建的非聚集索引

### 4. 使用 Transact-SQL 语句创建多列非聚集索引

在表 t_course_reg 中,对字段 student_id 和 course_code 创建一个多列非聚集索引,索引名称为 ix_s_id_cou_code。具体代码及执行结果如图 9-9 所示。

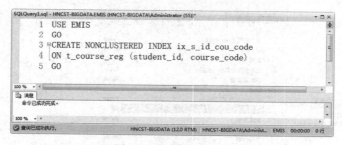

图 9-9　新建多列索引

多列索引通常是在 SELECT 语句中的 WHERE 条件使用了组合索引最左边的列时效果最好。

 相关知识

### 1. 索引的概念

现实生活中看书的时候总习惯先看目录,然后根据目录标识的页码寻找相应的章节

内容。数据库中索引的作用也就相当于图书的目录,可以根据目录中的页码快速找到所需的内容。当表中有大量记录时,若要对表进行查询,第一种搜索信息的方法是全表搜索,将所有记录全部取出和查询条件进行一一对比,然后返回满足条件的记录,这样做会消耗大量系统时间,并造成大量磁盘I/O操作;第二种方法是在表中建立索引,然后在索引中找到符合查询条件的索引值,最后通过保存在索引中的 ROWID(相当于页码)快速找到表中对应的记录。索引是一个单独的、物理的数据库结构,它是某个表中一列或若干列值的集合和相应的指向表中物理标识这些值的数据页的逻辑指针清单。索引提供指向存储在表的指定列中的数据值的指针,然后根据指定的排序顺序对这些指针排序。数据库使用索引的方式与使用书籍中的索引的方式很相似:它搜索索引以找到特定值,然后顺着指针找到包含该值的行。在数据库关系视图中,可以在选定表的“索引/键”属性页中创建、编辑或删除每个索引类型。当保存索引所附加到的表,或保存该表所在的关系视图时,索引将保存在数据库中。

使用索引可快速访问数据表中的特定信息,是降低查询操作时间的最佳途径。使用索引可以提高系统性能,具体表现在以下 4 个方面。

(1)通过创建唯一性索引,可以保证数据库表中每一行数据的唯一性。

(2)可以提高数据的检索速度,这也是创建索引最主要的原因。

(3)实现数据的参考完整性,加速表间的联接。

(4)在使用分组和排序子句进行数据检索时,同样可以显著减少查询中分组和排序的时间。

使用索引也有很多不利的方面,具体表现在以下 3 个方面。

(1)索引需要占用物理空间。除了数据表占用数据空间之外,每一个索引还要占用一定的物理空间。如果要建立聚集索引,那么需要的空间就会更大。

(2)创建索引和维护索引要耗费时间。这种时间随着数据量的增加而增加。

(3)降低维护速度。当对表中的数据进行增加、删除和修改的时候,索引也要动态地维护,这样就降低了数据的维护速度,同样降低了效率。

**2. 索引的分类**

不同的数据库提供了不同的索引类型,在 SQL Server 2014 版本中的索引有两种:聚集索引和非聚集索引。两者的区别在于物理数据的存储方式。

1)聚集索引

聚集(Clustered)索引是指索引的数据行的物理顺序与列值(一般是主键列)的逻辑顺序相同。

如果单纯从定义来看显得有点抽象,打个比方,一个表就像是《新华字典》,聚集索引就像是拼音目录,而每个字存放的页码就是它的数据物理地址。如果要查询一个“数”字,只须查询“数”字在新华字典拼音目录对应的页码,就可以查询到对应的“数”字所在的位置。拼音目录对应的 A~Z 的字顺序和《新华字典》实际存储的字的顺序 A~Z 也是一样的。如果中文新出了一个字,拼音开头第一个字母是 B,那么插入这个字的时候也要按照拼音目录顺序插入到 A 字的后面。下面用一个简单的示例来大概说明一下在数据库中的样子。

在表 9-1 中,第一列的地址表示该行数据在磁盘中的物理地址,后面两列才是 SQL Server 表中的列,其中 student_id 是主键,建立了聚集索引。

表 9-1　聚集索引示例

| 地　址 | student_id | name |
| --- | --- | --- |
| 0x01 | 2015020101 | 王庆子 |
| 0x02 | 2015020102 | 徐毅达 |
| 0x03 | 2015020103 | 宋滨 |
| 0x04 | 2015020104 | 杨坚 |
| 0x05 | 2015020105 | 索超 |
| 0x06 | 2015020106 | 张黎明 |
| 0x07 | 2015020107 | 孙阁 |
| 0x08 | 2015020108 | 覃隆锋 |
| 0x09 | 2015020109 | 王森 |

结合表 9-1 就可以理解聚集索引的含义了,数据行的物理顺序与列值的顺序相同,如果查询 student_id 比较靠后的数据,那么这行数据的地址在磁盘中的物理地址也会比较靠后。而且由于物理排列方式与聚集索引的顺序相同,所以也就只能建立一个聚集索引了。

图 9-10 所示是一个聚集索引的数据结构。

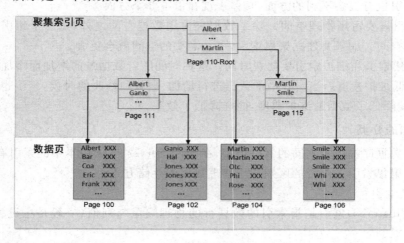

图 9-10　聚集索引实际存储示意图

聚集索引页是数据库针对所有的数据生成的一个索引页,当进行数据查询时,SQL Server 首先会检索相关的索引页,通过索引页的地址找到相关的数据页。

数据页中存储了详细的数据。需要注意的是,聚集索引的数据的物理排序都是按照索引顺序进行排序的。

例如,想找到 Albert 这一条数据,数据库系统先在 Page 110-Root 找到下一级的索引页 Page 111,从而找到详细的数据并返回。

现在可以看出聚集索引的好处了,索引的叶子节点就是对应的数据节点,可以直接获得对应的全部列的数据;而非聚集索引在索引没有覆盖到对应的列的时候需要进行二次查询。因此,在查询方面,聚集索引的速度往往会更占优势。创建表的时候如指定主键,系统就默认主键为聚集索引。

**注意**:最好在创建表的时候添加聚集索引。由于聚集索引物理顺序上的特殊性,对已有表创建索引的时候会根据索引列的排序移动全部数据行上面的顺序,因此会非常耗费时间以及性能。

填充因子可以理解为预留一定的空间存放插入和更新新增加的数据,以避免页被拆分。填充因子为 0 时意味着页面将被 100% 充满。填充因子的作用如图 9-11 所示。

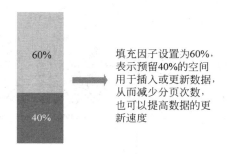

图 9-11 填充因子的作用

从图 9-12 中可以看出,使用填充因子会减少更新或者插入时的分页次数,但由于需要更多的页会损失查找性能。

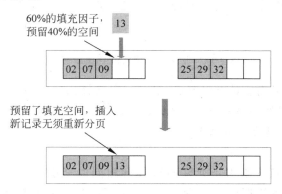

图 9-12 数据页变化示意图

设置填充因子时要参照对表的读写比例,以下给出一些建议。

(1)数据只读时,设置 100% 填充。

(2)当写的次数大于读的次数时,设置 50%~70% 填充。

(3)当读/写比例大致相同时,设置 80%~90% 填充。

2)非聚集索引

按照定义,除了聚集索引以外的索引都是非聚集索引。但实际上将非聚集索引细分成普通索引、唯一索引、全文索引。非聚集索引就像《新华字典》的偏旁索引,结构顺序与实际存放顺序不一定一致。

非聚集索引中键值的逻辑顺序与磁盘上行的物理存储顺序不同,是完全独立于数据行的结构,使用非聚集索引不用将物理数据页中的数据按列排序。

图 9-13 所示为非聚集索引实际存储示意图,可以比较一下它与图 9-10 的区别。

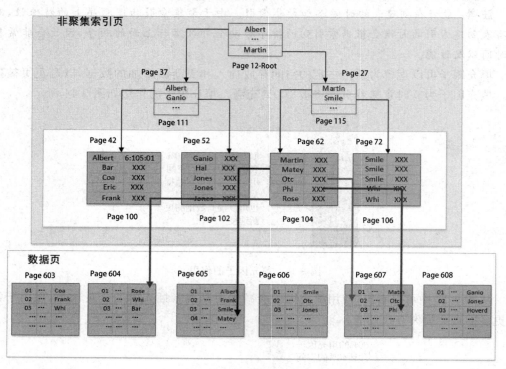

图 9-13　非聚集索引实际存储示意图

非聚集索引叶节点仍然是索引节点,但有一个指针指向对应的数据块。如果使用非聚集索引查询,而查询列中又包含了其他该索引没有覆盖的列,那么还要进行第二次查询,查询节点上对应的数据行的数据。

3）其他索引

（1）唯一索引。唯一索引不允许两行具有相同的索引值。如果现有数据中存在重复的键值,则大多数数据库都不允许将新创建的唯一索引与表一起保存。当新数据会使表中的键值重复时,数据库也拒绝接受此数据。创建了唯一约束,将自动创建唯一索引。尽管唯一索引有助于找到信息,但为了获得最佳性能,建议使用主键约束或唯一约束。

（2）全文索引。全文索引可以大大提高从长字符串中搜索数据的速度,从而不需要用 LIKE 这样低效率的模糊查询。建立全文索引首先要启动 SQL Full-text Filter Daemon Launcher(MSSQLSERVER)服务,然后新建全文目录,最后才可以创建全文索引。

### 3. 索引的设计原则

为了使索引的使用效率更高,在创建索引时,必须考虑在哪些字段上创建索引和创建什么类型的索引。设计索引的原则如下。

(1) 选择唯一性索引。唯一性索引的值是唯一的,可以更快速地通过该索引来确定某条记录。

(2) 为经常需要排序、分组和联合操作的字段建立索引。这是因为经常需要进行 ORDER BY、GROUP BY、DISTINCT 和 UNION 等操作的字段,排序操作会浪费很多时间。

(3) 为经常作为查询条件的字段建立索引。如果某个字段经常用作查询条件,那么该字段的查询速度会影响整个表的查询速度。因此,为这样的字段建立索引可以提高整个表的查询速度。

(4) 限制索引的数目。索引的数目不是越多越好。每个索引都需要占用磁盘空间,索引越多,需要的磁盘空间就越大。修改表时,对索引的重构和更新很麻烦,索引越多更新表的时间越长。

(5) 尽量使用数据量少的索引。如果索引的值很长,那么查询的速度会受到影响。

**注意**:(1) 使用聚集索引的查询效率要比非聚集索引的查询效率高,但是如果需要频繁改变聚集索引的值,则写入性能并不高,因为需要移动对应数据的物理位置。

(2) 非聚集索引在查询的时候应避免二次查询,这样性能会大幅提升。

(3) 不是所有的表都适合建立索引,只有数据量大的表才适合建立索引,且建立在选择性较强的列上性能会更好。

### 4. 创建索引

语法格式如下。

```
CREATE [UNIQUE] [CLUSTERED| NONCLUSTERED ]
INDEX index_name ON { table | view } ( column [ ASC | DESC ] [ ,...n ] )
[INCLUDE (column_name [ ,...n ])]
[with
[PAD_INDEX = {ON|OFF}]
[[,]FILLFACTOR = fillfactor]
[[,]IGNORE_DUP_KEY = {ON|OFF}]
[[,]DROP_EXISTING = {ON|OFF}]
[[,]STATISTICS_NORECOMPUTE = {ON|OFF}]
[[,]SORT_IN_TEMPDB = {ON|OFF}]
]
[ ON filegroup ]
```

语法说明如下。

(1) UNIQUE:指定为表或视图创建唯一索引,即不允许存在索引值相同的两行。

(2) CLUSTERED:指定创建的索引为聚集索引。

(3) NONCLUSTERED:指定创建的索引为非聚集索引。

(4) index_name:指定所创建的索引的名称。

（5）table：指定创建索引的表的名称。

（6）view：指定创建索引的视图的名称。

（7）column：指定被索引的列。

（8）ASC|DESC：指定具体索引列的升序或降序的排序方向。

（9）PAD_INDEX：指定索引中间级中每个页（节点）上保持开放的空间。

（10）FILLFACTOR＝fillfactor：指定在创建索引时，每个索引页的数据占索引页大小的百分比，即填充因子。fillfactor 的值为 1～100。

（11）IGNORE_DUP_KEY：控制当向包含唯一聚集索引的表中插入重复数据时 SQL Server 所做的反应。

（12）DROP_EXISTING：指定应删除并重新创建已存在的聚集索引或非聚集索引。

（13）STATISTICS_NORECOMPUTE：指定过期的索引统计不会自动重新计算。

（14）SORT_IN_TEMPDB：指定创建索引时的中间排序结果存储在 tempdb 数据库中。

（15）ON filegroup：指定存放索引的文件组。

# 任务 9.2　管理和维护索引

 任务描述

索引创建完成之后，随时可以根据需求查看、重命名索引或者删除索引。

任务实施

**1. 在对象资源管理器中查看索引信息**

在对象资源管理器中，展开"数据库"→EMIS→t_student→"索引"节点，右击需要查看其信息的索引名称。在弹出的快捷菜单中选择"属性"命令，打开"索引属性"窗口，如图 9-14 所示。

**2. 通过系统存储过程查看数据表 t_student 的索引信息**

具体代码及执行结果如图 9-15 所示。

**3. 查看索引的统计信息**

1）在对象资源管理器下查看索引的统计信息

在对象资源管理器中右击要查看统计信息的索引，在弹出的快捷菜单中选择"属性"命令，打开"统计信息属性"窗口。单击"选择页"下的"详细信息"选项，可以在右侧的窗格中查看当前索引的统计信息，如图 9-16 所示。

说明：索引统计信息是查询优化器用来分析和评估查询、制定最优查询方式的基础数据。索引的统计信息可以用来分析索引性能，以便更好地维护索引。

图 9-14 "索引属性"窗口

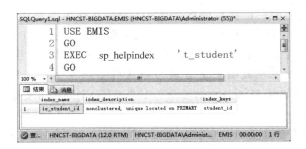

图 9-15 查看数据表 t_student 的索引信息

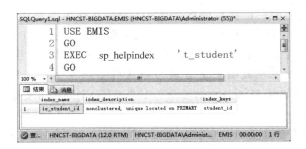

图 9-16 "统计信息属性"窗口

2）使用 DBCC SHOW_STATISTICS 命令查看 ix_student_id 索引的统计信息
具体代码及执行结果如图 9-17 所示。

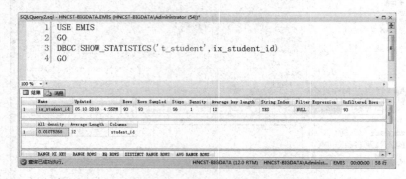

图 9-17　查看数据表 ix_student_id 索引的统计信息

### 4. 重命名索引

1）在对象资源管理器中重命名索引

在对象资源管理器中右击要重命名的索引名称，在弹出的快捷菜单中
选择"重命名"命令，在出现的对话框中修改索引名称。或者在选中索引之
后，再次单击索引，此时索引名称处于可编辑状态，直接输入新的索引名称即可。

**提示**：SQL Server 基于数据表名自动为新索引分配系统定义的名称。如果在一个
表上创建多个索引，那么索引名将自动添加"_1""_2"等后缀。只要索引名在该表中是唯
一的，就可以重命名它。

**注意**：当为某个表创建主键或唯一约束时，将自动为该表创建与约束同名的索引。因
为索引名对表必须是唯一的，所以无法创建或重命名与表的主键或唯一约束同名的索引。

2）使用系统存储过程重命名索引

使用系统存储过程 sp_rename 将数据表 t_student 的索引 ix_student_id 重命名为
ix_student_code。

具体代码及执行结果如图 9-18 所示。

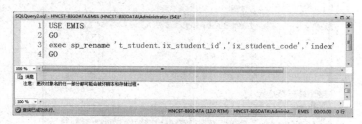

图 9-18　重命名索引

### 5. 删除索引

可以使用 DROP INDEX 命令删除数据表 t_major 的索引，具体代码及执行结果如
图 9-19 所示。

**注意**：DROP INDEX 命令不能删除由 CREATE TABLE 或者 ALTER TABLE 命

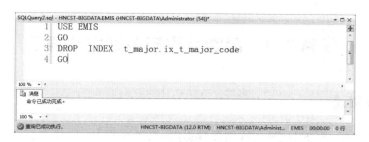

图 9-19　删除索引命令

令创建的主键或者唯一性约束索引,也不能删除系统表中的索引。

 相关知识

### 1. 查看索引

存储过程 sp_helpindex 可以返回数据表或视图中的索引信息,其语法格式如下。

sp_helpindex [@obj_name = ]'name'

语法说明如下。

[@obj_name＝]'name'用于指定用户定义的索引的名称。

### 2. 重命名索引

使用系统存储过程 sp_rename 可以对索引进行重命名操作,其语法格式如下。

sp_rename 'obj_name','new_name','obj_type'

语法说明如下。

(1) obj_name:指定用户对象的名称,此对象可以是表、索引、列等对象,本任务中为索引名。

(2) new_name:指定对象名称,本例中为索引的新名称。

(3) obj_type:指定对象类型,索引对象的类型标识符为 index。

### 3. 删除索引

DROP INDEX 命令可以删除一个或者多个当前数据库中的索引,其语法格式如下。

DROP INDEX '[table|view].index'[,...n]

或

DROP INDEX index ON'[table|view]'

语法说明如下。

(1) index:指定要删除的索引名称。

(2) [table|view]:指定索引列所在的表或者视图。

## 任务 9.3　重新组织与重新生成索引

当数据库增长、页拆分、更新或删除数据时,会产生碎片,碎片会造成空间的浪费,同时也意味着使读取性能变差。这些散布在各处的数据会造成数据检索时的额外系统开销,导致应用程序运行相应变慢,所以在日常的维护工作中需要对索引进行检查,对那些填充度很低、碎片量较大的索引进行重新生成或重新组织。

### 1. 重新组织 t_student 表中的索引 ix_student_code

1) 在对象资源管理器中重新组织索引 ix_student_code

(1) 在对象资源管理器中右击"数据库"→EMIS→"表"→t_student→"索引"→ix_student_code 节点,在弹出的快捷菜单中选择"重新组织"命令。

(2) 在弹出的"重新组织索引"窗口中显示了索引名称、表名、索引类型以及碎片总计等信息,如图 9-20 所示。单击"确定"按钮即可重新组织索引。

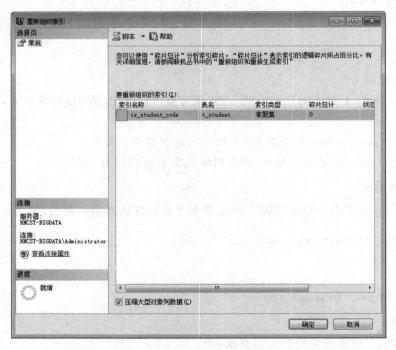

图 9-20　"重新组织索引"窗口

2）使用 Transact-SQL 语句重新组织索引 ix_student_code

具体代码及执行结果如图 9-21 所示。

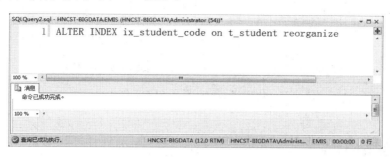

图 9-21　使用 Transact-SQL 语句重新组织索引

**2. 重新生成 t_course 表中的索引 ix_course_code**

1）在对象资源管理器中重新生成索引 ix_course_code

（1）在对象资源管理器中右击"数据库"→EMIS→"表"→t_course→"索引"→ix_course_code 节点，在弹出的快捷菜单中选择"重新生成"命令。

（2）弹出"重新生成索引"窗口，其中显示了索引名称、表名、索引类型以及碎片总计等信息，如图 9-22 所示。单击"确定"按钮即可重新生成索引。

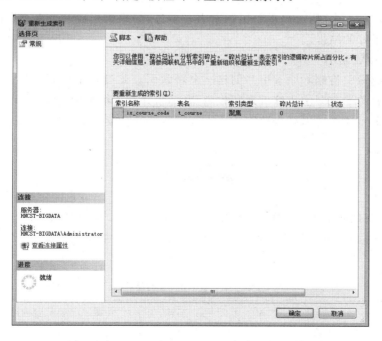

图 9-22　"重新生成索引"窗口

2）使用 Transact-SQL 语句重新生成索引 ix_course_code

具体代码及执行结果如图 9-23 所示。

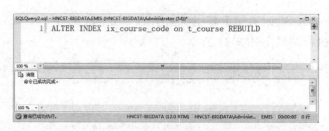

图 9-23　使用 Transact-SQL 语句重新生成索引

### 1. 重新组织索引

重新组织索引是指对表或视图的聚集索引和非聚集索引进行碎片整理，以提高索引扫描的性能。索引在分配给它的现有页内重新组织，而不会分配新页。如果索引跨多个文件，将一次重新组织一个文件，不会在文件之间迁移页。

重新组织还会基于 sys.indexes 目录视图中的填充因子值压缩索引页。如果还有可用的磁盘空间，将删除此压缩过程中生成的所有空页。重新组织时将使用最少的系统资源，而且是自动联机执行的，不会阻止运行查询或更新。

索引碎片不太多时，可以重新组织索引。不过，如果索引碎片非常多，重新生成索引则可以获得更好的结果。

### 2. 重新生成索引

重新生成索引将删除原索引并创建一个新索引。此过程中将删除碎片，并通过使用指定的或现有的填充因子压缩页来回收磁盘空间，并在连续页中对索引行重新排序（根据需要分配新页），这样可以减少获取所请求数据所需的页读取数，从而提高磁盘性能。

## 项目实训 9

1. 创建新的数据库 EMIS_TEST，在 EMIS_TEST 数据库中创建表 readers。表 readers 的结构如表 9-2 所示。在创建表的同时在 r_id 列添加名称为 ix_r_id 的唯一索引。

表 9-2　表 readers 的结构

| 字段名 | 数 据 类 型 | 主键 | 外键 | 是否为空 | 唯一 |
| --- | --- | --- | --- | --- | --- |
| r_id | INT | 是 | 否 | 是 | 是 |
| r_name | CHAR(20) | 否 | 否 | 是 | 否 |
| r_address | VARCHAR(100) | 否 | 否 | 是 | 否 |
| r_age | TINYINT | 否 | 否 | 是 | 否 |
| r_note | VARCHAR(255) | 否 | 否 | 否 | 否 |

2. 在对象资源管理器中,在 r_name 和 r_address 列上建立名称为 ix_name_address 的非聚集组合索引。

3. 将 ix_name_address 索引重命名为 ix_NameAndAddress。

4. 查看 ix_NameAndAddress 索引的统计信息。

5. 使用 Transact-SQL 语句删除索引 ix_NameAndAddress。

# 项目 10

# 创建和管理EMIS数据库的存储过程

 **项目背景**

当根据企业规则创建好存储过程后，如果企业规则发生变化，在服务器中只须更新存储过程即可，无须修改任何应用程序。企业规则会经常变化，如果把体现企业规则的运算程序放入应用程序中，则当企业规则发生变化时，就需要修改应用程序，这个工作量非常大（修改、重新发行和重新安装应用程序）。如果把体现企业规则的运算放入存储过程中，则当企业规则发生变化时，只须修改存储过程就可以了，应用程序无须作任何变化。

**内容导航**

## 任务 10.1  创建并使用存储过程

 **任务描述**

程序开发过程中需要根据客户的需求创建存储过程，一般有以下 5 种情况。

（1）创建简单查询的存储过程并使用。

（2）创建条件查询的存储过程并使用。

（3）创建带默认参数的存储过程并使用。

（4）创建输出统计结果的存储过程并使用。

（5）创建加密的存储过程并使用。

### 1. 创建简单查询的存储过程并使用

创建名为 p_stuinfo 的存储过程，该存储过程用来查询所有学生的学号、姓名和班级名称。

1）创建存储过程

具体代码及执行结果如图 10-1 所示。

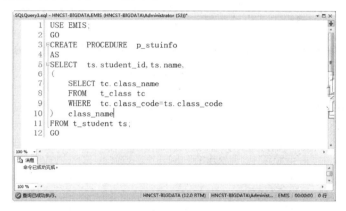

图 10-1　创建简单查询的存储过程

2）执行存储过程

具体代码及执行结果如图 10-2 所示。

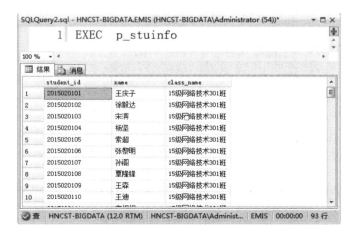

图 10-2　执行存储过程 p_stuinfo

**2. 创建条件查询的存储过程并使用**

创建名为 p_ts 的存储过程,该存储过程根据用户给定的姓名得到该学生的所有基本信息。该存储过程根据输入的学生姓名列出该学生的基本信息。

1)创建存储过程

具体代码及执行结果如图 10-3 所示。

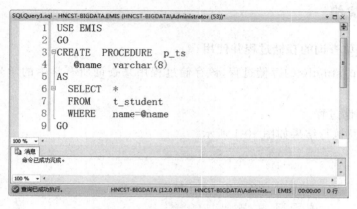

图 10-3  创建存储过程 p_ts

2)执行存储过程

具体代码及执行结果如图 10-4 或图 10-5 所示。

图 10-4  执行存储过程 p_ts 方法 1

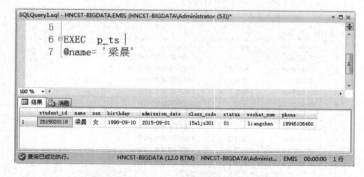

图 10-5  执行存储过程 p_ts 方法 2

也可以在对象资源管理器中执行存储过程。右击要执行的存储过程（p_ts），在弹出的快捷菜单中选择"执行存储过程"命令。

打开"执行过程"窗口，在"值"下方的文本框中输入参数值：@name = '张敏'，如图10-6所示。

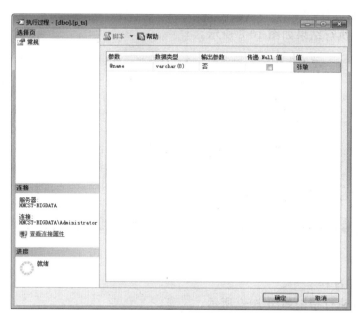

图 10-6  "执行过程"窗口

单击"确定"按钮，执行带输入参数的存储过程，执行结果如图10-7所示。

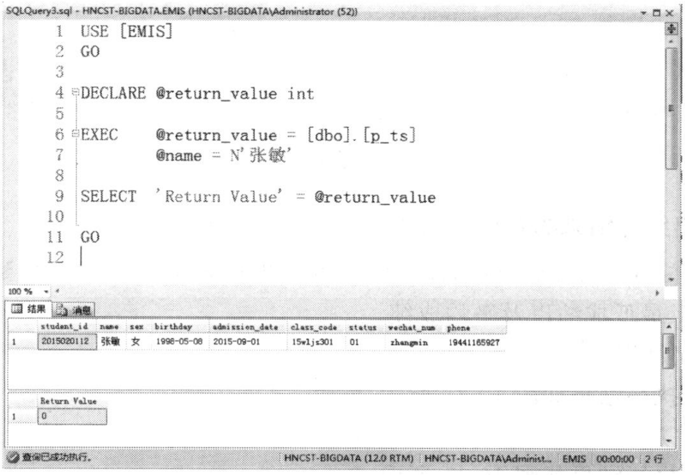

图 10-7  在资源管理器中执行存储过程

### 3. 创建带默认参数的存储过程并使用

创建名为 p_ts1 的存储过程，该存储过程根据用户给定的姓名得到该学生的所有基本信息。该存储过程将根据输入的学生姓名列出该学生的基本信息（如输入"梁晨"）。

如果执行存储过程时未指定参数的值，系统会提示错误。如果希望为用户提供一个默认的返回结果，可以通过设置参数的默认值来实现。

1）创建存储过程

具体代码及执行结果如图 10-8 所示。

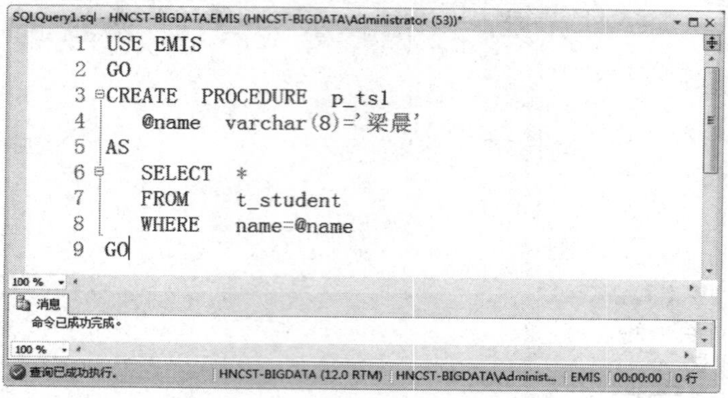

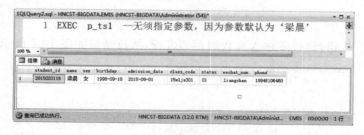

图 10-8　创建存储过程 p_ts1

2）执行存储过程

具体代码及执行结果如图 10-9 所示。

图 10-9　执行存储过程 p_ts1

### 4. 创建输出统计结果的存储过程并使用

创建名为 p_score 的存储过程，该存储过程根据用户给定的学号得到该学生在成绩表中的最高成绩、最低成绩以及平均成绩。

1）创建存储过程

具体代码及执行结果如图 10-10 所示。

2）执行存储过程

具体代码及执行结果如图 10-11 所示。

### 5. 创建加密的存储过程并使用

创建名为 p_avg_score 的存储过程，该存储过程被创建后，用户无法查看该存储过程的定义文本，也无法修改。

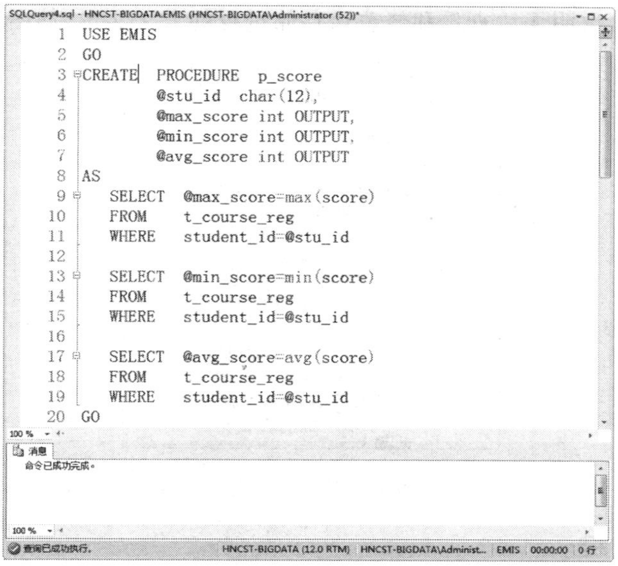

图 10-10　创建存储过程 p_score

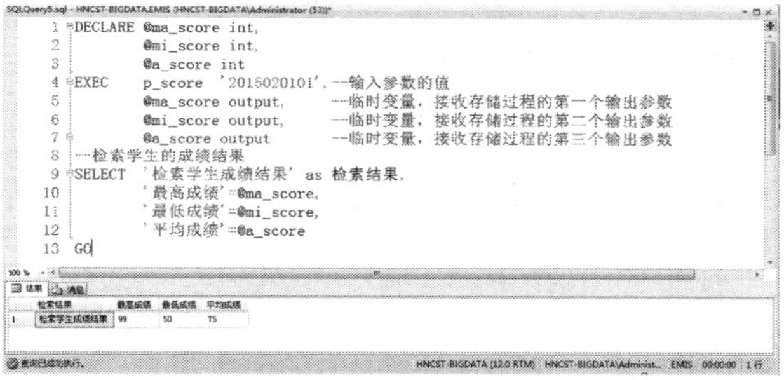

图 10-11　执行存储过程 p_score

## 1）创建存储过程

具体代码及执行结果如图 10-12 所示。

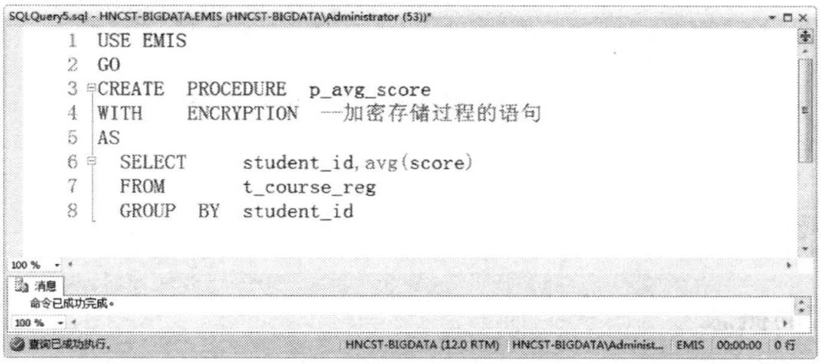

图 10-12　创建存储过程 p_avg_score

加密的存储过程创建成功后，在对象资源管理器中，存储过程图标前面有一个"小锁"图标，标识该存储过程已经被加密。此时，右击该存储过程可以看到弹出的快捷菜单中

"修改"命令不可用,说明无法查看和修改该存储过程的定义文本,如图 10-13 所示。

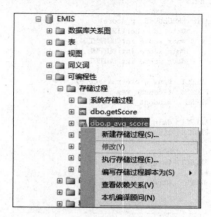

图 10-13　被加密的存储过程 p_avg_score

### 2）执行存储过程

在对象资源管理器中,右击存储过程 p_avg_score,在弹出的快捷菜单中选择"执行存储过程"命令,然后在弹出的窗口中单击"确定"按钮。执行结果如图 10-14 所示。

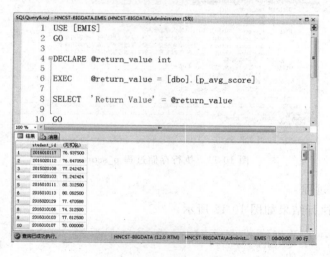

图 10-14　执行存储过程 p_avg_score

相关知识

### 1. 存储过程的概念

存储过程是由 Transact-SQL 语句和控制流语句构成的语句集合,具有输入参数和输出参数,通过接收参数可以向调用者返回结果集。存储过程可以把重复的任务操作封装起来。

存储过程是一组经过打包处理的、经常使用的命令,一个存储过程由一组经常执行的逻辑命令组成。可以在本地存储设计好的存储过程,然后创建应用程序,将命令发送到数据库并对结果进行处理,从而提高应用程序访问数据库的速度。

存储过程创建完成以后被存储在数据库系统中,然后通过被其他事务或应用程序调用来实现某些特殊的功能,满足用户的实际需要。

存储过程的优点如下。

(1) 存储过程可以使程序设计模块化。存储过程一旦被创建,以后可在程序中被多次调用,从而提高应用程序的可维护性,并且允许应用程序统一访问数据库。

(2) 存储过程只在创建时进行编译,以后每次执行存储过程都不需再重新编译,而一般 SQL 语句每执行一次就编译一次,所以使用存储过程可提高数据库的执行速度。

(3) 使用存储过程可以减少网络通信的流量。存储过程避免了相同 Transact-SQL 语句在网络上的重复传输,因此缓解了网络的压力。

(4) 当对数据库进行复杂操作时(如对多个表进行更新、插入、查询、删除操作时),可将此复杂操作用存储过程封装起来与数据库提供的事务处理结合使用。

(5) 存储过程可以重复使用,可以减少数据库开发人员的工作量。

(6) 存储过程能够保证数据的安全。通过对执行某一存储过程的权限进行限制来实现对相应的数据访问权限的限制,避免非授权用户访问数据。

**2. 存储过程的分类**

SQL Server 2014 中的存储过程可以分为 3 类,分别是系统存储过程、用户定义存储过程和扩展存储过程。

1) 系统存储过程

系统存储过程是 SQL Server 2014 系统提供的存储过程。其功能是帮助用户方便地从系统表中查询信息,或者完成与更新数据表相关的管理任务以及其他的系统管理任务。系统存储过程位于数据库服务器中,以 sp_开头,并存放在系统数据库 master 中,用来进行系统的各项设定、信息的获取以及相关管理工作。系统管理员拥有这些存储过程的使用权限,可以在任何数据库中运行系统存储过程,但执行结果会反映在当前数据库中。

常用的系统存储过程如表 10-1 所示。

表 10-1　常用的系统存储过程

| 系统存储过程 | 说　明 |
| --- | --- |
| sp_databases | 列出服务器上的所有数据库 |
| sp_helpdb | 报告有关指定数据库或所有数据库的信息 |
| sp_renamedb | 更改数据库的名称 |
| sp_tables | 返回当前环境下可查询的对象的列表 |
| sp_columns | 返回某个表列的信息 |
| sp_help | 查看某个表的所有信息 |
| sp_helpconstraint | 查看某个表的约束 |
| sp_helpindex | 查看某个表的索引 |
| sp_stored_procedures | 列出当前环境中的所有存储过程 |
| sp_password | 添加或修改登录账户的密码 |
| sp_helptext | 显示默认值、未加密的存储过程、用户定义的存储过程、触发器或视图的实际文本 |

2）用户定义存储过程

用户定义存储过程是指用户使用 Transact-SQL 语句编写的存储过程。用户定义存储过程可以接收输入参数、向客户端返回输出结果等。

创建存储过程的 Transact-SQL 语句为 CREATE PROCEDURE，所有的存储过程都创建在当前数据库中。

创建用户定义存储过程的语法格式如下。

```
CREATE PROCEDURE|PROC <procedure_ name>
  [ { @parameter data_type }
  [ VARYING ] [ = default ] [ OUT [ OUTPUT ] ] [ ,...n ]
  [ WITH [ RECOMPILE ] [ ,ENCRYPTION ] ] [ FOR REPLICATION ]
AS
  sql_statement [ ,...n ]
```

语法说明如下。

（1）procedure_ name：指定存储过程名称，并且在架构中必须唯一。

（2）@parameter：指定存储过程中的输入/输出参数，在创建过程中可以设置一个或多个参数。参数名必须以@符号开始，参数名的命名规则与其他数据库对象的命名规则类似，只是参数名中不能有空格。参数的声明是由参数名、数据类型、默认值和传递方向4部分构成。在声明参数时并不是必须将这 4 部分写出，一般的参数只有参数名和数据类型两部分。

（3）data_type：指定参数的数据类型。数据类型是在声明变量时必须指定的，并且必须是有效的 SQL Server 数据类型。

（4）VARYING：指定作为输出参数支持的结果集（由存储过程动态构造，内容要变化），该选项仅适用于游标参数。

（5）default：指定参数的默认值，必须是常量或 NULL。如定义了默认值，则不必指定该参数的值。默认值是参数与变量存在分歧的地方。通常变量会被初始化为 NULL，而参数则不是。如果需要定义一个没有提供默认值的参数，那么就需要在调用存储过程时提供一个初始值。

（6）OUT [OUTPUT]：指示参数是输出参数，此选项的值可以返回给调用它的语句。在没有指定的情况下默认为传入。若声明 OUTPUT 或者简写为 OUT，则表示数据是从存储过程中传出的。存储过程除了可以被其他存储过程调用外，更多的情况是作为数据库与应用程序的接口被外部应用程序调用。除了使用 SELECT 命令返回表集外，还可以使用 OUTPUT 参数返回数据。如果在过程定义中为参数指定了 OUTPUT 关键字，则存储过程在退出时可将该参数的当前值返回调用程序。若要用变量保存参数值以便在调用程序中使用，则调用程序必须在执行存储过程时使用 OUTPUT 关键字。

（7）RECOMPILE：表示该存储过程将在运行时重新编译。

（8）ENCRYPTION：应用此参数将对创建的存储过程进行加密，加密后的存储过程语句不能被查看，因此，在加密前最好对存储过程的定义文本进行备份。

（9）FOR REPLICATION：指定不能在订阅服务器上执行复制的存储过程。该选项不能和 WITH RECOMPILE 选项一起使用。

（10）sql_statement：表示创建存储过程中任意数目和类型的 Transact-SQL 语句。

3）扩展存储过程

扩展存储过程是用户可以使用外部程序设计语言编写的存储过程，而且扩展存储过程的名称通常以 xp_开头。它可以完成 DOS 的一些操作，诸如创建文件夹、列出文件夹列表等。

**3. 执行存储过程**

对于存储在服务器上的存储过程可以使用 EXECUTE（简写为 EXEC）命令来执行。如果该存储过程是批处理中的第一条语句，则直接使用存储过程名称即可执行。如果执行存储过程的语句中含有参数，可以使用两种方法进行参数传递：使用参数名传递和按位置传递。

1）使用参数名传递参数值

```
EXEC[UTE] procedure_name
[@parameter_name = value] [OUTPUT]|[DEFAULT]
[,...n]
```

语法说明如下。

（1）EXEC[UTE]：执行存储过程的命令。

（2）Procedure_name：指定要执行的存储过程的名称。

（3）@parameter_name：存储过程的参数名。

2）按位置传递参数值

```
EXEC[UTE] procedure_name
[value1,value2,...]
```

使用这种方法执行存储过程时不通过参数传递参数值，而是直接给出参数的传递值。当存储过程含有多个输入参数时，传递值的顺序必须与存储过程中定义的输入顺序一致。按位置传递参数时也可以忽略空值和具有默认值的参数，但不能因此破坏输入参数的设定顺序。

**注意**：执行 EXECUTE 语句不需要任何权限，但是操作 EXECUTE 字符串内引用的对象需要相应的权限。比如，存储过程中用到了 UPDATE 语句更新数据表中的数据，那么在调用 EXECUTE 语句来执行存储过程时，该用户必须具有 UPDATE 的权限。

# 任务 10.2　管理存储过程

 **任务描述**

存储过程创建完成后，可以通过系统函数来查看存储过程的信息，也可以修改或删除存储过程。

**1. 查看存储过程信息**

存储过程创建成功后,想要查看存储过程的信息可以通过两种方法完成,一种是使用对象资源管理器查看;另一种是使用 Transact-SQL 语句查看。

1) 使用对象资源管理器查看存储过程信息

(1) 在对象资源管理器中右击"数据库"→EMIS→"可编程性"→"存储过程"→p_stuinfo 节点,在弹出的快捷菜单中选择"属性"命令。

(2) 在打开的"存储过程属性"窗口中即可查看存储过程的具体属性信息,如图 10-15 所示。

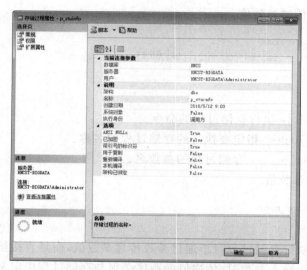

图 10-15 "存储过程属性"窗口

2) 使用 Transact-SQL 语句查看

可以通过系统函数 OBJECT_DEFINITION 以及系统存储过程 sp_help、sp_helptext 和 sp_depends 来查看存储过程信息。

(1) 使用系统函数 OBJECT_DEFINITION 查看存储过程信息的具体代码及执行结果如图 10-16 所示。

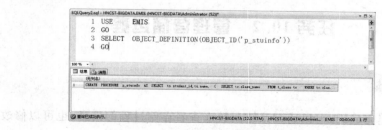

图 10-16 使用系统函数查看存储过程信息

（2）使用系统存储过程 sp_help 查看存储过程信息的具体代码及执行结果如图 10-17 所示。

图 10-17 使用系统存储过程 sp_help 查看存储过程信息

（3）使用系统存储过程 sp_helptext 查看存储过程的定义文本信息的具体代码及执行结果如图 10-18 所示。

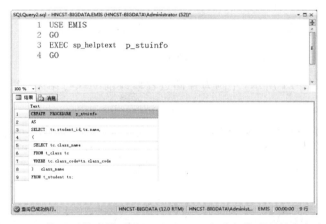

图 10-18 使用系统存储过程 sp_helptext 查看存储过程的定义文本

（4）使用系统存储过程 sp_depends 查看存储过程相关性的具体代码及执行结果如图 10-19 所示。

图 10-19 使用系统存储过程 sp_depends 查看存储过程的相关性

**2. 修改存储过程**

修改存储过程 p_stuinfo,使该存储过程列出学生的学号、姓名、性别和班级名称。具体代码及执行结果如图 10-20 所示。

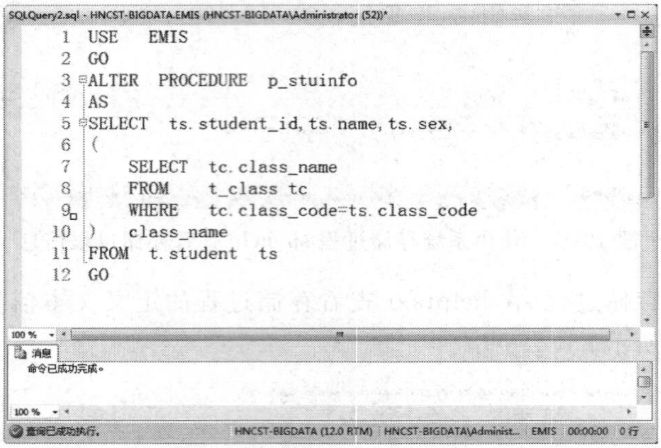

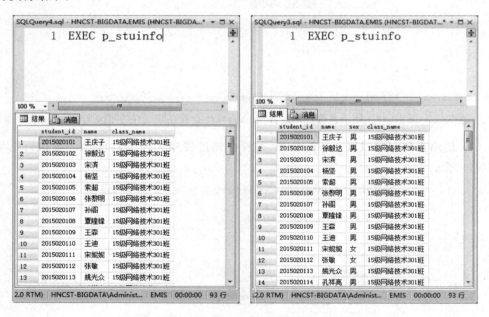

图 10-20 修改存储过程 p_stuinfo

执行结果如图 10-21 所示,左侧为存储过程修改前的执行结果,右侧为存储过程修改后的执行结果。

图 10-21 修改前和修改后的存储过程执行结果对比

**3. 删除存储过程**

1)使用对象资源管理器删除存储过程

(1)在对象资源管理器中右击"数据库"→EMIS→"可编程性"→"存储过程"→

p_stuinfo节点,在弹出的快捷菜单中选择"删除"命令。

（2）在弹出的"删除对象"窗口中单击"确定"按钮,即可删除存储过程,如图 10-22 所示。

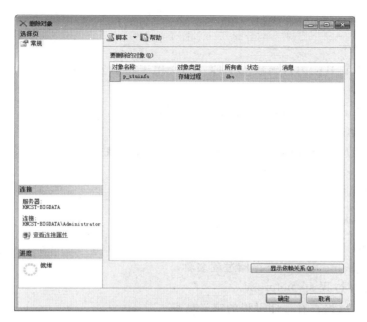

图 10-22　"删除对象"窗口

该方法一次只能删除一个存储过程。

2）使用 Transact-SQL 语句删除存储过程

具体代码及执行结果如图 10-23 所示。

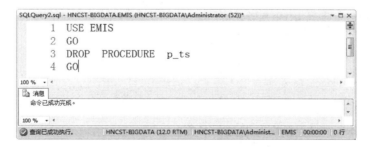

图 10-23　删除存储过程

## 1. 查看存储过程信息

对用户建立的存储过程可以使用 SQL Server 2014 提供的系统存储过程或系统函数来查看相关信息。

1）系统函数 OBJECT_DEFINITION

该系统函数返回系统对象的源文本信息。

语法格式如下。

```
SELECT OBJECT_DEFINITION (OBJECT_ID('procedure_name'))
```

语法说明如下。

（1）OBJECT_ID：内置函数 OBJECT_ID 用于将触发器对象的 ID 返回 OBJECT_DEFINITION 语句。

（2）procedure_name：指定存储过程名称。

2）系统存储过程 sp_help

该系统存储过程查看存储过程的一般信息，包含存储过程的名称、拥有者、类型和创建时间。

语法格式如下。

```
sp_help procedure_name
```

语法说明如下。

procedure_name 用于指定存储过程名称。

3）系统存储过程 sp_helptext

该系统存储过程查看存储过程的定义信息。

语法格式如下。

```
sp_helptext procedure_name
```

语法说明如下。

procedure_name 用于指定存储过程名称。

4）系统存储过程 sp_depends

该系统存储过程查看存储过程的相关性。

语法格式如下。

```
sp_depends procedure_name
```

语法说明如下。

procedure_name 用于指定存储过程名称。

## 2. 修改存储过程

当存储过程所依赖的基本表发生改变或用户有其他需求时，可以对存储过程的定义或参数进行相应的修改，可以使用 ALTER PROCEDURE 语句来修改存储过程。

语法格式如下。

```
ALTER PROC[EDURE] procedure_name[;number]
[{@parameter data_type} [VARYING] [ = default] [OUTPUT]] [,...n]
[WITH {RECOMPILE|ENCRYPTION|RECOMPILE,ENCRYPTION} ]
[FOR REPLICATION]
```

```
AS
    Sql_statement [ ,...n ]
```

其中,各参数与创建存储过程语法中参数的意义相同。

### 3. 删除存储过程

当存储过程没有存在的意义时,可以使用 DROP PROCEDURE 语句来删除。该语句可以从当前数据库中删除一个或多个存储过程。

语法格式如下。

```
DROP PROC[EDURE] procedure_name[,...n]
```

语法说明如下。

procedure_name 用于指定存储过程名称。

## 项目实训 10

1. 编写一个输出"Hello,My Procedure!"字符串的存储过程。

2. 编写一个存储过程 stu_17wljs301,该存储过程查询班级代码为 17wljs301 的所有学生的学号、姓名、性别和出生日期。

3. 编写一个存储过程 stu_bjdm,该存储过程根据输入参数 @bjdm(班级代码)显示相应班级的学生学号、姓名、性别和出生日期。

4. 编写一个存储过程 stu_bjscore,该存储过程根据输入参数 @bjdm(班级代码)和 @c_name(课程名称)显示对应班级这门课的最高成绩、最低成绩以及平均成绩。

5. 创建一个加密的存储过程 stu_en,该存储过程查询成绩表中及格的学生的学号。

# 项目 $11$

# 创建和管理EMIS数据库的触发器

 项目背景

　　触发器(Trigger)是 SQL Server 提供给程序员和数据分析员用来保证数据完整性的一种方法。它是与表事件相关的特殊的存储过程，它的执行不是由程序调用的，也不是手动启动的，而是由事件来触发的。当对一个表进行操作(INSERT、DELETE、UPDATE)时就会激发它执行。触发器经常用于加强数据的完整性约束和业务规则等。

 内容导航

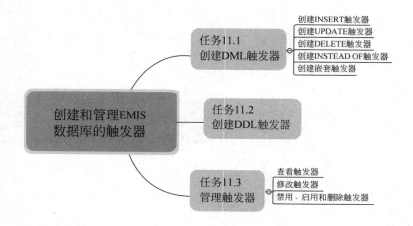

# 任务 11.1  创建 DML 触发器

**任务描述**

使用 Transact-SQL 语句创建 DML 触发器,分别创建 INSERT 触发器、UPDATE 触发器、DELETE 触发器、INSTEAD OF 触发器以及嵌套触发器。

**任务实施**

### 1. 创建 INSERT 触发器

创建一个名为 insert_stu 的 INSERT 触发器,当向 t_student 数据表中插入学生记录时,必须先检查记录中 class_code 列的数据在 t_class 表中是否存在。如果存在,插入学生数据并提示"插入学生数据成功";如果不存在,则提示"该班级不存在,请检查学生数据是否正确"。

创建完成后,向 t_student 数据表中插入一条 class_code 不存在的学生记录,测试触发器 insert_stu 是否被触发。

(1) 创建 INSERT 触发器的具体代码及执行结果如图 11-1 所示。

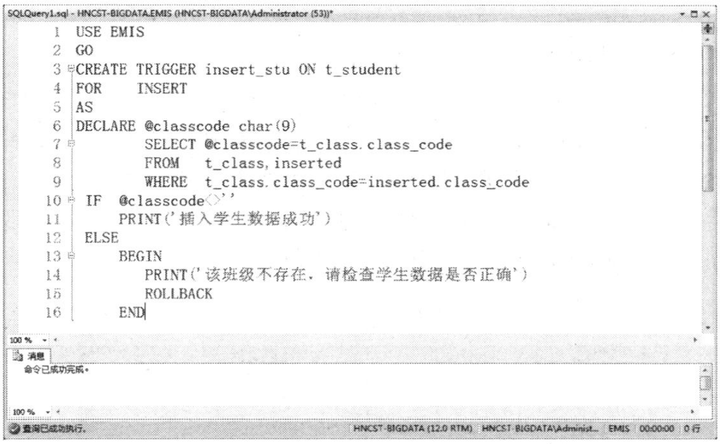

```
SQLQuery1.sql - HNCST-BIGDATA.EMIS (HNCST-BIGDATA\Administrator (53))*
 1  USE EMIS
 2  GO
 3  CREATE TRIGGER insert_stu ON t_student
 4  FOR     INSERT
 5  AS
 6  DECLARE @classcode char(9)
 7          SELECT @classcode=t_class.class_code
 8          FROM    t_class, inserted
 9          WHERE   t_class.class_code=inserted.class_code
10  IF  @classcode<>''
11      PRINT('插入学生数据成功')
12  ELSE
13      BEGIN
14          PRINT('该班级不存在,请检查学生数据是否正确')
15          ROLLBACK
16      END
```

命令已成功完成。

图 11-1  创建 INSERT 触发器

(2) 验证 INSERT 触发器的具体代码及执行结果如图 11-2 所示。

(3) 查看 INSERT 触发器。

右击 t_student→"触发器"节点,在弹出的快捷菜单中选择"刷新"命令。在"触发器"节点下就可以看到创建的触发器 insert_stu,如图 11-3 所示。

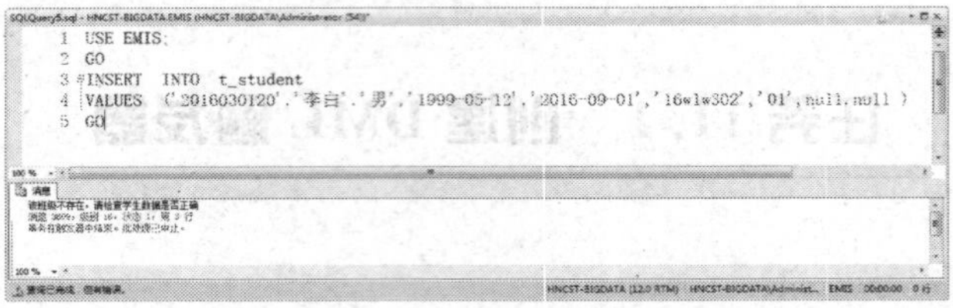

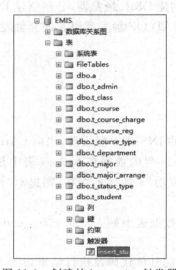

图 11-2　验证 INSERT 触发器

图 11-3　创建的 insert_stu 触发器

### 2. 创建 UPDATE 触发器

创建一个名为 update_course 的 UPDATE 触发器，当对 t_course 数据表进行更新时，触发器会自动更新 course_count 表（course_count 表中存储了 t_course 数据表中的课程数量信息）中的数据，并且触发器会提示修改前和修改后的数据。

创建完成后修改 t_course 数据表的数据，测试触发器 update_course 是否被触发。

course_count 数据表的定义信息如图 11-4 所示。

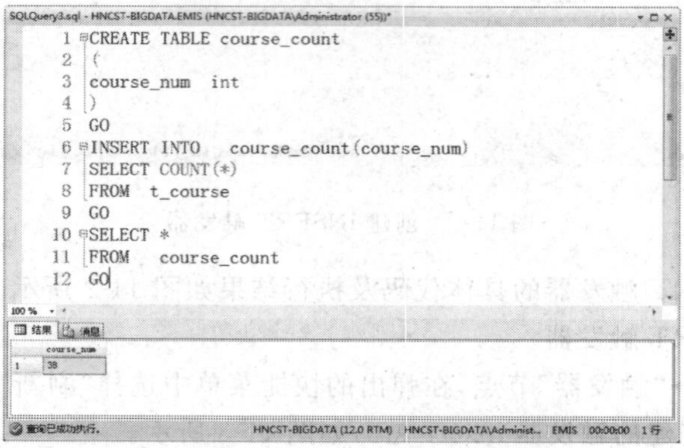

图 11-4　course_count 数据表的定义信息

（1）创建 UPDATE 触发器的具体代码及执行结果如图 11-5 所示。

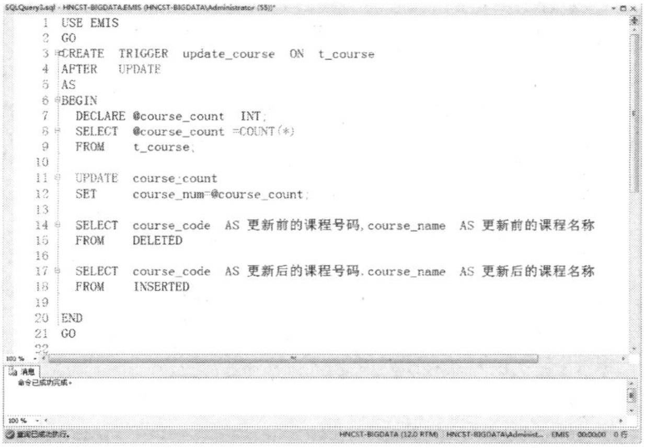

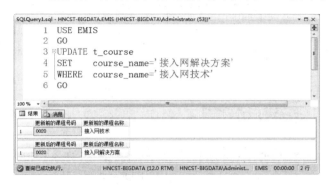

图 11-5　创建 UPDATE 触发器

（2）验证 UPDATE 触发器的具体代码及执行结果如图 11-6 所示。

图 11-6　验证 UPDATE 触发器

### 3. 创建 DELETE 触发器

创建一个名为 delete_class 的 DELETE 触发器，当删除 t_class 数据表中的班级信息时，检查 t_student 数据表中是否存在该班级的学生。如果存在，提示用户"该班级有学生存在，不允许删除该班级的信息"。

创建完成后删除 t_class 数据表中的一条班级信息，测试触发器 delete_class 是否被触发。

（1）创建 DELETE 触发器的具体代码及执行结果如图 11-7 所示。

（2）验证 DELETE 触发器的具体代码及执行结果如图 11-8 所示。

### 4. 创建 INSTEAD OF 触发器

创建一个名为 stu_insteadof 的 INSTEAD OF 触发器，当对 t_student 数据表进行 UPDATE、INSERT 或 DELETE 操作时，用提示来替代如上操作的执行部分。

创建完成后测试触发器 stu_insteadof 是否被触发。

（1）创建 INSTEAD OF 触发器的具体代码及执行结果如图 11-9 所示。

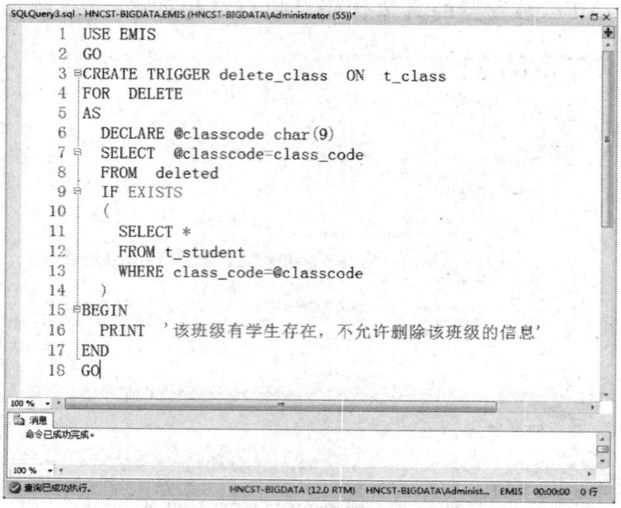

```
SQLQuery3.sql - HNCST-BIGDATA.EMIS (HNCST-BIGDATA\Administrator (55))*
 1   USE EMIS
 2   GO
 3   CREATE TRIGGER delete_class ON  t_class
 4   FOR   DELETE
 5   AS
 6     DECLARE @classcode char(9)
 7     SELECT  @classcode=class_code
 8     FROM  deleted
 9     IF EXISTS
10     (
11       SELECT *
12       FROM t_student
13       WHERE class_code=@classcode
14     )
15   BEGIN
16     PRINT  '该班级有学生存在，不允许删除该班级的信息'
17   END
18   GO
```

消息
命令已成功完成。

查询已成功执行。　　　HNCST-BIGDATA (12.0 RTM)　HNCST-BIGDATA\Administ...　EMIS　00:00:00　0 行

图 11-7　创建 DELETE 触发器

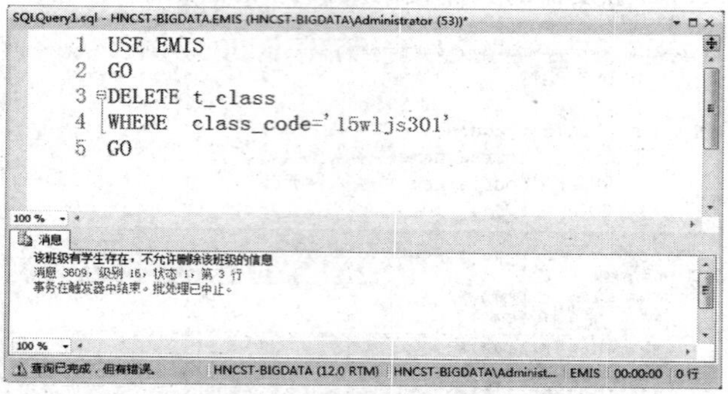

```
SQLQuery1.sql - HNCST-BIGDATA.EMIS (HNCST-BIGDATA\Administrator (53))*
 1   USE EMIS
 2   GO
 3   DELETE t_class
 4   WHERE   class_code='15wljs301'
 5   GO
```

消息
该班级有学生存在，不允许删除该班级的信息
消息 3609，级别 16，状态 1，第 3 行
事务在触发器中结束。批处理已中止。

查询已完成，但有错误。　　　HNCST-BIGDATA (12.0 RTM)　HNCST-BIGDATA\Administ...　EMIS　00:00:00　0 行

图 11-8　验证 DELETE 触发器

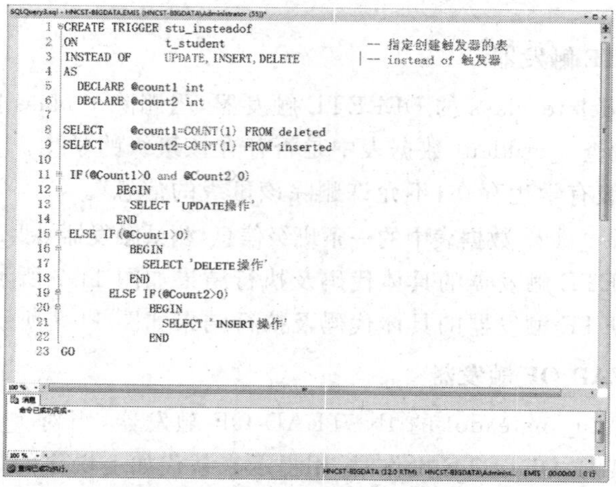

```
SQLQuery3.sql - HNCST-BIGDATA.EMIS (HNCST-BIGDATA\Administrator (51))*
 1   CREATE TRIGGER stu_insteadof
 2   ON            t_student                    -- 指定创建触发器的表
 3   INSTEAD OF    UPDATE, INSERT, DELETE       | -- instead of 触发器
 4   AS
 5     DECLARE @count1 int
 6     DECLARE @count2 int
 7
 8   SELECT    @count1=COUNT(1) FROM deleted
 9   SELECT    @count2=COUNT(1) FROM inserted
10
11   IF(@Count1>0 and @Count2>0)
12         BEGIN
13           SELECT 'UPDATE操作'
14         END
15   ELSE IF(@Count1>0)
16           BEGIN
17             SELECT 'DELETE 操作'
18           END
19       ELSE  IF(@Count2>0)
20            BEGIN
21              SELECT 'INSERT 操作'
22            END
23   GO
```

消息
命令已成功完成。

查询已成功执行。　　　HNCST-BIGDATA (12.0 RTM)　HNCST-BIGDATA\Admini...　EMIS　00:00:00　0 行

图 11-9　创建 INSTEAD OF 触发器

(2) 验证 INSTEAD OF 触发器的具体代码及执行结果如图 11-10 所示。

```
SELECT COUNT(*)                    --数据操作前t_student表中的学生数量
FROM   t_student
GO
UPDATE t_student                   --更新数据测试触发器
SET    student_id='2018020102'
WHERE  student_id='2015020101'
GO
INSERT INTO  t_student             --插入数据测试触发器
VALUES
('2018020117','测试','女','2000-01-01','2019-9-1','15wljs301',01,123654,68422155)
GO
DELETE FROM t_student              --删除数据测试触发器
WHERE        student_id='2015020101'
GO
SELECT COUNT(*)                    --数据操作后t_student表中的学生数量
FROM   t_student
```



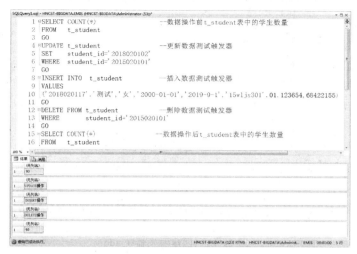

图 11-10　验证 INSTEAD OF 触发器

**5. 创建嵌套触发器**

(1) 创建一个名为 t_del_course_new 的嵌套触发器，当在新课程表(t_course_new)中删除课程信息时，向课程表(t_course)中添加被删除的课程。

具体代码及执行结果如图 11-11 所示。

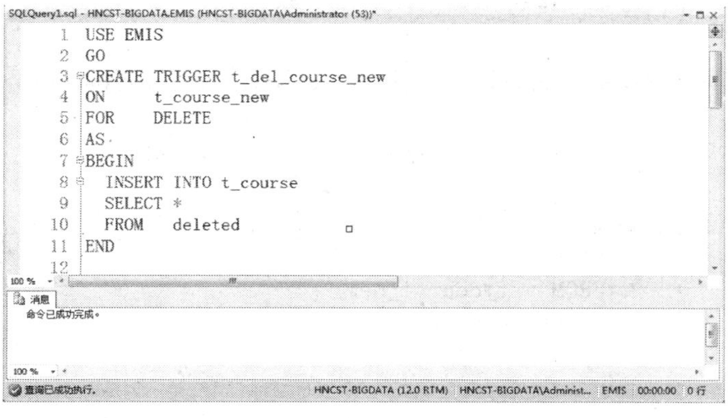

```
USE EMIS
GO
CREATE TRIGGER t_del_course_new
ON      t_course_new
FOR     DELETE
AS
BEGIN
  INSERT INTO t_course
  SELECT *
  FROM   deleted
END
```



图 11-11　创建触发器 t_del_course_new

(2) 在课程表(t_course)中插入数据时，课程统计表(course_count)中的课程数(course_num)相应增加。

具体代码及执行结果如图 11-12 所示。

(3) 查看新课程表(t_course_new)数据，结果如图 11-13 所示。

(4) 删除新课程表(t_course_new)中课程代码为 0065 的课程，结果如图 11-14 所示。

(5) 步骤(4)中的删除操作触发了向课程表(t_course)中增加课程代码为 0065 的课程的操作，查询 t_course 表，结果如图 11-15 所示。

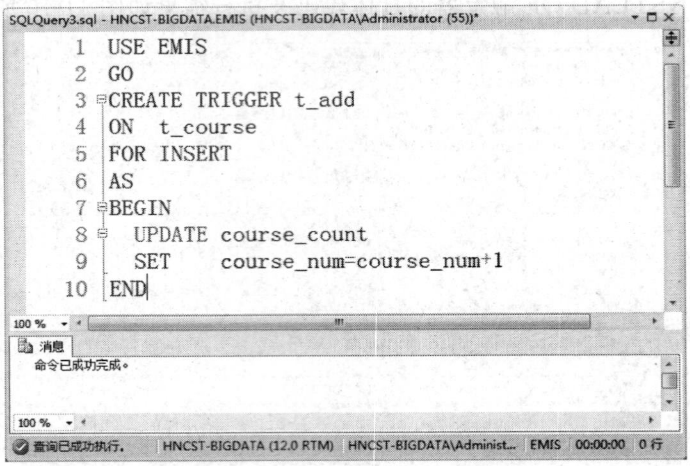

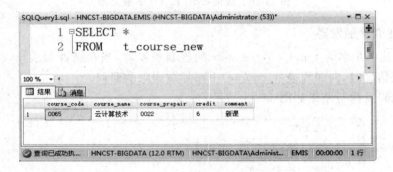

图 11-12　创建触发器 t_add

图 11-13　课程表 t_course_new 的数据

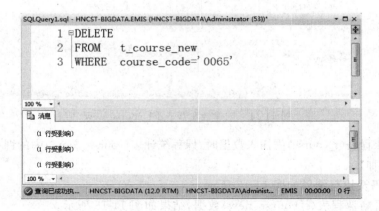

图 11-14　删除新课程表(t_course_new)中的指定课程

（6）步骤（5）中的插入操作触发了向课程统计表（course_count）中增加课程数（course_num）的操作，结果如图 11-16 所示。

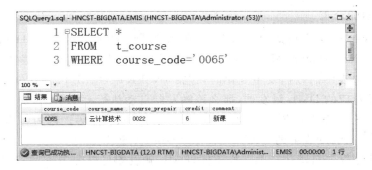

图 11-15　删除操作触发了插入操作

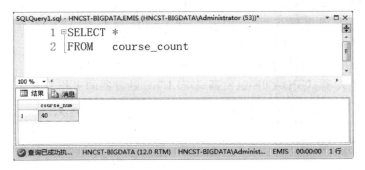

图 11-16　插入操作又触发了更新操作

### 1. 触发器的概念

触发器(Trigger)是一种特殊类型的存储过程,是 SQL Server 提供给程序员和数据分析员用来保证数据完整性的一种方法。它与数据表紧密相联,由 Transact-SQL 语句组成,可以实现一定的功能,可以看成数据表定义的一部分。它的执行不是由程序调用的,也不是手动启动的,而是由事件来触发的。当对一个表进行操作(INSERT、DELETE、UPDATE)时就会激发它执行。触发器经常用于加强数据的完整性约束和业务规则等。触发器可以从 DBA_TRIGGERS、USER_TRIGGERS 数据字典中查到。通过创建触发器可以保证不同表中的逻辑相关数据的引用完整性和一致性。触发器与存储过程的唯一区别是触发器不能执行 EXECUTE 语句调用,而是在用户执行 Transact-SQL 语句时自动触发执行。

触发器的作用如下。

(1) 在写入数据表前,强制检验或转换数据。

(2) 触发器发生错误时,异动的结果会被撤销。

(3) 可以针对数据定义语言使用触发器。

(4) 可依照特定的情况替换异动的语句(INSTEAD OF)。

**2. 触发器的分类**

SQL Server 2014 中包括两种常规类型的触发器: DML 触发器和 DDL 触发器。

1) DML(Data Manipulation Language)触发器: 数据操纵语言触发器

当数据库中表中的数据发生变化时,包括 INSERT、DELETE、UPDATE 操作,如果对该表定义了对应的 DML 触发器,那么该触发器自动执行。DML 触发器的主要作用在于强制执行业务规则,以及扩展 SQL SERVER 约束、默认值等。因为约束只能约束同一个表中的数据,而触发器中则可以执行任意 Transact-SQL 命令。

根据引起触发器自动执行的操作不同,DML 触发器可以分为三种类型: INSERT 触发器、UPDATE 触发器、DELETE 触发器。当遇到下面情形时,考虑用 DML 触发器。

(1)通过数据库中的相关表实现级联更改。

(2)防止恶意或者错误的 INSERT、DELETE 和 UPDATE 操作,并强制执行比 CHECK 约束更为复杂的其他限制。

(3)评估数据修改前后表的状态,并根据该差异采取措施。

INSERT 触发器、UPDATE 触发器、DELETE 触发器的工作原理如图 11-17 所示。

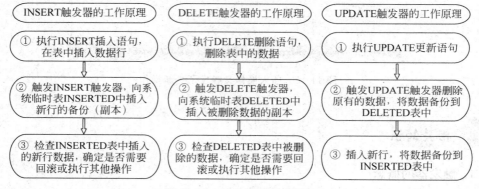

图 11-17  触发器的工作原理

在 SQL Server 2014 中,针对每个 DML 触发器定义了两个特殊的表: DELETED 表和 INSERTED 表。这两个逻辑表在内存中存放,由系统来创建和维护,用户不能对它们进行修改,触发器执行完成后与该触发器相关的这两个表也会被删除。

DELETED 表存放执行 DELETE 或者 UPDATE 语句时从表中删除的行,在执行 DELETE 或者 UPDATE 时,被删除的行从表中移动到 DELETED 表。

INSERTED 表存放执行 INSERT 或 UPDATE 语句时从表中插入的行,在执行 INSERT 或者 UPDATE 时,插入的数据同时添加到触发触发器的表和 INSERTED 表。

DML 触发器中还包含 INSTEAD OF 触发器(替代触发器)。对于 INSTEAD OF 触发器,SQL Server 服务器在执行触发 INSTEAD OF 触发器的代码时,先建立临时的 INSERTED 表和 DELETED 表,然后直接触发 INSTEAD OF 触发器,而拒绝执行用户输入的 DML 操作语句。

2) DDL(Data Definition Language)触发器: 数据定义语言触发器

当服务器或者数据库中发生数据定义语言事件时被激活调用,主要用于审核与规范对数据库中表、触发器、视图等结构上的操作,如修改表、修改列、新增表、新增列等。它在数据库结构发生变化时执行,主要用它来记录数据库的修改过程,以及限制用户对数据库的修改,比如不允许删除某些指定表等。使用 DDL 触发器可以防止对数据库架构进行更改,也可以记录数据库架构的更改。

### 3. 创建 DML 触发器

语法格式如下。

```
CREATE TRIGGER trigger_name
ON {table|view}
[WITH ENCRYPTION]
{
{FOR | AFTER|INSTEAD OF} { [ INSERT][,][ UPDATE][,] [DELETE ] }
[NOT FOR REPLICATION]
AS
    sql_statement[,...n]
}
```

语法说明如下。

(1) trigger_name:指定触发器名称,该名称在当前数据库中必须唯一。

(2) table|view:指定被定义触发器的表或视图。

(3) WITH ENCRYPTION:用于对 CREATE TRIGGER 语句文本进行加密。

(4) FOR|AFTER|INSTEAD OF:指定要创建的触发器类型。

(5)[INSERT][,][UPDATE][,] [DELETE]:用于指定在表或视图上执行哪些数据操作语句时将激活触发器的关键字,必须至少指定一个选项。如果指定的选项多于一个,需要用逗号分隔。

(6) NOT FOR REPLICATION:表示当复制进程更改触发器所涉及的表时不应执行该触发器。

(7) AS:指定触发器要执行的操作。

(8) sql_statement:定义触发器被触发后要执行的 Transact-SQL 语句。

### 4. 嵌套触发器

如果一个触发器在执行操作时调用了另外一个触发器,而这个触发器又接着调用了下一个触发器,那么就形成了嵌套触发器。嵌套触发器在安装时就被启用,但是可以使用存储过程 sp_configure 禁用和重新启用嵌套触发器。

触发器最多可以嵌套 32 层,如果嵌套的次数超过限制,那么该触发器将被终止,并回滚整个事务。使用嵌套触发器需要考虑以下内容。

(1) 默认情况下,嵌套触发器配置选项是启用的。

(2) 在同一个触发器事务中,一个嵌套触发器不能被触发两次。

(3) 由于触发器是一个事务,如果在一系列嵌套触发器的任意层中发生错误,则整个事务都被取消,而且所有数据将回滚。

嵌套是用来保持整个数据库的完整性的重要功能,但有时可能需要禁用嵌套。如果禁用了嵌套,那么修改一个触发器时不会再触发该表上的任何触发器。

**5. 递归触发器**

触发器不会以递归方式自行调用,除非设置了 RECURSIVE_TRIGGERS 数据库选项。SQL Server 2014 中,触发器有两种不同的递归方式。

(1)直接递归。即触发器被触发并执行一个操作,而该操作又使同一个触发器再次被触发。例如,某应用程序更新了表 T3,从而触发触发器 Trig3,Trig3 再次更新表 T3,使触发器 Trig3 再次被触发。

(2)间接递归。即触发器被触发并执行一个操作,而该操作又使另一个表中的某个触发器被触发,第二个触发器使原始表得到更新,从而再次触发第一个触发器。例如,某应用程序更新了表 T1,并触发触发器 Trig1,Trig1 更新表 T2,从而使触发器 Trig2 被触发,Trig2 转而更新表 T1,从而使 Trig1 再次被触发。

当将 RECURSIVE_TRIGGERS 数据库选项设置为 OFF 时,仅防止直接递归。若要同时禁用间接递归,可将 NESTED TRIGGERS 选项设置为 0。

默认情况下,递归触发器选项是禁用的,但可以通过管理平台来设置启用递归触发器,操作步骤如下。

在"对象资源管理器"窗口中,右击服务器名称,在弹出的快捷菜单中选择"属性"命令,打开"服务器属性"窗口。单击"高级"选项,在"杂项"下将"允许触发器激发其他触发器"设置为 True 或 False,分别代表启用或禁用,如图 11-18 所示。设置完成后,单击"确定"按钮。

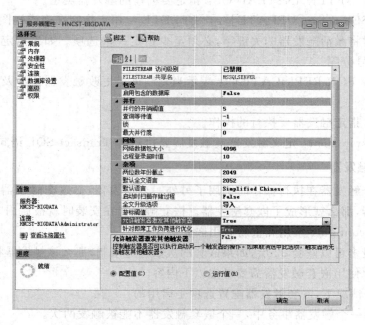

图 11-18  设置触发器嵌套是否启用

# 任务 11.2　创建 DDL 触发器

 **任务描述**

使用 Transact-SQL 语句创建名称为 protect_table 的 DDL 触发器,该触发器用于防止用户随意删除 EMIS 数据库中任何一张表。创建成功后,删除一张数据表验证触发器是否被触发。

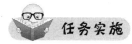 **任务实施**

(1) 创建 DDL 触发器的具体代码及执行结果如图 11-19 所示。

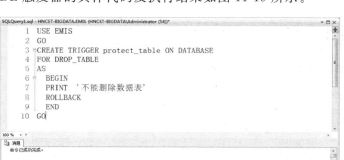

图 11-19　创建 DDL 触发器

(2) 验证触发器的具体代码及执行结果如图 11-20 所示。

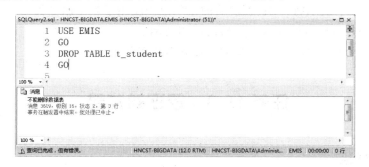

图 11-20　验证 DDL 触发器

(3) 查看触发器。依次展开 EMIS→"可编程性"→"数据库触发器"节点,可以看到创建的触发器 protect_table,如图 11-21 所示。

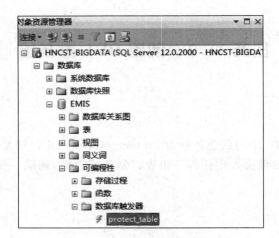

图 11-21  查看 DDL 触发器

创建 DDL 触发器的语法格式如下：

```
CREATE TRIGGER trigger_name
ON {all server|database}
[WITH ENCRYPTION]
{
{FOR | AFTER|{event_type}}
AS
    sql_statement[,...n]
}
```

语法说明如下。

(1) all server：表示将 DDL 触发器的作用范围应用于整个服务器。

(2) database：表示将 DDL 触发器的作用范围应用于当前数据库。

(3) event_type：指定触发 DDL 触发器的事件名称。

# 任务 11.3   管理触发器

当触发器创建完成后，使用 Transact-SQL 语句对触发器进行管理。

(1) 查看触发器一般信息和定义信息。

(2) 修改触发器。

(3) 禁用、启用和删除存储过程。

对触发器 update_stu 进行禁用、启用和删除的管理操作。

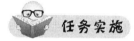

### 1. 查看触发器

触发器创建成功后,若要查看触发器的信息,可以使用系统存储过程 sp_help、sp_helptext 来查看触发器的信息。

(1) 使用系统存储过程 sp_help 查看触发器一般信息的具体代码及执行结果如图 11-22 所示。

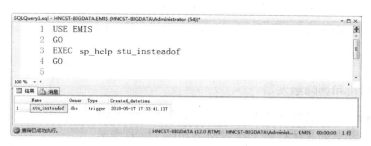

图 11-22    使用系统存储过程 sp_help 查看触发器一般信息

(2) 使用系统存储过程 sp_helptext 查看触发器定义信息的具体代码及执行结果如图 11-23 所示。

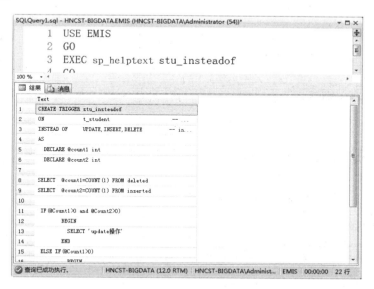

图 11-23    使用系统存储过程 sp_helptext 查看触发器的定义信息

### 2. 修改触发器

修改名为 update_course 的 UPDATE 触发器,当对 t_course 数据表的 course_name

列的数据进行修改时,提示"不能修改课程名称"。

具体代码及执行结果如图 11-24 所示。

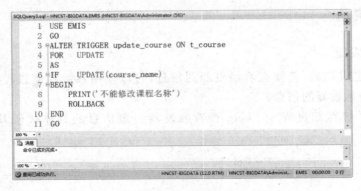

图 11-24　修改触发器

### 3. 禁用、启用和删除触发器

(1) 禁用触发器的具体代码及执行结果如图 11-25 所示。

(2) 启用触发器的具体代码及执行结果如图 11-26 所示。

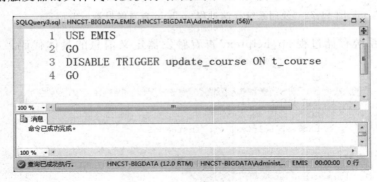

图 11-25　禁用触发器

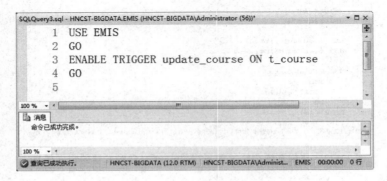

图 11-26　启用触发器

(3) 删除触发器的具体代码及执行结果如图 11-27 所示。

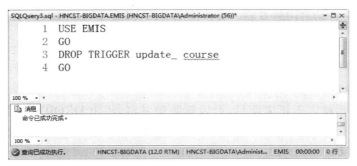

图 11-27　删除触发器命令

### 1. 查看触发器信息

（1）系统存储过程 sp_help 用于查看触发器的一般信息，包含存储过程的名称、拥有者、类型和创建时间。

语法格式如下。

```
sp_help trigger_name
```

其中，trigger_name 为触发器名称。

（2）系统存储过程 sp_helptext 用于查看存储过程的定义信息。

语法格式如下。

```
sp_helptext trigger_name
```

其中，trigger_name 为触发器名称。

### 2. 修改触发器

修改触发器的定义可以用 ALTER TRIGGER 语句，ALTER TRIGGER 语句与 CREATE TRIGGER 语句语法相似，只是语句第一个关键字不同，这里不再介绍。

### 3. 禁用、启用和删除触发器

1）禁用触发器

当不再需要触发器的时候，可以选择对触发器进行禁用。禁用触发器，触发器仍存在于该数据库中，只是执行响应命令时触发器不再被触发，可以使用 DISABLE TRIGGER 语句来禁用触发器。

语法格式如下。

```
DISABLE TRIGGER trigger_name ON table_name
```

其中，trigger_name 为触发器名称；table_name 为触发器所关联的表名称。

2）启用触发器

已被禁用的触发器可以重新被启用，触发器会以最初创建时的方式被触发，默认情况下，创建触发器会自动启用触发器。可以使用 ENABLE TRIGGER 来启用触发器。

语法格式如下。

```
ENABLE TRIGGER trigger_name ON table_name
```

3）删除触发器

当某个触发器确定不再需要后，可以删除触发器，使用 DROP TRIGGER 命令来删除触发器。

语法格式如下。

```
DROP TRIGGER trigger_name[,...n]
```

该语句可以从当前数据库中删除一个或多个触发器。

# 项目实训 11

创建 INSERT、UPDATE 和 DELETE 触发器，不允许对 t_course 进行数据的添加、修改和删除。

参考代码及执行结果如图 11-28 所示。

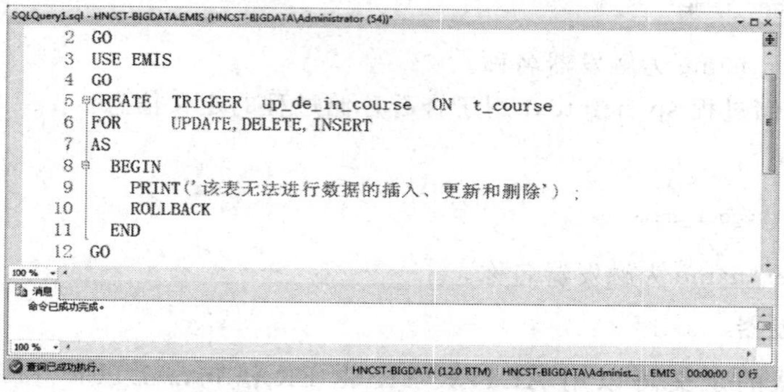

图 11-28 项目实训 11 的参考代码及执行结果

# 项目 12

# 创建EMIS数据库的用户定义函数

 **项目背景**

为了方便数据的统计和处理，SQL Server 2014 数据库管理系统定义了多种类型的系统内置函数，如聚合函数、字符串函数、日期和时间函数等。用户可以在 Transact-SQL 语句中直接调用，但不能修改这些函数。如果当前系统函数不能满足用户的特殊需求，SQL Server 允许用户自定义函数。

 **内容导航**

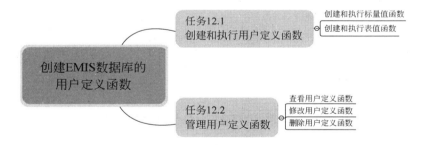

## 任务 12.1 创建和执行用户定义函数

 **任务描述**

使用 Transact-SQL 语句创建用户定义函数，包括标量值函数和表值函数。

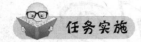

### 1. 使用 Transact-SQL 语句创建和执行标量值函数

创建一个标量值函数 stuname，该函数根据给定的学生学号返回该学号的学生姓名。调用该函数，查找学号为 2016020102 的学生姓名。

（1）创建标量值函数的具体代码及执行结果如图 12-1 所示。

```
SQLQuery1.sql - HNCST-BIGDATA.EMIS (HNCST-BIGDATA\Administrator (54))*

1   USE EMIS
2   GO
3   CREATE    FUNCTION   stuname(@stuid char(12))
4   RETURNS   VARCHAR(8)
5   AS
6   BEGIN
7     DECLARE @stuname varchar(8)
8     SELECT   @stuname=(
9                         SELECT name
10                        FROM    t_student
11                        WHERE   student_id=@stuid
12                        )
13  RETURN @stuname
14  END
15  GO
```

图 12-1　创建标量值函数

（2）调用标量值函数的具体代码及执行结果如图 12-2 所示。

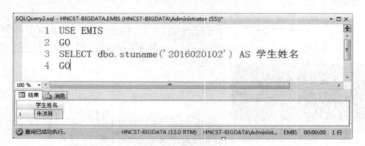

```
SQLQuery2.sql - HNCST-BIGDATA.EMIS (HNCST-BIGDATA\Administrator (55))*

1   USE EMIS
2   GO
3   SELECT dbo.stuname('2016020102') AS 学生姓名
4   GO
```

| | 学生姓名 |
| --- | --- |
| 1 | 朱洪祥 |

图 12-2　调用标量值函数

（3）要查看标量值函数，可右击"数据库"→EMIS→"可编程性"→"函数"→"标量值函数"节点，在弹出的快捷菜单中选择"刷新"命令，之后就可以看到刚刚创建的标量值函数 stuname，如图 12-3 所示。

### 2. 使用 Transact-SQL 语言创建和执行表值函数

创建一个表值函数 classinfo，该函数根据给定的班级名称返回该班级所有学生的基本信息。调用该函数，查找班级名为"15 级网络技术 301 班"的学生基本信息。

图 12-3　查看标量值函数

（1）创建表值函数的具体代码及执行结果如图 12-4 所示。

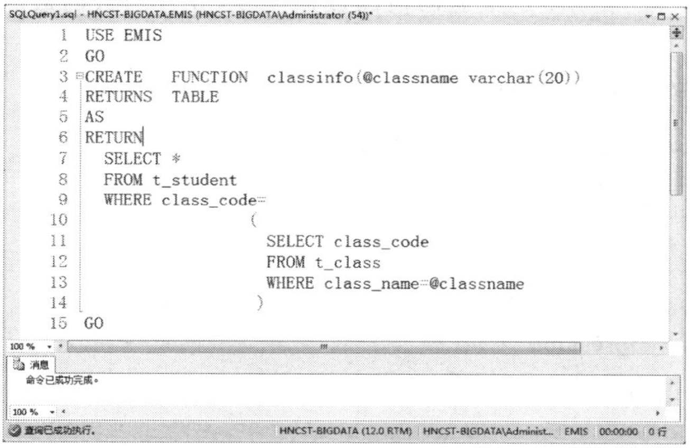

```
SQLQuery1.sql - HNCST-BIGDATA.EMIS (HNCST-BIGDATA\Administrator (54))*
   1  USE EMIS
   2  GO
   3  CREATE    FUNCTION    classinfo(@classname varchar(20))
   4  RETURNS    TABLE
   5  AS
   6  RETURN
   7    SELECT *
   8    FROM t_student
   9    WHERE class_code=
  10             (
  11                 SELECT class_code
  12                 FROM t_class
  13                 WHERE class_name=@classname
  14             )
  15  GO
```

图 12-4　创建表值函数

（2）调用表值函数的具体代码及执行结果如图 12-5 所示。

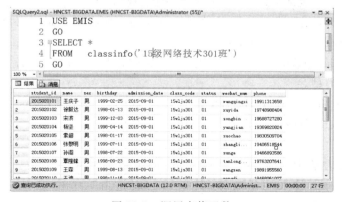

图 12-5　调用表值函数

相关知识

**1. 用户定义函数的概念**

用户定义函数与其他高级编程语言中的函数类似,SQL Server 2014 用户定义函数可以接收参数,执行操作并将结果以值的形式返回。返回值可以是单个标量值或结果集。根据返回值的特点,SQL Server 2014 用户定义的函数可以分为标量值函数和表值函数两大类。使用 CREATE FUNCTION 语句创建函数。在创建函数时应该注意:函数名在数据库中必须唯一;可以设定参数,也可以没有参数,参数只能是输入参数。

**2. 用户定义函数分类**

1)标量值函数

标量值函数返回一个确定类型的标量值,其返回值类型为除 text、ntext、image、cursor、timestamp 和 table 类型外的其他数据类型。函数体语句定义在 BEGIN-END 语句内。在 RETURNS 子句中定义返回值的数据类型,并且函数的最后一条语句必须为 RETURN 语句。

创建标量函数的语法格式如下。

```
CREATE FUNCTION function_name(@parameter data_type)
RETURNS return_data_type
[With Encryption]
AS
BEGIN
  function_body
  RETURN scalar_ecpression
END
```

语法说明如下。

(1) function_name:指定函数名称,在架构中必须唯一。

(2) @parameter:指定函数的输入参数,可以设定一个或多个参数。参数名必须以@符号开始,参数名的命名规则与其他数据库对象的命名规则类似,只是参数名中不能有空格。

(3) data_type:指定参数的数据类型。数据类型在声明变量时必须指出,并且必须是有效的 SQL Server 标量数据类型。

(4) return_data_type:指定用户定义函数的返回值的类型,必须是有效的 SQL Server 标量数据类型。

(5) function_body:位于 BEGIN 和 END 之间的一系列的 Transact-SQL 语句。

(6) scalar_ecpression:用户定义函数中返回值的表达式。

2)表值函数

表值函数以表的形式返回一个返回值,即它返回的是一个表。表值函数没有由 BEGIN-END 语句括起来的函数体,其返回的表是由一个位于 RETURN 子句中的 SELECT 语句从数据库中筛选出来的,表值函数相当于一个参数化的视图。

创建表值函数的语法格式如下。

```
CREATE FUNCTION function_name(@parameter data_type)
RETURNS TABLE
[With Encryption]
AS
RETURN select_statement
```

语法说明如下。

（1）select_statement：定义表值函数返回值的单个 SELECT 语句。

（2）其他同标量值函数。

# 任务 12.2　管理用户定义函数

## 任务描述

当用户定义函数创建完成后，对用户定义函数的管理操作包括查看、修改和删除。

## 任务实施

### 1. 查看用户定义函数

用户定义函数创建成功后，若要查看用户定义函数的信息，可以通过两种方法完成：①使用对象资源管理器查看；②使用 Transact-SQL 语句查看。

（1）使用对象资源管理器查看用户定义函数的信息。依次展开"数据库"→EMIS→"可编程性"→"函数"节点，右击用户定义函数 stuname，在弹出的快捷菜单中选择"属性"命令，在弹出的"函数属性"窗口中即可查看用户定义函数的属性信息，如图 12-6 所示。

（2）使用系统存储过程 sp_help 查看用户定义函数属性信息的具体代码及执行结果如图 12-7 所示。

（3）使用系统存储过程 sp_helptext 查看用户定义函数定义信息的具体代码及执行结果如图 12-8 所示。

### 2. 修改用户定义函数

修改用户定义函数 stuname，该函数根据给定的学生姓名返回该学生的学号，调用该函数，查找学生"宋滨"的学号。具体代码及执行结果如图 12-9 所示。

调用修改后的函数，执行结果如图 12-10 所示。

### 3. 删除用户定义函数

（1）使用对象资源管理器删除用户定义函数。

在对象资源管理器中右击"数据库"→EMIS→"可编程性"→"函数"→stuname 节点，

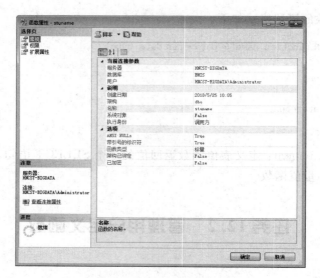

图 12-6　"函数属性"窗口

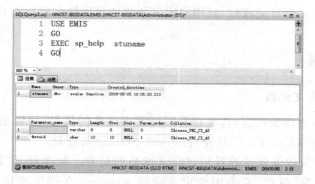

图 12-7　使用系统存储过程 sp_help 查看函数的属性信息

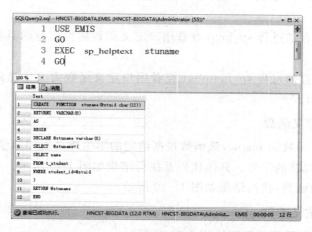

图 12-8　使用系统存储过程 sp_helptext 查看用户定义函数的定义信息

图 12-9　修改用户定义函数

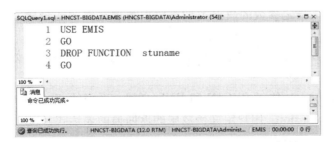

图 12-10　调用用户定义函数

在弹出的快捷菜单中选择"删除"命令。在"删除对象"窗口中单击"确定"按钮,即可删除该用户定义函数。

（2）使用 Transact-SQL 语句删除用户定义函数的具体代码及执行结果如图 12-11 所示。

图 12-11　删除函数的语句

**相关知识**

### 1. 查看用户定义函数

对用户建立的用户定义函数可以使用 SQL Server 2014 提供的系统存储过程来查看

相关信息。

（1）使用系统存储过程 sp_help 查看用户定义函数的属性信息，包含用户定义函数的名称、拥有者、类型和创建时间。

语法格式如下。

```
sp_help function_name
```

（2）使用系统存储过程 sp_helptext 查看用户定义函数的定义信息。

语法格式如下。

```
sp_helptext function_name
```

### 2. 修改用户定义函数

修改用户定义函数的语法格式如下：

```
ALTER FUNCTION function_name(@parameter data_type)
RETURNS return_data_type
[WITH ENCRYPTION]
AS
BEGIN
  function_body
  RETURN scalar_ecpression
END
```

语法说明如下。

（1）function_name：指定要修改的函数名称，并且在架构中必须唯一。

（2）@parameter：指定要修改的函数的输入参数，可以设定一个或多个参数。参数名必须以@符号开始。参数名的命名规则与其他数据库对象的命名规则类似，只是参数名中不能有空格。

（3）data_type：指定参数的数据类型。数据类型在声明变量时必须指出，并且必须是有效的 SQL Server 标量数据类型。

（4）return_data_type：用户定义函数的返回值的类型必须是有效的 SQL Server 标量数据类型。

（5）function_body：位于 BEGIN 和 END 之间一系列的 Transact-SQL 语句。

（6）scalar_ecpression：用户定义函数中的返回值的表达式。

### 3. 删除用户定义函数

当函数没有存在的意义时，可以使用对象资源管理器或 DROP FUNCTION 语句来删除。

语法格式如下：

```
DROP FUNCTION function_name[,...n]
```

该语句可以从当前数据库中删除一个或多个用户定义函数。

## 项目实训 12

1. 编写一个输出"My first function"的用户定义函数。

2. 创建一个名为 Get_Month 的标量值函数,该函数返回从输入日期中提取的月份。具体代码及执行结果参考图 12-12。

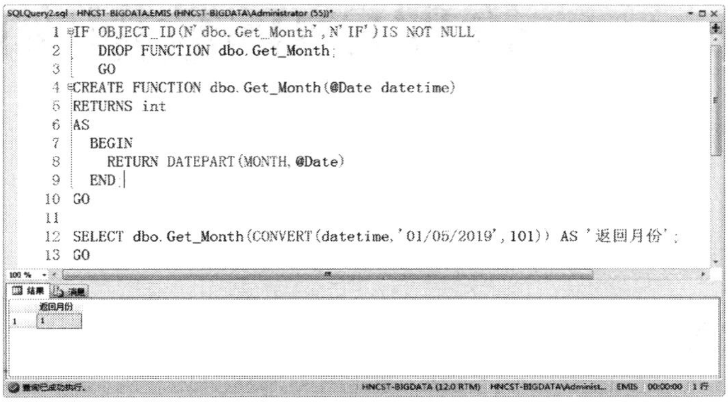

图 12-12　创建名为 Get_Month 的标量值函数

3. 创建一个名为 Get_Class 的表值函数,通过该函数可以查询 t_teacher_teaching 表中指定 teacher_id 的授课信息。

项目 **13**

# 管理EMIS数据库的事务

 **项目背景**

在日常的数据操作中,经常会遇到一些数据必须一起捆绑操作,比如银行取钱需要分两步完成,第一步,你取了 1000 元;第二步,从你账户中减少 1000 元,这两步必须都成功,才能完成取钱的操作;如果其中任何一步出了问题,那两步操作就都取消并回到你取钱之前的状态,否则要么你少了 1000 元,要么银行少了 1000 元。这时我们就需要用事务来解决问题。事务是单个的工作单元,如果某一事务成功,则在该事务中进行的所有数据更改均会提交,成为数据库的永久组成部分;如果事务遇到错误且必须取消或回滚,则所有数据的更改都将被撤销,回到执行事务之前的数据内容。

 **内容导航**

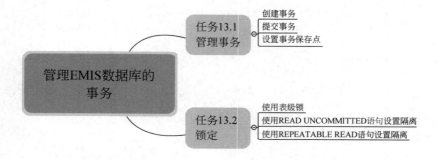

# 任务 13.1　管 理 事 务

根据学院的发展,学院决定增设一个新的系部,因此要在系部表 t_department 中添加一条记录。如果该系部名称已经存在,不允许添加;如果系部名称不存在,则添加系部成功。根据上述描述,向表中添加数据和验证数据是否重复需要同时完成,所以此刻需要创建一个事务来解决这个问题。

### 1. 创建事务

向系部表 t_department 中添加系部代码为 04、系部名称为"软件工程系"、系主任为"黄飞"的记录。

(1) t_department 表中的原始数据如图 13-1 所示。

| dept_code | dept_name | dept_head |
| --- | --- | --- |
| 01 | 软件工程系 | 池善卿 |
| 02 | 网络工程系 | 卫忠杰 |
| 03 | 基础教育系 | 康焕卉 |
| NULL | NULL | NULL |

图 13-1　t_department 表中原始数据

(2) 创建添加数据事务的具体代码及执行结果如图 13-2 所示,消息提示如图 13-3 所示。

```
1   USE EMIS
2   GO
3   BEGIN TRANSACTION
4       INSERT INTO t_department VALUES('04','软件工程系','黄飞')
5       SELECT dept_name
6       FROM   t_department
7       GROUP BY dept_name
8       HAVING COUNT(dept_name)>1
9   IF EXISIS
10      (
11          SELECT dept_name
12          FROM t_department
13          GROUP BY dept_name
14          HAVING COUNT(dept_name)>1
15      )
16      BEGIN
17          ROLLBACK TRANSACTION
18          PRINT '该系部已经存在,不能再添加,事务回滚。'
19      END
20  ELSE
21      BEGIN
22          COMMIT TRANSACTION
23          PRINT '添加系部成功,提交事务。'
24  END
25  GO
```

图 13-2　事务代码及执行结果

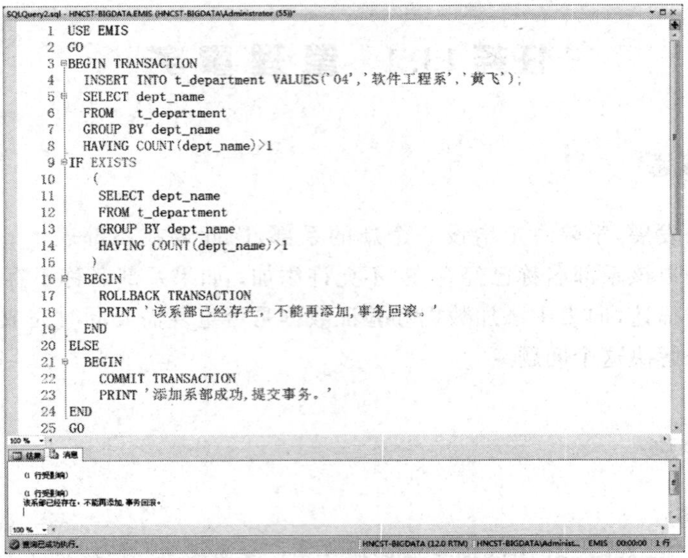

图 13-3　事务的消息提示

（3）此时 t_department 表中的数据仍如图 13-1 所示。

因事务检查到插入的数据"软件工程系"在 t_department 表中已经存在，所以回滚插入的数据，也就是不能成功插入。

### 2. 提交事务

将系部名称改为"数码设计系"后再次执行事务，具体代码及执行结果如图 13-4 所示。

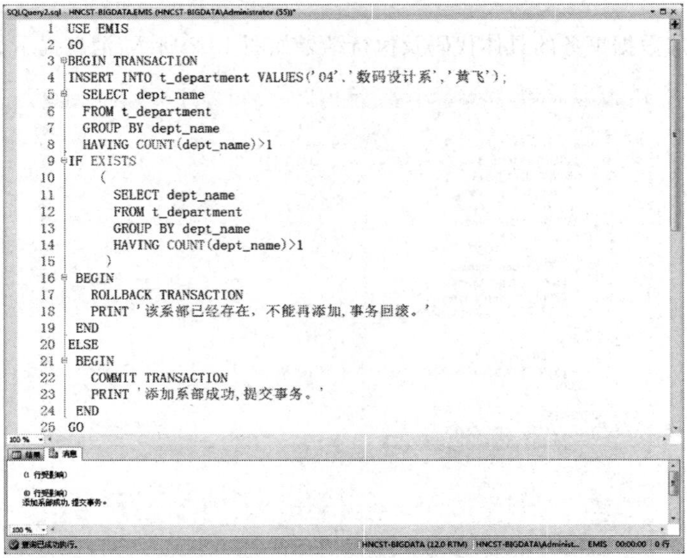

图 13-4　更改数据后重新执行事务

查看 t_department 表发现数据添加成功,因为添加的数据未出现重复,所以提交事务,数据发生改变,如图 13-5 所示。

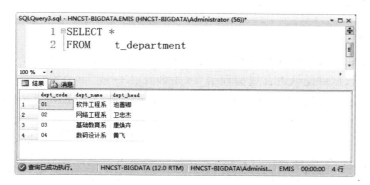

图 13-5  t_department 表中数据

### 3. 设置事务保存点

定义一个事务,通过事务将 t_student 表中 class_code 列值为 18wljs301 的数据记录删除,并在事务中定义保存点,保存点名称为 18wljs301。

具体代码及执行结果如图 13-6 所示,消息提示如图 13-7 所示。

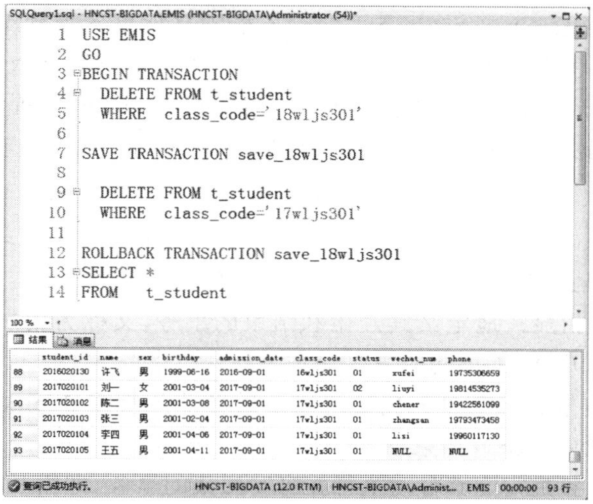

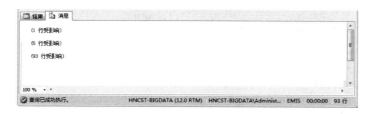

图 13-6  执行事务的结果显示

图 13-7  执行事务的消息提示

 相关知识

**1. 事务的概念**

事务(Transaction)是访问并可能更新数据库中各种数据项的一个程序执行单元。事务通常由高级数据库操纵语言或编程语言(如 SQL、C++ 或 Java)编写的用户程序的执行所引起。事务由事务开始(BEGIN TRANSACTION)和事务结束(END TRANSACTION)之间执行的全体操作组成。事务是一种机制、一个操作序列,它包含了一组数据库操作命令,并且所有的命令作为一个整体一起向系统提交或撤销(回滚)操作请求,即这一组数据库命令要么都执行,要么都不执行,因此事务是一个不可分割的工作逻辑单元,在数据库系统上执行并发操作时,事务是作为最小的控制单元来使用的。

事务具有 4 个属性:原子性、一致性、隔离性、持久性。这 4 个属性通常称为 ACID 特性。

(1) 原子性(Atomicity)。事务是一个不可分割的工作单元,事务中包括的所有操作要么都做,要么都不做。

(2) 一致性(Consistency)。事务必须使数据库从一个一致性状态变到另一个一致性状态。一致性与原子性是密切相关的。

(3) 隔离性(Isolation)。一个事务的执行不能被其他事务干扰。即一个事务内部的操作及使用的数据对并发的其他事务是隔离的,并发执行的各事务之间不能互相干扰。

(4) 持久性(Durability)。持久性也称永久性(Permanence),是指一个事务一旦提交,它对数据库中数据的改变就应该是永久性的,接下来的其他操作或故障不应该对其有任何影响。

**2. 事务的种类**

事务通常分为显式事务、隐式事务和自动提交事务 3 种类型。

(1) 显式事务是指显式地定义其开始和结束的事务,又称为用户定义事务。当使用 BEGIN TRAN 和 COMMIT 语句时发生显式事务。

(2) 隐式事务是指在当前事务提交或回滚后自动开始的事务,需要用 COMMIT 语句和 ROLLBACK 语句回滚或结束事务。

(3) 自动提交事务是指能够自动执行并自动回滚的事务,即当一个语句成功执行后,事务被自动提交;当执行过程中产生错误时,将会执行事务回滚的操作。

**3. 创建事务**

SQL Server 2014 中通常使用下列 Transact-SQL 语句来管理事务。

```
BEGIN TRANSACTION        //开始事务
COMMIT TRANSACTION       //提交事务
ROLLBACK TRANSACTION     //回滚事务
```

**4. 事务保存点**

在使用事务时,用户可以在事务内部设置事务保存点。事务的保存点用来定义在按

条件取消某个事务的一部分时,该事务可以返回的一个保存点的位置。如果事务回滚到事务保存点,则该事务保存点之后的所有操作将被取消,但该事务保存点之前的事务操作仍被执行。在事务内部设置事务保存点使用SAVE TRANSACTION语句来实现。该语句的语法格式如下。

```
SAVE {TRAN|TRANSACTION}
[
  savepoint_name|@ savepoint_variable
]
```

语法说明如下。

(1)savepoint_name:指定设置事务保存点的名称。

(2)@ savepoint_variable:指定包含有效保存点名称的用户定义变量的名称。

**5.建立事务应遵循的原则**

(1)事务中不能包含以下语句:ALTER DATABASE、DROP DATABASE、ALTER FULLTEXT CATALOG、DROP FULLTEXT CATALOG、ALTER FULLTEXT INDEX、DROP FULLTEXT INDEX、BACKUP、RECONFIGURE、CREATE DATABASE、RESTORE、CREATE FULLTEXT CATALOG、UPDATE STATISTICS、CREATE FULLTEXT INDEX。

(2)当调用远程服务器上的存储过程时,不能使用ROLLBACK TRANSACTION语句,不可执行回滚操作。

(3)SQL Server不允许在事务内使用存储过程建立临时表。

# 任务 13.2 锁 定

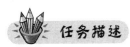
任务描述

当有事务操作时,数据库引擎会要求不同类型的锁定,如相关数据行、数据页或整个数据表。当锁定运行时,会阻止其他事务对已经锁定的数据行、数据页或数据表进行操作。只有在当前事务对于自己锁定的资源不再需要时,才会释放其锁定的资源,供其他事务使用。

任务实施

**1.使用表级锁**

在 t_student 表中使用 HOLDLOCK 表级锁。

用户1的代码如下。

```
BEGIN TRANSACTION
  DECLARE @sd_time varchar(8)
```

```
SELECT *
FROM t_student
WITH (HOLDLOCK)                                          -- 对表 t_student 实行 HOLDLOCK 表级锁,即共享锁
SELECT @sd_time = CONVERT(VARCHAR,GETDATE(),8)          -- 显示加锁时间
PRINT '用户 1 锁定时间为:' + @sd_time
WAITFOR DELAY '00:00:20'                                 -- 等待秒数
SELECT @sd_time = CONVERT(VARCHAR,GETDATE(),8)          -- 显示解锁时间
PRINT '用户 1 解锁时间为:' + @sd_time
COMMIT TRANSACTION                                       -- 提交事务,解除锁定
```

用户 2 代码如下。

```
BEGIN TRANSACTION
  DECLARE @sd_time varchar(8)
  SELECT @sd_time = CONVERT(VARCHAR,GETDATE(),8)
  PRINT '用户 2 开始事务的时间为:' + @sd_time
  SELECT *
  FROM t_student
  SELECT @sd_time = CONVERT(VARCHAR,GETDATE(),8)
  PRINT '用户 2 执行查询的时间为:' + @sd_time
  UPDATE t_student
  SET NAME = '王深'
  WHERE NAME = '王森'
  SELECT @sd_time = CONVERT(VARCHAR,GETDATE(),8)
  PRINT '用户 2 更新数据的时间为:' + @sd_time
  ROLLBACK TRANSACTION                                   -- 回滚
```

在实现本例时,应创建两个不同的查询编辑器窗口,然后使用用户 1 的代码和用户 2 的代码分别执行,并且两个窗口中的程序代码的执行间隔不能超过代码中设定的等待时间(20 秒)。

首先执行用户 1 的代码,接着执行用户 2 的代码。当执行用户 1 的代码时,t_student表在被锁定 20 秒之后解锁。在 20 秒之内,如果执行用户 2 的代码,则可以用 SELECT语句执行查询操作,但不可以执行 UPDATE 语句更新数据,必须等待解锁后才能执行UPDATE 语句。用户 1 的代码段的执行结果如图 13-8 所示,用户 2 的代码段的执行结果如图 13-9 所示。

### 2. 使用 READ UNCOMMITTED 语句设置隔离

实现用户 1 和用户 2 先后访问 t_student 数据表,并将事务的隔离级别设置为 READ UNCOMMITTED。

用户 1 的代码如下。

```
SET TRANSACTION ISOLATION LEVEL READ UNCOMMITTED        -- 设置事务的隔离级别
  BEGIN TRANSACTION
  UPDATE t_student
  SET name = '王深'
  WHERE name = '王森'
```

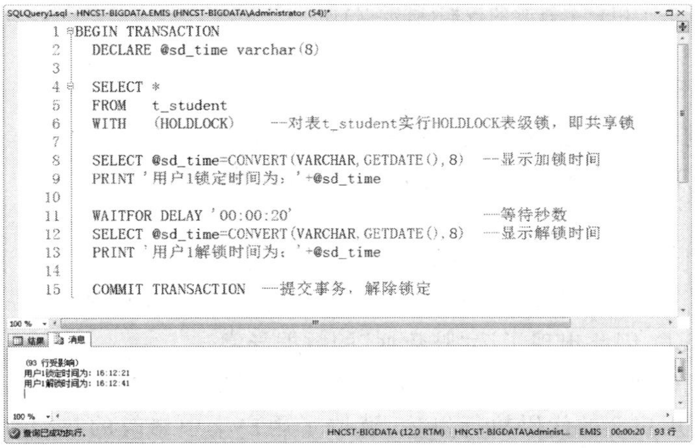

图 13-8 用户1代码的执行结果1

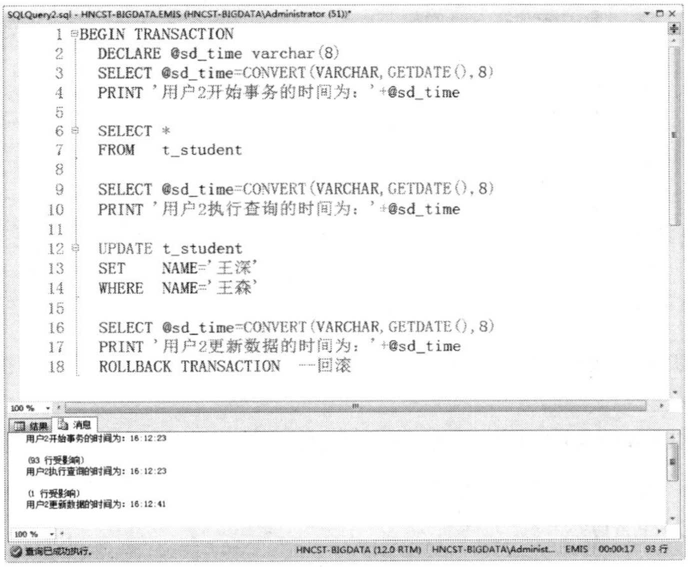

图 13-9 用户2代码的执行结果1

```
PRINT '结束事务前数据表中的数据:'
SELECT *
FROM t_student
WAITFOR DELAY '00:00:20'
ROLLBACK TRANSACTION
PRINT '结束事务后数据表中的数据:'
SELECT *
FROM t_student
```

用户2的代码如下。

```
SET TRANSACTION ISOLATION LEVEL READ UNCOMMITTED        -- 设置事务的隔离级别
```

```
PRINT  '读取了用户 1 修改的数据(脏数据)如下'
SELECT *
FROM t_student
```

在实现本例时,应创建两个不同的查询编辑器窗口,然后使用户 1 的代码和用户 2 的代码分别执行,并且两个窗口中的程序代码的执行间隔不能超过代码中设定的等待时间(20 秒)。

首先执行用户 1 的代码,然后执行用户 2 的代码。在用户 1 结束回滚操作之前,用户 2 访问了用户 1 正在处理的 t_student 数据表,因为设置了隔离级别 READ UNCOMMITTED,因此出现了读"脏数据"的数据异常。

用户 1 的代码执行以后,输出了结束事务之前的数据和结束事务之后的数据,结果如图 13-10 所示。用户 2 的代码执行以后,读取了用户 1 中修改的数据(脏数据),结果如图 13-11 所示。

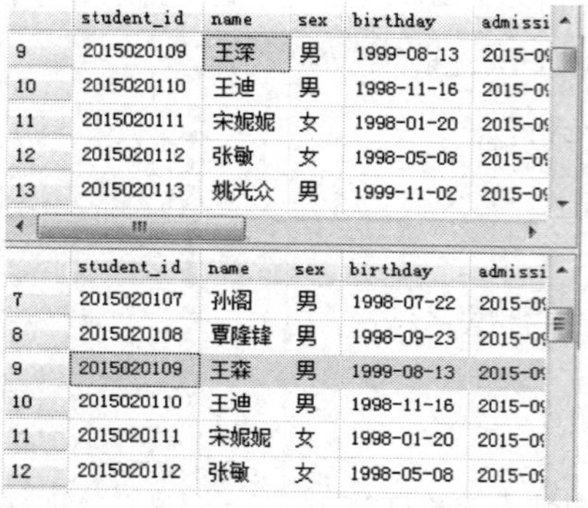

| | student_id | name | sex | birthday | admissi |
|---|---|---|---|---|---|
| 9 | 2015020109 | 王深 | 男 | 1999-08-13 | 2015-0 |
| 10 | 2015020110 | 王迪 | 男 | 1998-11-16 | 2015-0 |
| 11 | 2015020111 | 宋妮妮 | 女 | 1998-01-20 | 2015-0 |
| 12 | 2015020112 | 张敏 | 女 | 1998-05-08 | 2015-0 |
| 13 | 2015020113 | 姚光众 | 男 | 1999-11-02 | 2015-0 |

| | student_id | name | sex | birthday | admissi |
|---|---|---|---|---|---|
| 7 | 2015020107 | 孙阁 | 男 | 1998-07-22 | 2015-0 |
| 8 | 2015020108 | 覃隆锋 | 男 | 1998-09-23 | 2015-0 |
| 9 | 2015020109 | 王森 | 男 | 1999-08-13 | 2015-0 |
| 10 | 2015020110 | 王迪 | 男 | 1998-11-16 | 2015-0 |
| 11 | 2015020111 | 宋妮妮 | 女 | 1998-01-20 | 2015-0 |
| 12 | 2015020112 | 张敏 | 女 | 1998-05-08 | 2015-0 |

图 13-10 用户 1 代码的执行结果 2

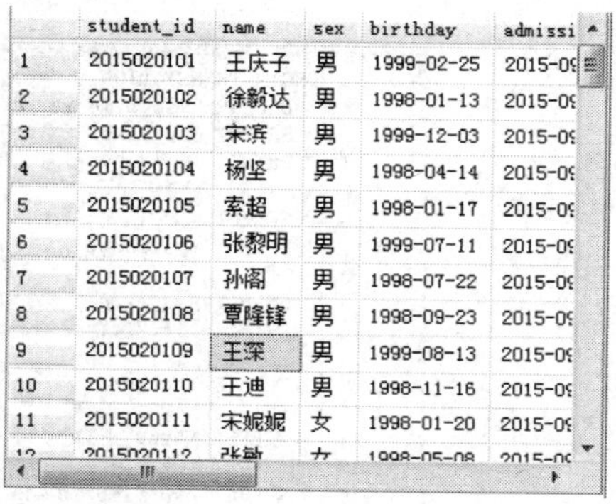

| | student_id | name | sex | birthday | admissi |
|---|---|---|---|---|---|
| 1 | 2015020101 | 王庆子 | 男 | 1999-02-25 | 2015-0 |
| 2 | 2015020102 | 徐毅达 | 男 | 1998-01-13 | 2015-0 |
| 3 | 2015020103 | 宋滨 | 男 | 1999-12-03 | 2015-0 |
| 4 | 2015020104 | 杨坚 | 男 | 1998-04-14 | 2015-0 |
| 5 | 2015020105 | 索超 | 男 | 1998-01-17 | 2015-0 |
| 6 | 2015020106 | 张黎明 | 男 | 1999-07-11 | 2015-0 |
| 7 | 2015020107 | 孙阁 | 男 | 1998-07-22 | 2015-0 |
| 8 | 2015020108 | 覃隆锋 | 男 | 1998-09-23 | 2015-0 |
| 9 | 2015020109 | 王深 | 男 | 1999-08-13 | 2015-0 |
| 10 | 2015020110 | 王迪 | 男 | 1998-11-16 | 2015-0 |
| 11 | 2015020111 | 宋妮妮 | 女 | 1998-01-20 | 2015-0 |
| 12 | 2015020112 | 张敏 | 女 | 1998-05-08 | 2015-0 |

图 13-11 用户 2 代码的执行结果 2

### 3. 使用 REPEATABLE READ 语句设置隔离

实现用户 1 和用户 2 先后访问 t_student 数据表,并将事务的隔离级别设置为 REPEATABLE READ。

用户 1 的代码如下。

```
SET TRANSACTION ISOLATION LEVEL REPEATABLE READ           --设置事务的隔离级别
  BEGIN TRANSACTION
  DECLARE @sd_time varchar(8)
  SELECT @sd_time = CONVERT(VARCHAR,GETDATE(),8)
  PRINT '用户 1 第 1 次读取数据的时间为:' + @sd_time
  PRINT  '数据表中的初始数据值:'
  SELECT *
  FROM t_student
  WAITFOR DELAY '00:00:20'
  SELECT @sd_time = CONVERT(VARCHAR,GETDATE(),8)
  PRINT '用户 1 第 2 次读取数据的时间为:' + @sd_time
  PRINT  '再次读取数据表中的数据:'
```

```
SELECT *
FROM t_student
ROLLBACK TRANSACTION
```

用户 2 的代码如下。

```
SET TRANSACTION ISOLATION LEVEL REPEATABLE READ          --设置事务的隔离级别
  DECLARE @sd_time varchar(8)
  SELECT @sd_time = CONVERT(VARCHAR,GETDATE(),8)
  PRINT  '用户 2 准备修改数据的时间为:' + @sd_time
  UPDATE t_student
  SET name = '王森'
  WHERE name = '王深'
  PRINT  '修改数据后的数据表中的数据:'
  SELECT @sd_time = CONVERT(VARCHAR,GETDATE(),8)
  PRINT  '用户 2 修改数据成功的时间为:' + @sd_time
  SELECT *
  FROM t_student
```

在实现本例时,应创建两个不同的查询编辑器窗口,然后使用户 1 的代码和用户 2 的代码分别执行,并且两个窗口中的程序代码的执行间隔不能超过代码中设定的等待时间(20 秒)。

首先执行用户 1 的代码,然后执行用户 2 的代码。因为设置了隔离级别 REPEATABLE READ,所以用户 1 在读取数据时锁定了查询中的所有数据,以防止其他用户更改数据,所以用户 1 两次读取的数据是一致的,如图 13-12 所示。用户 1 的隔离没有释放之前,用户 2 试图修改数据,此时用户 2 处于等待状态,直到用户 1 在 20 秒之后结束事务,用户 2 才将数据修改成功,如图 13-13 所示。

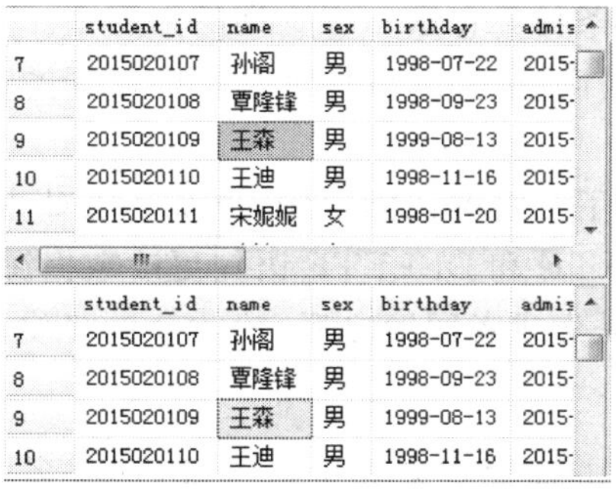

| | student_id | name | sex | birthday | admis |
|---|---|---|---|---|---|
| 7 | 2015020107 | 孙阁 | 男 | 1998-07-22 | 2015- |
| 8 | 2015020108 | 覃隆锋 | 男 | 1998-09-23 | 2015- |
| 9 | 2015020109 | 王森 | 男 | 1999-08-13 | 2015- |
| 10 | 2015020110 | 王迪 | 男 | 1998-11-16 | 2015- |
| 11 | 2015020111 | 宋妮妮 | 女 | 1998-01-20 | 2015- |

| | student_id | name | sex | birthday | admis |
|---|---|---|---|---|---|
| 7 | 2015020107 | 孙阁 | 男 | 1998-07-22 | 2015- |
| 8 | 2015020108 | 覃隆锋 | 男 | 1998-09-23 | 2015- |
| 9 | 2015020109 | 王森 | 男 | 1999-08-13 | 2015- |
| 10 | 2015020110 | 王迪 | 男 | 1998-11-16 | 2015- |

图 13-12　用户 1 代码的执行结果 3

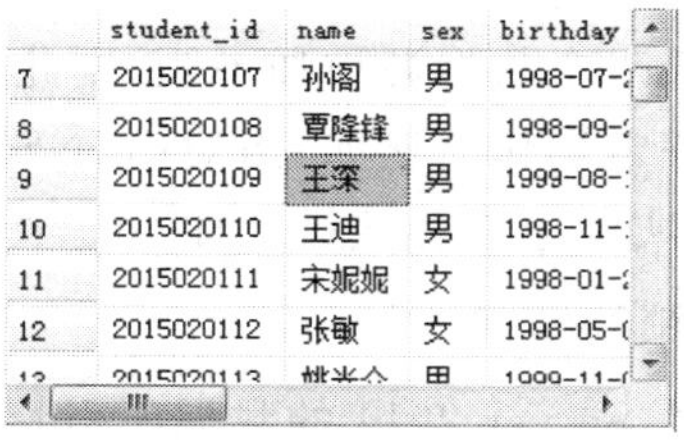

| | student_id | name | sex | birthday |
|---|---|---|---|---|
| 7 | 2015020107 | 孙阁 | 男 | 1998-07- |
| 8 | 2015020108 | 覃隆锋 | 男 | 1998-09- |
| 9 | 2015020109 | 王深 | 男 | 1999-08- |
| 10 | 2015020110 | 王迪 | 男 | 1998-11- |
| 11 | 2015020111 | 宋妮妮 | 女 | 1998-01- |
| 12 | 2015020112 | 张敏 | 女 | 1998-05- |

图 13-13　用户 2 代码的执行结果 3

另外,对比图 13-14 和图 13-15 发现,用户 1 第 1 次读取数据时间为 16:02:19,此时用户 1 锁定了查询中的所有数据。用户 2 尝试修改数据的时间为 16:02:20,用户 1 第 2 次读取数据的时间为 16:02:39,用户 1 第 2 次读取数据之后就释放了隔离,所以等用户 1 释放隔离之后,用户 2 才能修改数据,用户 2 修改数据的时间为 16:02:39。

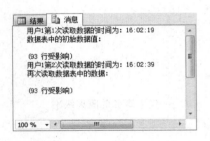

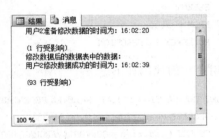

图 13-14　用户 1 的消息提醒　　　　　图 13-15　用户 2 的消息提醒

 相关知识

### 1. 锁的概念

多个用户能够同时操纵同一个数据库中的数据源,会发生数据不一致现象。即如果没有锁定且多个用户同时访问一个数据库,则当用户的事务同时使用相同的数据时可能会发生问题。这就是并发访问:同一时间有多个用户访问同一资源,并发用户中如果有用户对资源做了修改,此时就会对其他用户产生不利的影响。

(1) 脏读:一个用户对某一记录做了修改,此时另外一个用户正好读取了这条被修改的记录;然后,第一个用户放弃修改,数据回到修改之前,这两个不同的结果就是脏读。

(2) 不可重复读:事务分两次读取同一条记录,如果第一次读取后,有其他用户修改了这个数据,而第二次读取的数据正好是其他用户修改后的数据,这样造成两次读取的记录不同,如果事务中锁定这条记录就可以避免这种情况。

(3) 幻读:用户两次查询同一条件的一批记录,第一次查询后,其他用户对这批数据做了修改,方法可能是修改、删除、新增;第二次查询时,会发现第一次查询的记录条目有的不在第二次查询结果中,或者是第二次查询的条目不在第一次查询的内容中。

要解决以上问题就需要一种机制来将数据访问顺序化,以保证数据库数据的一致性。锁就是其中的一种机制。

如果一个数据源被加了锁,则此数据源就有了一定的访问限制,也就是说对此数据源进行了锁定操作。例如,当使用 INSERT、UPDATE 和 DELETE 语句更改数据源中某行数据时,实际上就在该行上加了一个锁,当事务提交或者回滚之后,锁才会被释放。

### 2. 锁的模式

SQL Server 2014 的数据库引擎使用了不同的锁模式来锁定数据源,锁有多种模式,如共享锁、独占锁、意向锁和键范围锁等。

(1) 共享锁:共享锁又称为读锁,若事务 T 对数据对象 A 加上共享锁,则事务 T 只能读 A;其他事务只能再对 A 加共享锁,而不能加独占锁,直到 T 释放 A 上的共享锁。这就保证了其他事务可以读 A,但在 T 释放 A 上的共享锁之前不能对 A 做任何修改。

(2) 独占锁:独占锁也称为排他锁,若事务 T 对数据对象 A 加上独占锁,则只允许 T 读取和修改 A,其他任何事务都不能再对 A 加任何类型的锁,直到 T 释放 A 上的锁。这就保证了其他事务在 T 释放 A 上的锁之前不能再读取和修改 A。

（3）意向锁：如果对一个节点加意向锁，则该节点的下层节点被加锁；对任一节点加锁时，必须先对它的上层节点加意向锁。

例如，对任一记录加锁时，必须先对它所在的表加意向锁。于是，事务 T 要对表 A 加排他锁时，系统只要检查根结点数据库和表 A 是否已加了不相容的锁，而不再需要搜索和检查表中的每一条记录是否加了排他锁。

（4）键范围锁：在使用可序列化事务隔离级别时，保护用户对于查询时所读取的数据行范围，以确保其他事务无法插入受键范围锁保护的数据行。键范围锁加在索引上，指定开始与结束的索引键值。这些操作会先在索引上获取锁定，此种锁定可以封锁任何尝试进行插入、修改、删除索引键值在键范围锁中的数据行。例如：在索引键值 AAA～CZZ 范围中放置键范围锁，避免其他事务将含有索引键值的数据行插入到该范围内的任何地方，如 ABB、BCA、CEE。另外，当 UPDATE 语句搭配 WHERE 子句，同时 SQL SERVER 还在查找数据时，也有可能会设置键范围锁。

**3. 锁的级别**

为了使锁定的成本减至最少，SQL Server 自动将资源锁设定在适合任务的级别。SQL Server 可以锁定行、页、扩展盘区、表、库等资源。主要目的是根据操作的数据判断锁定级别，平衡数据资源和系统资源，级别是动态的。

（1）行级锁：行是可以锁定的最小空间，行级锁占用的数据资源最少，所以在事务的处理过程中允许其他事务继续操纵同一个表或者同一个页的其他数据，大大降低了其他事务等待处理的时间，提高了系统的并发性。

（2）页级锁：页级锁是指在事务的操纵过程中，无论事务处理数据的多少，每一次都锁定一页，在这个页上的数据不能被其他事务操纵。在 SQL Server 7.0 以前，使用的是页级锁。页级锁锁定的资源比行级锁锁定的数据资源多。在页级锁中，即使是一个事务只操纵页上的一行数据，该页上的其他数据行也不能被其他事务使用。因此，当使用页级锁时，会出现数据的浪费现象，也就是说，在同一个页上会出现数据被占用却没有使用的现象。在这种现象中，数据的浪费最多不超过一个页内的数据行。

（3）表级锁：表级锁也是一个非常重要的锁。表级锁是指事务在操纵某一个表的数据时，锁定了整个表，其他事务不能访问该表中的其他数据。当事务处理的数据量比较大时，一般使用表级锁。表级锁的特点是使用比较少的系统资源，但是却占用比较多的数据资源。与行级锁和页级锁相比，表级锁占用的系统资源如内存比较少，但是占用的数据资源却最大。在应用表级锁时，有可能出现数据的大量浪费现象，因为表级锁锁定整个表，其他事务都不能操纵表中的数据。

（4）数据库级锁：数据库级锁是指锁定整个数据库，防止任何用户或事务对锁定的数据库进行访问。数据库级锁是一种非常特殊的锁，它只用于数据库的恢复操作过程中。这是一种最高等级的锁，因为它控制整个数据库的操作。只要对数据库进行恢复操作，那么就需要设置数据库为单用户模式，这样系统就能防止其他用户对该数据库进行各种操作。

行级锁是一种最优锁，因为行级锁不可能出现数据既被占用又没有被使用的浪费现象。但是，如果用户事务中频繁对某个表中的多条记录进行操作，会导致对该表的许多行都加上了行级锁，数据库系统中锁的数目会急剧增加，这样就加重了系统负荷，影响了系统性能。

因此，在 SQL Server 中，还支持锁升级。所谓锁升级，是指调整锁的粒度，将多个小粒度的锁替换成少数的更大粒度的锁，以此来降低系统负荷。在 SQL Server 中当一个事务中的锁较多，达到锁升级门限时，系统会自动将行级锁和页面锁升级为表级锁。注意，在 SQL Server 中，锁的升级门限以及锁升级是由系统自动来确定的，不需要用户设置。锁定在较小的粒度（如行）可以增加并发但需要较大的开销，因为如果锁定了许多行，则需要控制更多的锁。锁定在较大的粒度（如表）就并发而言是相当昂贵的，因为锁定整个表限制了其他事务对表中内容进行访问，但要求的开销较低，因为需要维护的锁较少。

**4. 锁的类别**

（1）显式锁：用户手动请求的锁。

（2）隐式锁：存储引擎自行根据需要施加的锁。

**5. 查看锁的信息**

（1）执行 EXEC SP_LOCK 报告有关锁的信息。

（2）在查询分析器中按 Ctrl+2 可以看到锁的信息。

**6. 使用锁的注意事项**

（1）使用事务时，尽量缩短事务的逻辑处理过程，及早提交或回滚事务。

（2）设置死锁超时参数为合理范围，如 3~10 分钟；超过时间，自动放弃本次操作，避免进程悬挂。

（3）优化程序，检查并避免死锁现象出现。

（4）对所有的脚本和系统存储过程都要仔细测试。

（5）所有的系统存储过程都要有错误处理（通过@error）。

（6）一般不要修改 SQL Server 事务的默认级别，不推荐强行加锁。

**7. 几个有关锁的问题**

（1）锁定一个表中某一行的方法如下。

```
SET TRANSACTION ISOLATION LEVEL READ UNCOMMITTED
SELECT *
FROM table
ROWLOCK
WHERE id = 1
```

（2）锁定数据库中一个表的方法如下。

```
SELECT *
FROM table
WITH (HOLDLOCK)
```

# 情境五
# 维护 EMIS 数据库的安全

# 项目 14

## 使用权限分配维护数据库的安全

### 项目背景

近年来经常出现考生信息泄露的情况，而且泄露的信息十分精确，包括其姓名、考分、所在学校，甚至具体到楼栋的家庭地址。据查，入侵者利用网站的漏洞导出了数据库中的所有信息。"安全第一"是管理数据库系统第一重要的课题。作为数据库管理员，应该应用 SQL Server 2014 的安全机制、验证方式、登录名管理、用户账户管理、角色和权限配置等维护数据库的安全。

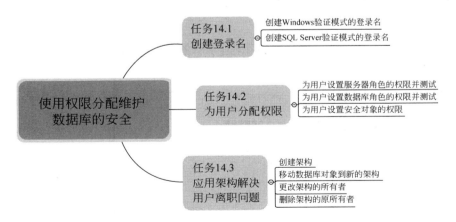

# 任务 14.1 创建登录名

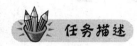

**任务描述**

必须使用户有登录账号才能登录 SQL Server。SQL Server 的登录账号有两种：①Windows 身份验证账号；②SQL Server 身份验证账号。Windows 身份验证模式是默认的验证方式，可以直接使用 Windows 的账户登录。

**任务实施**

### 1. 创建 Windows 验证模式的登录名 DBAdmin

创建和管理 Windows 验证模式的用户账号可以通过对象资源管理器或 Transact-SQL 命令来完成。

1）在对象资源管理器中创建 Windows 验证模式的登录名 DBAdmin

一般情况下，创建的登录用户应映射到操作系统的单个用户或自己创建的 Windows 组，创建 Windows 登录账号的第一步是创建操作系统的用户账户。

（1）选择"开始"→"控制面板"命令，打开"控制面板"窗口，选择"管理工具"选项。

（2）打开"管理工具"窗口，双击"计算机管理"选项。

（3）在"计算机管理"窗口中，右击"系统工具"→"本地用户和组"→"用户"节点，在弹出的快捷菜单中选择"新用户"命令。

（4）在"新用户"对话框中，输入用户名为 DBAdmin，描述为"数据库管理员账户"，设置登录密码，选中"密码永不过期"复选框，如图 14-1 所示。单击"创建"按钮，完成 Windows 账号的创建。

图 14-1　"新用户"对话框

（5）在对象资源管理器中创建映射到 DBAdmin Windows 登录账户。在 SQL Server 2014 对象资源管理器中右击"安全性"→"登录名"节点，选择"新建登录名"命令。

（6）打开"登录名-新建"窗口，单击"搜索"按钮，如图 14-2 所示。

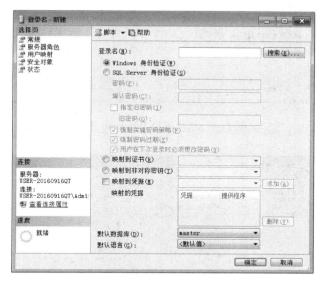

图 14-2　"登录名-新建"窗口

（7）弹出"选择用户或组"对话框，依次单击"高级"→"立即查找"按钮，从搜索结果中的用户列表中选择刚才创建的 DBAdmin 用户，如图 14-3 所示。

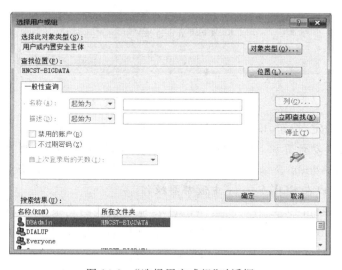

图 14-3　"选择用户或组"对话框

（8）单击"确定"按钮，返回"选择用户或组"对话框，此时显示出刚才选择的用户，如图 14-4 所示。

（9）单击"确定"按钮，返回"登录名-新建"窗口。选择"Windows 身份验证"单选按钮，设置"默认数据库"为 master 数据库，如图 14-5 所示。

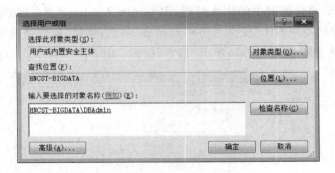

图 14-4 成功添加 Windows 用户

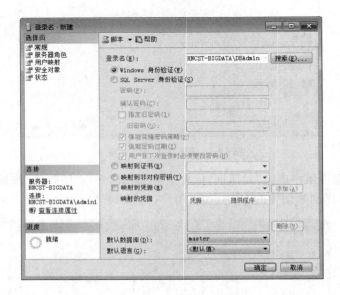

图 14-5 选择"Windows 身份验证"并设置默认数据库

（10）单击"确定"按钮，即完成 Windows 身份验证登录名的创建。

**练习**：重新启动计算机，使用 Windows 操作系统的 DBAdmin 用户名登录本地计算机，然后使用 DBAdmin 登录名以 Windows 身份验证方式登录服务器，看看新登录名 DBAdmin 此时可以在 SQL Server 中做哪些操作。

2）使用 Transact-SQL 语句创建 Windows 验证模式的登录名 DBAdmin

用户在 Windows 操作系统中创建新的用户后，也可以在 SQL Server 中使用 Transact-SQL 语句添加 Windows 身份验证登录名。

**提示**：在执行创建登录名 DBAdmin 的代码前，要先在对象资源管理器中删除前面创建的 DBAdmin 登录名。

代码如下。

```
CREATE LOGIN [HNCST - BIGDATA\DBAdmin] FROM WINDOWS      //完整的账号应为"主机名\用户名"
WITH DEFAULT_DATABASE = master                          //默认数据库为 master
```

　　执行后的结果如图 14-6 所示。命令执行成功后,在"安全性"→"登录名"列表中就可以查看到该登录名,如图 14-7 所示。

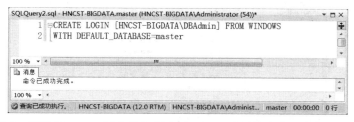

图 14-6　使用 Transact-SQL 语句创建 Windows 验证模式的登录名 DBAdmin

图 14-7　新添加的 Windows 验证模式登录名 DBAdmin

### 2. 创建 SQL Server 验证模式的登录名 DBAdmin2

　　Windows 验证登录名使用非常方便,只要获得 Windows 操作系统的登录权限就可以建立与 SQL Server 的连接,但如果创建登录名的用户无法获得 Windows 操作系统的登录权限,则需要创建 SQL Server 身份验证的登录名。创建 SQL Server 身份验证登录名的方式与 Windows 身份验证登录名几乎相同,差别是在图 14-5 所示的窗口中必须选择"SQL Server 身份验证",并设置其密码。

　　1) 在对象资源管理器中创建 SQL Server 身份验证登录名 test

　　(1) 在对象资源管理器中右击"安全性"→"登录名"节点,在弹出的快捷菜单中选择"新建登录名"命令,打开"登录名-新建"窗口。选择"SQL Server 身份验证"单选按钮,输入用户名称 test 和密码,并且清除"强制实施密码策略"复选框。选择"默认数据库"为master,其他内容均默认即可,如图 14-8 所示。

　　(2) 单击"确定"按钮,完成 SQL Server 身份验证登录名 test 的创建。在"安全性"→"登录名"节点中,可以查看已经创建的 SQL Server 身份验证登录名 test,如图 14-9 所示。

　　2) 使用 Transact-SQL 语句创建 SQL Server 身份验证登录名 DBAdmin2

　　使用 Transact-SQL 语言创建 SQL Server 身份验证登录名 DBAdmin2,密码自定,不

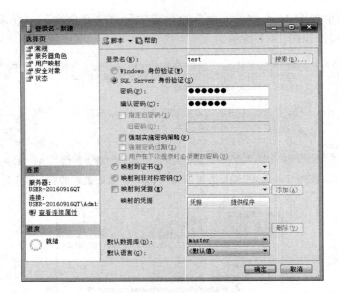

图 14-8 设置 SQL Server 身份验证选项

图 14-9 SQL Server 身份验证登录名 test

采用"强制实施密码策略",默认数据库仍然为 master。

具体代码及执行结果如图 14-10 所示。

执行成功后,在"安全性"→"登录名"列表中就可以看到登录名 DBAdmin2,如图 14-11 所示。

3) 测试 SQL Server 身份验证登录名 DBAdmin2 的权限

创建 DBAdmin2 登录名成功后,利用它可以在 SQL Server 2014 中做些什么呢?接下来通过测试查看 DBAdmin2 的权限范围。

**注意**:在执行下面的操作前,如果之前已经设置的 SQL Server 的登录模式为"混合模式",则不需要重新启动服务器,直接使用新创建的登录名登录即可;否则需要重新设置服务器的登录模式,然后重新启动服务器。

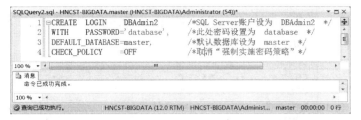

图 14-10　使用 Transact-SQL 语句创建 SQL Server 登录名 DBAdmin2

图 14-11　SQL Server 登录名 DBAdmin2

（1）要使新创建的登录名生效，须重新启动 SQL Server 服务器。在对象资源管理器中右击服务器节点，在弹出的快捷菜单中选择"重新启动"命令。

（2）在弹出的重新启动提示对话框中选择"是"按钮。

（3）服务器开始重新启动，启动中显示进度条，如图 14-12 所示。

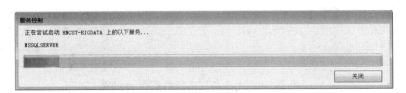

图 14-12　重新启动服务器

（4）单击"对象资源管理器"窗口左上角的"连接"按钮，在下拉菜单中选择"数据库引擎"命令，弹出"连接到服务器"对话框，在"身份验证"下拉列表框中选择"SQL Server 身份验证"选项，输入 SQL Server 登录名和密码，如图 14-13 所示。

（5）单击"连接"按钮，登录 SQL Server 服务器，登录成功后如图 14-14 所示。

（6）在对象资源管理器中展开"数据库"→"系统数据库"→ master 节点，如图 14-15 所示，可以正常显示数据库中的对象。尝试展开其他系统数据库节点，如 model，提示无法访问，如图 14-16 所示；再尝试展开数据库 EMIS 节点，也提示无法访问。

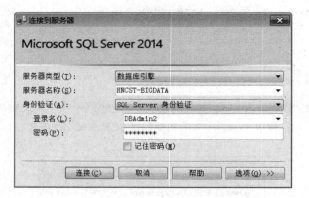

图 14-13　"连接到服务器"窗口

图 14-14　SQL Server 用户登录

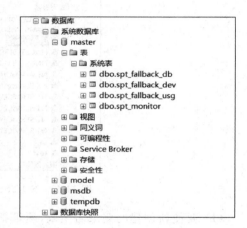

图 14-15　展开 master 数据库节点

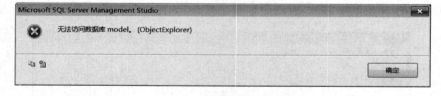

图 14-16　无法访问系统数据库 model

　　对于 SQL Server 登录名 DBAdmin2,目前唯一的权限是访问 master 数据库,对于其他所有的数据库都没有访问权限。

 相关知识

## 1. 身份验证与授权

SQL Server 的安全模型包括身份验证与授权。

（1）身份验证是指依据用户提供的身份信息进行登录时的验证。在验证过程中，可以细分为两个步骤：①验证是否可以登录 SQL Server；②是否可以访问指定的目标数据库。此用户要想访问指定的数据库，必须是此目标数据库的数据库用户或事先加入特定权限的固定服务器角色，才能访问指定的数据库。例如，要乘飞机，你需要出示身份证和机票，出示身份证就是为了证明你确实是你。

（2）授权是指已经通过身份验证的用户，要检查该用户被赋予的权限，是否可以访问或者执行目标对象。例如，乘飞机时，除了出示身份证外，还要出示机票以证明确实买了票可以上飞机。

**2. 安全验证模式**

验证模式是 SQL Server 实施安全保障的第一道屏障，验证模式也就是用户登录的方式，用户只有登录服务器之后才能对 SQL Server 数据库系统进行管理。例如，如果把数据库看作大楼里的一个个房间，那么要想访问大楼里的房间，必须有资格进入大楼才可以，而进入大楼就是用户登录数据库的过程。

SQL Server 提供两种登录验证模式：Windows 身份验证模式和混合验证模式。

（1）Windows 身份验证模式。一般情况下，SQL Server 数据库系统在 Windows 服务器上运行，Windows 本身就提供用户的管理和验证。Windows 身份验证模式则是利用了操作系统自带的用户安全管理机制，允许 SQL Server 数据库系统使用 Windows 的账户。Windows 身份验证模式下，SQL Server 把登录验证的任务交给了 Windows 操作系统，用户只要通过了 Windows 的验证，就可以连接 SQL Server 服务器。

在 Windows 身份验证模式下，域用户不需要独立的 SQL Server 账户就可以访问数据库。即使 Windows 用户更新了自己的域密码，也可以正常连接 SQL Server。此模式下用户必须遵从 Windows 安全模式的规则。SQL Server 安装过程中默认使用 Windows 身份验证模式，即本地账户可登录。当然，用户在安装 SQL Server 的过程中可根据需要更改 SQL Server 的身份验证模式。

（2）混合验证模式。混合验证模式是 SQL Server 和 Windows 身份验证模式。使用混合验证模式时，可以同时使用 Windows 身份验证和 SQL Server 身份验证连接服务器。若用户使用 TCP/IP 进行验证，则使用 SQL Server 身份验证；若用户使用命名管道，则使用 Windows 身份验证。用户连接 SQL Server 时，可选择任意一种方式。

**提示**：在 SQL Server 身份验证模式中，用户连接 SQL Server 时需提供登录名和密码，这些信息保存在数据库的 syslogins 系统表中，与 Windows 账户无关。

**3. 设置安全验证模式**

登录到 SQL Server 之后，就可以根据需要设置服务器身份验证模式。具体操作步骤如下。

（1）启动 SSMS，在"对象资源管理器"窗口中右击服务器名称，在弹出的快捷菜单中选择"属性"命令。

（2）弹出"服务器属性"窗口。单击左侧的"安全性"选项卡，根据需要选择"Windows 身份验证模式"或"SQL Server 和 Windows 身份验证模式"，如图 14-17 所示。

（3）重新启动 SQL Server 服务，以完成身份验证模式的设置。

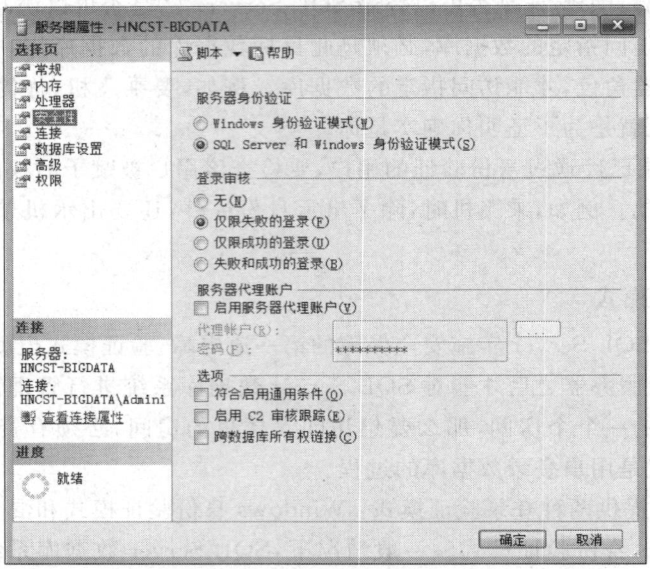

图 14-17　"服务器属性"窗口

# 任务 14.2　为用户分配权限

**任务描述**

任务 14.1 创建了 SQL Server 登录名 DBAdmin2，经测试，用户 DBAdmin2 仅具有登录 SQL Server 服务器及打开系统数据库 master 的权限，那么如何给用户 DBAdmin2 分配其他权限呢？可以通过为用户分配服务器角色、数据库角色、应用程序角色或为其分配安全对象的权限来进行。

**任务实施**

**1. 为用户 DBAdmin2 设置服务器角色的权限并测试**

为用户 DBAdmin2 分配服务器角色的权限是在管理员账号下进行的。

1）在对象资源管理器中为用户 DBAdmin2 分配服务器角色 dbcreator 的权限

（1）在对象对资源管理器中右击"安全性"→"登录名"→DBAdmin2 节点，在弹出的快捷菜单中选择"属性"命令，弹出"登录属性"窗口，如图 14-18 所示。

（2）在"登录属性"窗口左侧选择"服务器角色"选项卡，在右侧的"服务器角色"选项组中选中 dbcreator 复选框，如图 14-19 所示。

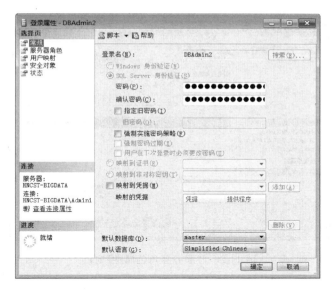

图 14-18 "登录属性"窗口

图 14-19 选择服务器角色

（3）单击"确定"按钮，即可为用户 DBAdmin2 分配服务器角色 dbcreator 的权限。在对象资源管理器中右击"安全性"→"服务器角色"→dbcreator 节点，在弹出的快捷菜单中选择"属性"命令，打开"服务器角色属性"窗口，可以看到用户 DBAdmin2 已经成为服务器角色 dbcreator 的角色成员，如图 14-20 所示。

2）使用 Transact-SQL 语句为用户 DBAdmin2 分配服务器角色 dbcreator 的权限

具体代码及执行结果如图 14-21 所示。

**注意**：以上操作必须在数据库管理员的权限下进行。

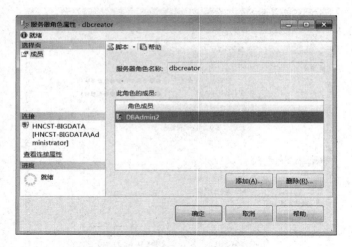

图 14-20 "服务器角色属性"窗口

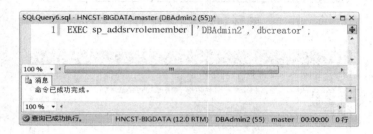

图 14-21 为用户 DBAdmin2 分配服务器角色的权限

3）测试用户 DBAdmin2 在 SQL Server 服务器中的权限

（1）使用登录名 DBAdmin2 登录 SQL Server 服务器，尝试访问 master 数据库，结果可以访问，如图 14-22 所示。

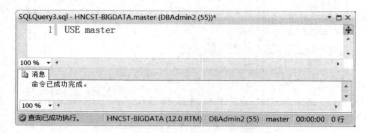

图 14-22 访问 master 数据库

（2）尝试访问 EMIS 数据库，结果不能访问，如图 14-23 所示。

（3）创建一个新的数据库 dbtest，创建成功，如图 14-24 所示。然后在 dbtest 数据库中创建一个表 tabletest，创建成功，如图 14-25 所示。

用户 DBAdmin2 有访问 master 数据库的权限，但对服务器中除 master 之外的所有数据库均没有访问权限。因为给它分配的仅是 dbcreator 的权限，即创建数据库的权限。

SQLQuery3.sql - HNCST-BIGDATA.master (DBAdmin2 (55))*

```
1   USE EMIS
```

100 %

消息

消息 916，级别 14，状态 1，第 1 行
服务器主体"DBAdmin2"无法在当前安全上下文下访问数据库"EMIS"。

100 %

⚠ 查询已完成，但有错... | HNCST-BIGDATA (12.0 RTM) | DBAdmin2 (55) | master | 00:00:00 | 0 行

图 14-23　不能访问 EMIS 数据库

SQLQuery3.sql - HNCST-BIGDATA.master (DBAdmin2 (55))*

```
1   CREATE DATABASE dbtest
```

100 %

消息

命令已成功完成。

100 %

✅ 查询已成功执行。 | HNCST-BIGDATA (12.0 RTM) | DBAdmin2 (55) | master | 00:00:00 | 0 行

图 14-24　成功创建数据库 dbtest

SQLQuery3.sql - HNCST-BIGDATA.dbtest (DBAdmin2 (55))*

```
1   USE dbtest
2   GO
3   CREATE TABLE tabletest
4   (
5   n   int       PRIMARY KEY,
6   p   char(8)
7   )
```

100 %

消息

命令已成功完成。

100 %

✅ 查询已成功执行。 | HNCST-BIGDATA (12.0 RTM) | DBAdmin2 (55) | dbtest | 00:00:00 | 0 行

图 14-25　成功创建表 tabletest

### 2. 为用户 DBAdmin2 设置数据库角色的权限并测试

1）在对象资源管理器中为用户 DBAdmin2 分配数据库角色 db_datareader 的权限

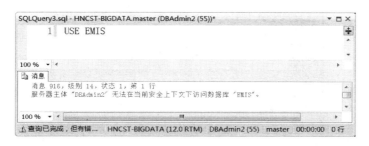

（1）在对象资源管理器中右击"数据库"→EMIS→"安全性"→"用户"节点，在弹出的快捷菜单中选择"新建用户"命令，弹出"数据库用户-新建"窗口，如图 14-26 所示。

（2）输入用户名 DBAdmin2，如图 14-27 所示。

（3）在图 14-27 所示的"登录名"右侧单击 ... 按钮，弹出"选择登录名"对话框，如图 14-28 所示。

（4）单击"浏览"按钮，弹出"查找对象"对话框，选择 DBAdmin2，如图 14-29 所示。

（5）单击"确定"按钮，返回"选择登录名"对话框。再单击"确定"按钮，返回"数据库用户-新建"窗口，结果如图 14-30 所示。

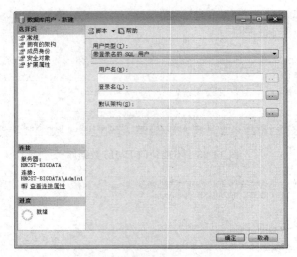

图 14-26 "数据库用户-新建"窗口 1

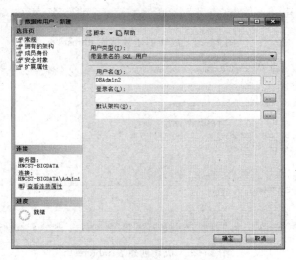

图 14-27 输入用户名

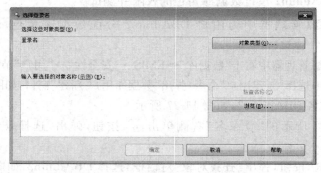

图 14-28 "选择登录名"对话框

图 14-29　"查找对象"对话框

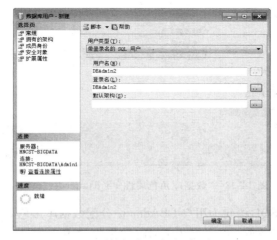

图 14-30　"数据库用户-新建"窗口 2

（6）在"数据库用户-新建"窗口左上角选择"成员身份"选项，选中 db_datareader，如图 14-31 所示。单击"确定"按钮，即可为用户 DBAdmin2 分配数据库角色 db_datareader 的权限。

图 14-31　选中数据库角色 db_datareader

（7）右击 EMIS→"安全性"→"角色"→"数据库角色"→db_datareader 节点，在弹出的"数据库角色属性-db_datareader"窗口中可以看到用户 DBAdmin2 已经成为数据库角色 db_datareader 的成员，如图 14-32 所示。

图 14-32 "数据库角色属性-db_datareader"窗口

2）使用 Transact-SQL 语句为用户 DBAdmin2 分配数据库角色 db_datareader 的权限

方法 1：将用户 DBAdmin2 设置为 EMIS 数据库的用户。

```
CREATE USER DBAdmin2
-- DBAdmin2 是 EMIS 数据库中的用户名,可以与登录名 DBAdmin2 同名
FOR LOGIN DBAdmin2              -- DBAdmin2 是登录名
WITH DEFAULT_SCHEMA = EMIS      -- 指定操作的数据库为 EMIS
GO
```

方法 2：为用户 DBAdmin2 分配数据库角色 db_datareader 的权限。

```
EXEC sp_addrolemember
db_datareader,                 -- db_datareader 是数据库角色
DBAdmin2                        -- DBAdmin2 是数据库用户名
```

执行结果如图 14-33 所示。

3）测试用户 DBAdmin2 在数据库 EMIS 中的权限

（1）重新用登录名 DBAdmin2 登录 SQL Server 服务器。

测试 1：查看 EMIS 数据库中 t_student 表的内容，结果如图 14-34 所示。

测试 2：修改 EMIS 数据库中 t_student 表的数据，结果如图 14-35 所示。

测试 3：删除 EMIS 数据库中 t_student 表的数据，结果如图 14-36 所示。

（2）用户 DBAdmin2 在 EMIS 数据库中有数据库角色 db_datareader 的权限，仅能读取数据库的数据，不能修改或者删除数据库的数据。

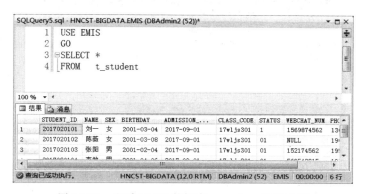

图 14-33 为用户 DBAdmin2 分配数据库角色的权限

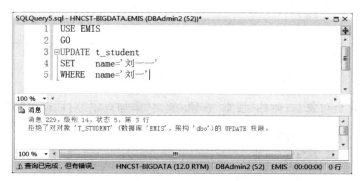

图 14-34 查看 EMIS 数据库 t_student 表的内容

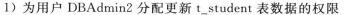
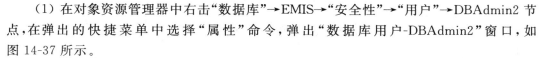

图 14-35 修改 EMIS 数据库中 t_student 表的数据

### 3. 为用户 DBAdmin2 设置安全对象的权限

为用户 DBAdmin2 分配权限,允许 DBAdmin2 更新数据库 EMIS 中 t_student 表的数据。

1)为用户 DBAdmin2 分配更新 t_student 表数据的权限

(1)在对象资源管理器中右击"数据库"→EMIS→"安全性"→"用户"→DBAdmin2 节点,在弹出的快捷菜单中选择"属性"命令,弹出"数据库用户-DBAdmin2"窗口,如图 14-37 所示。

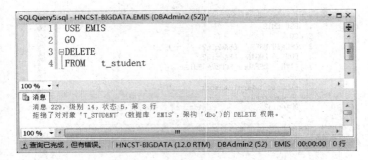

图 14-36　删除 EMIS 数据库中 t_student 表的数据

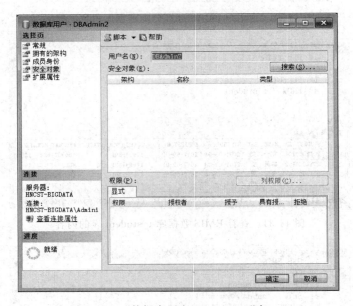

图 14-37　"数据库用户-DBAdmin2"窗口 1

（2）单击"安全对象"右侧的"搜索"按钮，弹出"添加对象"对话框，如图 14-38 所示。

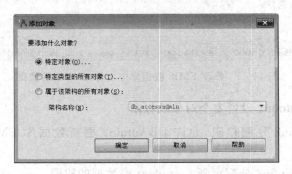

图 14-38　"添加对象"对话框

（3）选择"特定对象"单选按钮，单击"确定"按钮，弹出"选择对象"对话框，如图 14-39 所示。

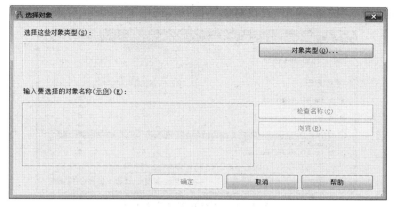

图 14-39 "选择对象"对话框 1

（4）单击"对象类型"按钮，弹出"选择对象类型"对话框，如图 14-40 所示。

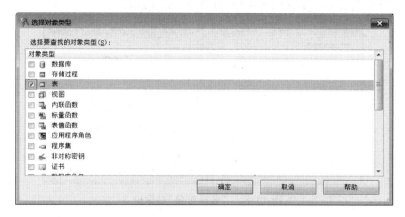

图 14-40 "选择对象类型"对话框

（5）选中"表"复选框，单击"确定"按钮返回"选择对象"对话框，此时在"选择这些对象类型"列表框中可以看到"表"对象，如图 14-41 所示。

图 14-41 "选择对象"对话框 2

（6）单击"浏览"按钮，弹出"查找对象"对话框，选中 t_student 对象，如图 14-42 所示。

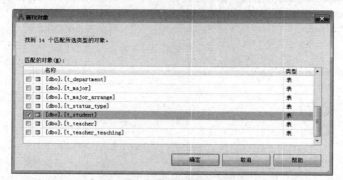

图 14-42　"查找对象"对话框

（7）单击"确定"按钮，返回"选择对象"对话框，在"输入要选择的对象名称"列表框中可看到步骤（6）中选择的 t_student 对象，如图 14-43 所示。

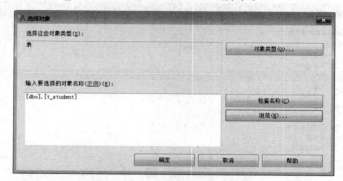

图 14-43　"选择对象"对话框 3

（8）单击"确定"按钮，返回"数据库用户-DBAdmin2"窗口，在"dbo. T_STUDENT 的权限"下方的"显式"选项卡中选中"更新"→"授予"复选框，单击"确定"按钮即为 DBAdmin2 分配了更新 dbo. t_student 表的权限，如图 14-44 所示。

2）使用 Transact-SQL 语句为用户 DBAdmin2 分配 UPDATE 权限

具体代码及执行结果如图 14-45 所示。

**练习**：使用登录 DBAdmin2 连接服务器，然后执行下面 3 个操作，并说明执行结果。

操作 1：

```
SELECT * FROM t_student;
```

操作 2：

```
UPDATE t_student
SET birthday = '1999-2-25'
WHERE student_id = 2015020101
```

操作 3：

```
DELETE from t_student;
```

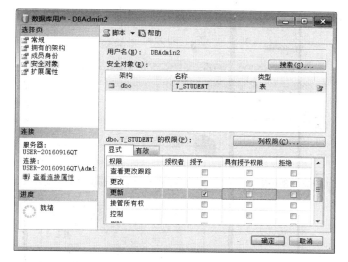

图 14-44　"数据库用户-DBAdmin2"窗口 2

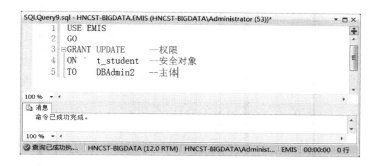

图 14-45　为 DBAdmin2 分配权限

 相关知识

　　不论是 Windows 用户还是 SQL Server 用户,创建之后如果不为其分配权限,则依然无法对数据库中的数据进行访问和管理。SQL Server 安全性主体主要有 3 个级别:服务器级、SQL Server 级、数据库级。图 10-46 显示了数据库引擎与权限层次结构间的关系。下面重点介绍 3 个重要的安全对象:固定服务器角色、数据库角色及应用程序角色。

### 1. 固定服务器角色

　　SQL Server 级安全对象主要有登录名与固定服务器角色。其中,登录名用于登录数据库服务器,而固定服务器角色用于为登录名赋予相应的服务器级权限,这些角色是可组合其他主体的安全主体("角色"类似于 Windows 操作系统中的"组")。服务器级角色的权限作用域为服务器范围。

　　提供固定服务器角色是为了方便使用和向后兼容,应尽可能为其分配更具体的权限。

　　SQL Server 提供了 9 种固定服务器角色(见表 14-1),用户无法更改授予固定服务器

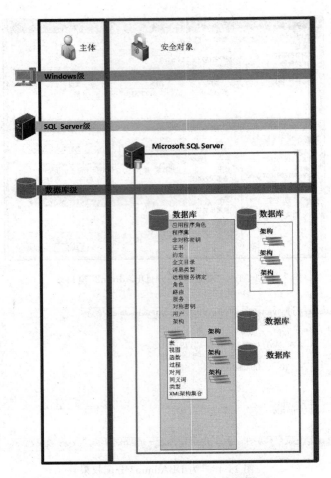

图 14-46　SQL Server 安全和权限

角色的权限。从 SQL Server 2012 开始，用户可以创建用户定义的服务器角色，并将服务器级权限添加到用户定义的服务器角色。

用户可以将服务器级主体（SQL Server 登录名、Windows 账户和 Windows 组）添加到服务器级角色。固定服务器角色的每个成员都可以将其他登录名添加到该角色。用户定义的服务器角色的成员无法将其他服务器主体添加到角色。

表 14-1　固定服务器角色

| 固定服务器角色 | 说　　明 |
| --- | --- |
| sysadmin | 可以在服务器上执行任何活动。默认情况下，Windows BUILTIN\Administrator 组（本地管理员组）的所有成员都是 sysadmin 固定服务器角色的成员 |
| serveradmin | 可以更改服务器范围的配置选项和关闭服务器 |
| securityadmin | 可以管理登录名及其属性。它们可以拥有 GRANT、DENY 和 REVOKE 服务器级别的权限，也可以拥有 GRANT、DENY 和 REVOKE 数据库级别的权限。此外，它们还可以重置 SQL Server 登录名的密码 |

| 固定服务器角色 | 说　明 |
|---|---|
| public | 每个 SQL Server 登录名都属于 public 服务器角色。如果未向某个服务器主体授予或拒绝对某个安全对象的特定权限,该用户将继续授予对该对象的 public 角色的权限 |
| processadmin | 可以终止在 SQL Server 实例中运行的进程 |
| setupadmin | 可以添加和删除链接服务器 |
| bulkadmin | 可以执行 BULK INSERT 语句 |
| diskadmin | 可以管理磁盘文件 |
| dbcreator | 可以创建、更改、删除和还原任何数据库 |

### 2. 数据库角色

数据库级安全对象主要有用户、固定数据库角色、应用程序角色、证书、对称密钥、非对称密钥、程序集、全文目录、DDL 事件、架构等。

如果某用户只有登录名,而没有在相应的数据库中为其创建登录名所对应的用户,则该用户只能登录数据库服务器,而不能访问相应的数据库。

如果为此用户创建登录名所对应的数据库用户,而没有赋予相应的角色,则系统默认为该用户自动具有 public 角色。一般情况下,public 角色允许用户进行如下操作。

① 看到当前数据库的存在。

② 执行一些不需要权限的语句(如 PRINT)。

SQL Server 中存在两种类型的数据库级角色:数据库中预定义的固定数据库角色和可以创建的用户定义的数据库角色。

1) 固定数据库角色

SQL Server 2014 中的固定数据库角色如表 14-2 所示。

表 14-2　固定数据库角色

| 固定数据库角色 | 说　明 |
|---|---|
| db_owner | 可以在数据库上执行所有的配置和维护活动,也可以删除数据库 |
| db_securityadmin | 可以修改角色成员身份和管理权限。将主体加入这个角色可能会产生不必要的权限扩大 |
| db_accessadmin | 可以为 Windows 登录名、Windows 组或 SQL Server 登录名添加和删除数据库的访问权限 |
| db_backupoperator | 可以备份数据库 |
| db_ddladmin | 可以在数据库中运行任何数据定义语言(DDL)语句 |
| db_datawriter | 可以在所有用户表中添加、删除或更新数据 |
| db_datareader | 可以从所有用户表中读取所有数据 |
| db_denydatawriter | 不能添加、更新或删除数据库中用户表中的任何数据 |
| db_denydatareader | 不能读取数据库中用户表中的任何数据 |
| public | 每个数据库用户都属于 public 数据库角色。当用户未被授予或拒绝安全对象的特定权限时,该用户会继承授予给该对象的 public 权限 |

2）用户定义的数据库角色

在实际的数据库管理过程中，如果想对某数据库实施更新和删除的操作，但是固定数据库角色无法满足用户的需求时，用户可以创建用户定义的数据库角色来满足这种需求。下面创建一个用户定义的数据库角色，使其可以实施对数据库的更新和删除操作。

创建用户定义的数据库角色 Role_u_d，使其可以对 EMIS 数据库中的 t_student 表和 t_course 表进行更新和删除。

（1）启动 SSMS，在对象资源管理器中右击"数据库"→EMIS→"安全性"→"角色"→"数据库角色"节点，在弹出的快捷菜单中选择"新建数据库角色"命令。

（2）在打开的"数据库角色-新建"窗口中，设置角色名称为 Role_u_d，设置所有者为 dbo，如图 14-47 所示。

图 14-47　"数据库角色-新建"窗口 1

（3）单击"添加"按钮，打开"选择数据库用户或角色"对话框。单击"浏览"按钮，找到并添加用户 DBAdmin2，然后单击"确定"按钮，如图 14-48 所示。

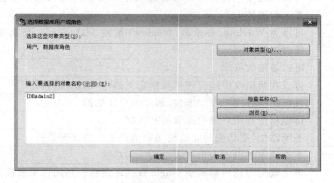

图 14-48　"选择数据库用户或角色"对话框

（4）添加用户完成，返回"数据库角色-新建"窗口，"此角色的成员"列表框中出现了DBAdmin2，如图 14-49 所示。

图 14-49 新增了角色成员

（5）选择"数据库角色-新建"窗口左侧的"安全对象"选项卡，如图 14-50 所示。

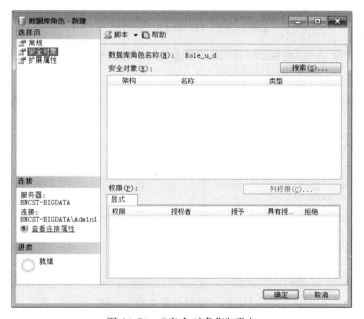

图 14-50 "安全对象"选项卡

（6）在"安全对象"选项卡中单击"搜索"按钮，打开"添加对象"对话框，选择"特定对象"单选按钮，如图 14-51 所示。

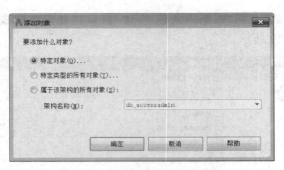

图 14-51　"添加对象"对话框

（7）单击"确定"按钮，打开"选择对象"对话框，如图 14-52 所示。

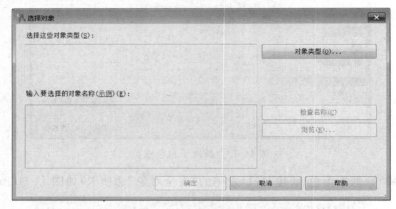

图 14-52　"选择对象"对话框 1

（8）单击"对象类型"按钮，打开"选择对象类型"对话框，选中"表"复选框，如图 14-53 所示。

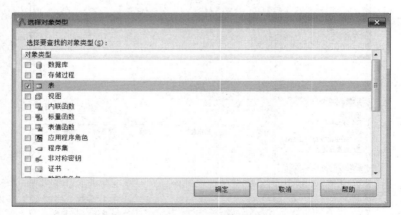

图 14-53　"选择对象类型"对话框

（9）单击"确定"按钮，返回"选择对象"对话框，如图 14-54 所示。

（10）单击"浏览"按钮，弹出"查找对象"对话框，选择匹配的对象列表中的 t _student 表和 t_course 表，如图 14-55 所示。

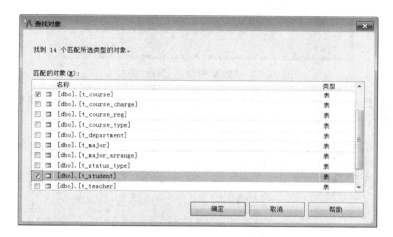

图 14-54 "选择对象"对话框 2

图 14-55 "查找对象"对话框

（11）单击"确定"按钮，返回"选择对象"对话框，如图 14-56 所示。

图 14-56 "选择对象"对话框 3

（12）单击"确定"按钮，返回"数据库角色-新建"窗口，如图14-57所示。

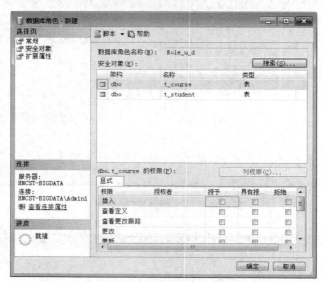

图14-57 "数据库角色-新建"窗口2

（13）分别选择 t_course 表和 t_student 表，均选中"更新"和"删除"复选框，如图14-58和图14-59所示。

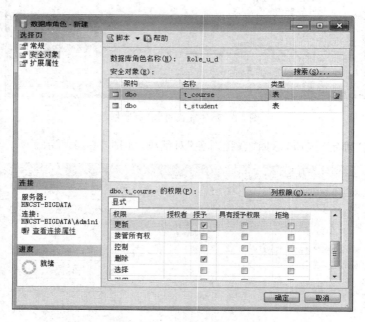

图14-58 授予角色对 t_course 表的更新和删除权限

（14）权限分配完成，单击"确定"按钮，即完成此数据库角色的创建。

提示：如果希望限制用户只能对某些列进行操作，可以单击"数据库角色-新建"窗口中的"列权限"按钮，为该数据库角色分配更细致的权限。

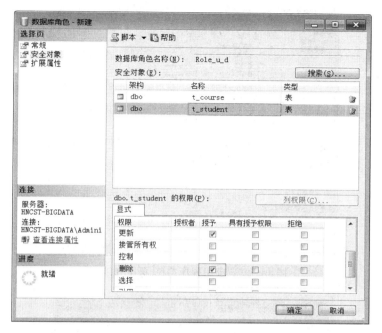

图 14-59　授予角色对 t_student 表的更新和删除权限

**练习**：使用 SQL Server 账户 DBAdmin2 连接到服务器后，试着执行下面两条语句，并解释执行结果。

语句 1：

```
SELECT * FROM t_student;
```

语句 2：

```
DELETE FROM t_course;
```

### 3. 应用程序角色

与服务器角色和数据库角色不同，SQL Server 应用程序角色在默认情况下不包含任何成员，并且应用程序角色必须激活之后才能发挥作用。

创建名为 App_r 的应用程序角色的操作步骤如下。

（1）启动 SSMS，在对象资源管理器中右击"数据库"→EMIS→"安全性"→"应用程序角色"节点，在弹出的快捷菜单中选择"新建应用程序角色"命令。在"应用程序角色-新建"窗口中输入应用程序角色名称 App_r，默认架构为 dbo，设置密码为 psw000，如图 14-60 所示。

使用 Transact-SQL 语句创建应用程序角色的代码如下。

```
CREATE APPLICATION ROLE App_r
WITH PASSWORD = 'psw000'
```

（2）在"安全对象"选项卡中，授予此应用程序角色对 t_student 表的"选择"权限，如图 14-61 所示。

图 14-60　"应用程序角色-新建"窗口

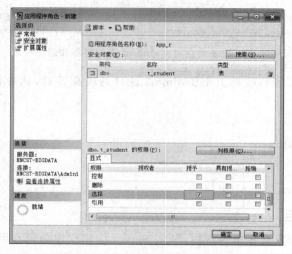

图 14-61　授予应用程序角色权限

（3）使用系统存储过程 sp_setapprole 激活应用程序角色的具体代码及执行结果如图 14-62 所示。

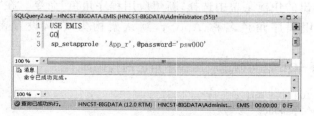

图 14-62　激活应用程序角色

默认情况下应用程序角色是没有被激活的，使用前应现将其激活，系统存储过程 sp_

setapprole 可用来激活应用程序角色。

创建应用程序角色的语法格式如下。

```
CREATE APPLICATION ROLE application_role_name
WITH PASSWORD = 'password'[ , DEFAULT_SCHEMA = schema_name]
```

语法说明如下。

(1) application_role_name：指定应用程序角色的名称。

(2) PASSWORD = 'password'：指定数据库用户用于激活应用程序角色的密码,尽量使用强密码。

(3) DEFAULT_SCHEMA = schema_name：指定服务器在解析该角色的对象名时将搜索的第一个架构。未指定 DEFAULT_SCHEMA 时,将使用 DBO 作为默认架构。schema_name 可以是数据库中不存在的架构。

# 任务 14.3　应用架构解决用户离职问题

在 SQL Server 2000 中,用户(User)和架构是隐含关联的,即每个用户拥有与其同名的架构,因此要删除一个用户,必须先删除或修改这个用户所拥有的所有数据库对象。例如,一个员工离职了,此时需要删除他的账户,但必须先将他所创建的表和视图等都删除,影响过大。SQL Server 2000 之后将架构和对象分离后就不再存在这样的问题,删除用户时,对数据库对象没有任何影响。

## 任务描述

(1) 创建一个命名为 Sch_tea 的架构,该架构的所有者为 test,如图 14-63 所示。

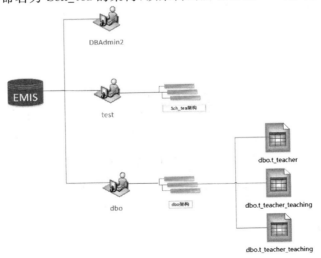

图 14-63　架构与用户之间的关系图 1

（2）将数据库 EMIS 的表 t_teacher 和表 t_teacher_teaching 移动到新的架构 Sch_tea 中，如图 14-64 所示。

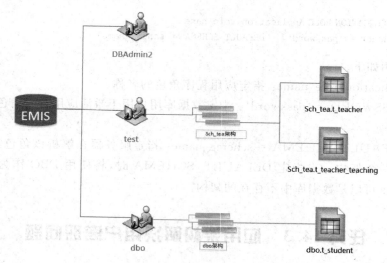

图 14-64    架构与用户之间的关系图 2

（3）将 Sch_tea 架构的所有者更改为 DBAdmin2，如图 14-65 所示。

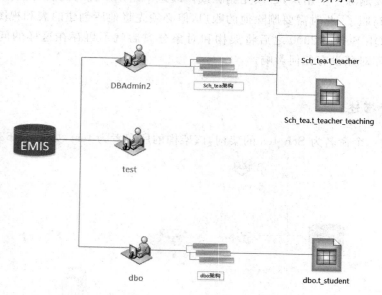

图 14-65    架构与用户之间的关系图 3

（4）删除 test 用户，如图 14-66 所示。

 任务实施

（1）创建名为 Sch_tea 的架构。

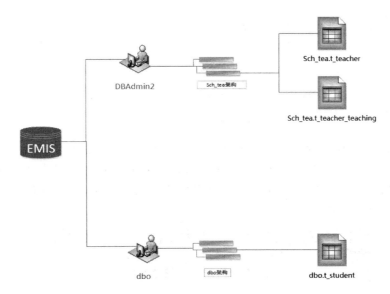

图 14-66　架构与用户之间的关系图 4

在对象资源管理器中右击"数据库"→EMIS→"安全性"→"架构"节点,在弹出的快捷菜单中选择"新建架构"命令,打开"架构-新建"窗口。输入架构名称 Sch_tea,设置架构所有者为 test,如图 14-67 所示。

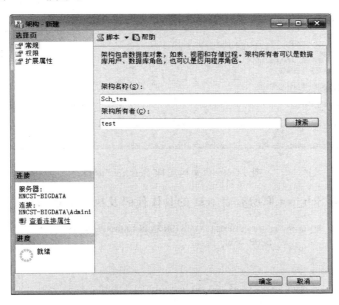

图 14-67　"架构-新建"窗口

(2) 移动对象到新的架构。将数据库 EMIS 的表 t_teacher 和表 t_teacher_teaching 移动到新的架构 Sch_tea 中,具体代码及执行结果如图 14-68 所示。

**注意**：在 SMSS 中无法移动对象到新的架构。

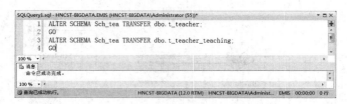

图 14-68　移动对象到新的架构

（3）更改架构的所有者。如果此时删除 test 用户，提示无法删除。

在对象资源管理器中右击"架构"→Sch_tea 节点，在弹出的快捷菜单中选择"属性"命令，打开"架构属性-Sch_tea"窗口。修改架构所有者为 DBAdmin2，如图 14-69 所示。单击"确定"按钮即可完成更改。

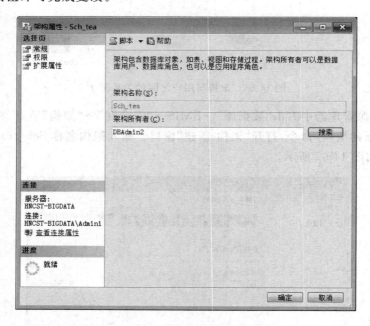

图 14-69　"架构属性-Sch_tea"窗口

（4）删除架构 Sch_tea 原所有者 test 的具体代码及执行结果如图 14-70 所示。

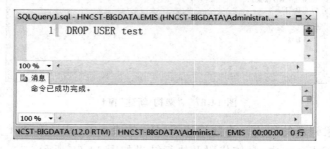

图 14-70　删除用户

提示：若此时删除用户 DBAdmin2,将会提示错误"数据库主体在该数据库中拥有架构,无法删除。"

相关知识

### 1. 架构的概念

架构(Schema)是形成单个命名空间的数据库实体的集合。命名空间是一个集合,其中每个元素的名称都是唯一的。架构是一个存放数据库对象的容器。

架构实际上在 SQL Server 2000 中就已经存在。当用户使用查询分析器去查询一个表时,完整的表的名称格式是"服务器名.数据库名.用户名.对象名",而在 SQL Server 2000以后的版本中,表的完全限定名称为"服务器名.数据库名.架构名.对象名"。

### 2. 创建架构

创建架构的语法格式如下。

```
CREATE SCHEMA < schema_name|AUTHORIZATION owner >
[< schema_element > [ ,...n] ]
< schema_element >::=
{
    table_definition|view_definition|grant_statement
    revoke_statement|deny_statement
}
```

语法说明如下。

(1) schema_name：在数据库内标识架构的名称,架构名称在数据库中唯一。

(2) AUTHORIZATION owner：指定将拥有此架构的数据库级主体(用户、角色等)的名称。

(3) table_definition：指定在架构内创建表的 CREATE TABLE 语句。执行此语句的主体必须对当前数据库具有 CREATE TABLE 权限。

(4) view_definition：指定在架构内创建视图的 CREATE VIEW 语句。执行此语句的主体必须对当前数据库具有 CREATE VIEW 的权限。

(5) grant_statement：指定可对除新架构外的任何安全对象授予权限的 GRANT 语句。

(6) revoke_statement：指定可对除新架构外的任何安全对象撤销权限的 REVOKE 语句。

(7) deny_statement：指定可对除新架构外的任何安全对象拒绝授予权限的 DENY 语句。

## 项目实训 14

1. 创建新的 SQL Server 用户,登录名设为 UserTest,密码自己设置,不"强制实施密码策略"。

2. 在 EMIS 数据库中创建一个数据库用户，其对应的 SQL 登录名为 UserTest。

3. 授予数据库用户 UserTest 访问 EMIS 数据库中 t_teacher 表的权限，然后开放 SELECT 权限给 UserTest。

4. 使用登录名 UserTest 登录 SQL Server，尝试查询 t_teacher 表。

5. 使用登录名 UserTest 登录 SQL Server，尝试删除 t_teacher 表。

# 情境六
# 保证数据库正常运行

# 项目 15

# EMIS数据库的备份和还原

 项目背景

　　在论坛上看到这样一个帖子：版主在一家公司做数据库的管理和维护工作，一个新来的员工误删除了数据库中约 200GB 的数据，版主在尝试还原数据库时发现最新的备份也是两个星期前的，经查才发现给他们做研发的公司两个星期前做测试的时候把备份计划关了。版主是幸运的，还有两个星期之前的备份；版主也是不幸的，因为两个星期数据库没有备份他却没有发现。严密的备份计划不等于万无一失，还需要通过更细致的管理工作来保驾护航。

 内容导航

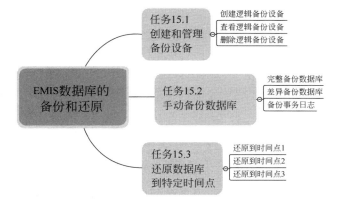

# 任务 15.1  创建和管理备份设备

 **任务描述**

进行数据库备份时,必须首先创建用来存储备份的备份设备。备份设备一般是硬盘。创建备份设备后,才能将需要备份的数据备份到备份设备中。

 **任务实施**

## 1. 创建逻辑备份设备

1) 在对象资源管理器中创建逻辑备份设备

(1) 在对象资源管理器中右击"服务器对象"→"备份设备"节点,在弹出的快捷菜单中选择"新建备份设备"命令。

(2) 在弹出的"备份设备"窗口中,输入设备名称 BACK,设定存储文件夹及文件名为 D:\BACK\EMIS_BACK,如图 15-1 所示。

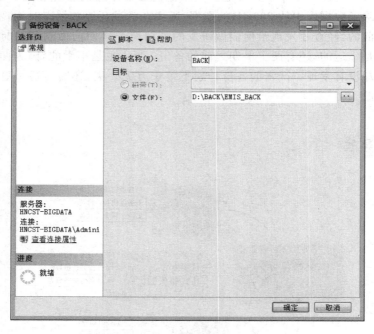

图 15-1  "备份设备"窗口

(3) 单击"确定"按钮即可完成备份设备的创建,结果如图 15-2 所示。

2) 使用 Transact-SQL 语句创建逻辑备份设备

具体代码及执行结果如图 15-3 所示。

图 15-2　新创建的备份设备 BACK

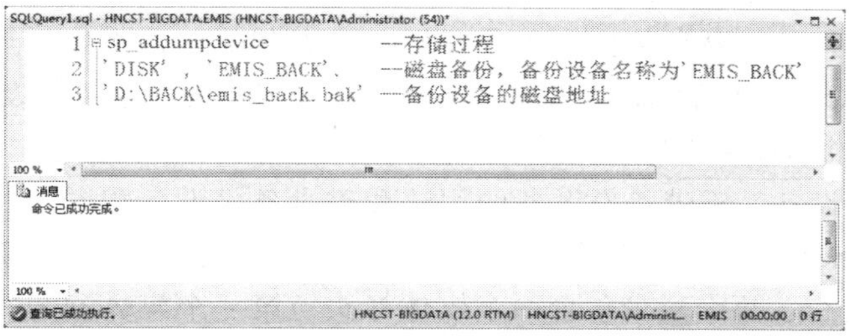

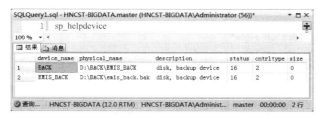

图 15-3　使用 Transact-SQL 语句创建备份设备

## 2. 查看逻辑备份设备

使用系统存储过程 sp_helpdevice 可以查看当前服务器上所有备份设备的状态信息。sp_helpdevice 存储过程的执行结果如图 15-4 所示。

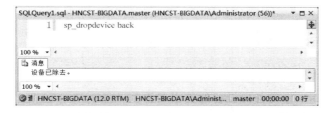

图 15-4　查看服务器上的备份设备

## 3. 删除逻辑备份设备

当备份设备不再需要时,可以使用系统存储过程将其删除。备份设备删除后,备份中的数据库也将随之丢失。删除备份设备使用系统存储过程 sp_dropdevice。

sp_dropdevice 存储过程的执行结果如图 15-5 所示。

图 15-5　删除备份设备

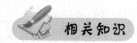 相关知识

备份设备是用来存储数据库、事务日志文件和文件组副本的存储介质,备份数据库之前必须指定相应的备份设备。

**1. 备份设备的类型**

备份设备的类型有磁盘、磁带或逻辑备份设备。

(1) 磁盘备份设备。磁盘备份设备是指硬盘或者其他磁盘媒体。与操作系统一样,可以将服务器的本地磁盘或共享网络资源的原始磁盘定义为磁盘备份设备。如果在备份操作时磁盘文件已满,则备份操作失败。

(2) 磁带备份设备。磁带备份设备的用法和磁盘备份设备相同,磁带设备必须物理连接到运行 SQL Server 实例的计算机上。在使用磁带备份设备时,写满一个磁带,继续在另一个磁带上进行。每个磁带包含一个媒体标头。第一个媒体称为"起始磁带",每个后续磁带称为"延续磁带",其媒体序列号是前一磁带的媒体序列号加一。

(3) 逻辑备份设备。逻辑备份设备是指指向特定物理备份设备如磁盘或磁带的用户定义名称。逻辑备份设备可以更简单、更有效地描述备份设备的特征。相对于物理设备的路径名称,逻辑设备备份名称较短,方便记忆。

**2. 创建逻辑备份设备**

语法格式如下。

```
sp_addumpdevice { 'device_type' }
[ , 'logical_name' ]
[ , 'physical_name' ]
```

语法说明如下。

(1) device_type:指定备份设备的类型。任务 15.1 中的备份设备类型选择为 DISK。

(2) logical_name:指定在 BACKUP 和 RESTORE 语句中使用的备份设备的逻辑名称,不可为空。

(3) physical_name:指定备份设备的物理名称。物理名称须遵从操作系统的命名规则或网络设备的命名约定,并且包含完整路径。

**3. 删除逻辑备份设备**

语法格式如下。

```
sp_dropdevie [ 'logical_name' ]
[ , 'delfile' ]
```

语法说明如下。

(1) logical_name:指定备份设备的逻辑名称。

(2) delfile:指定物理备份设备文件是否要删除。如果指定为 delfile,则删除物理备份设备上的文件。

# 任务 15.2　手动备份数据库

 **任务描述**

本任务中对于 EMIS 数据库的备份执行情况如下。

(1) 时间点 1：备份完整数据库。

(2) 时间点 2：向学生表中添加一条新记录。

(3) 时间点 3：差异备份数据库。

(4) 时间点 4：修改学生表中的一条记录。

(5) 时间点 5：备份数据库的事务日志。

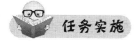 **任务实施**

## 1. 完整备份数据库

1）在对象资源管理器中备份完整数据库

(1) 在对象资源管理器中右击"数据库"→EMIS 节点,在弹出的快捷菜单中选择"任务"→"备份"命令。

(2) 在弹出的"备份数据库"窗口中设置"备份类型"为"完整",设置"备份组件"为"数据库",设置"目标"为"磁盘",如图 15-6 所示。

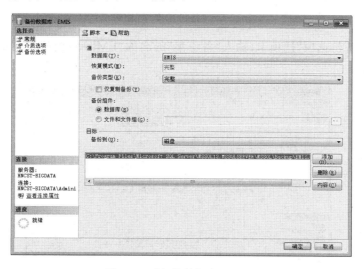

图 15-6　"备份数据库"窗口 1

(3) 单击"目标"下的"添加"按钮,打开"选择备份目标"对话框,设置备份目标为备份设备 EMIS_BACK,如图 15-7 所示。

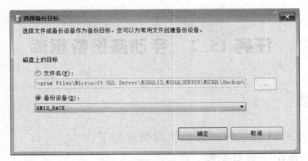

图 15-7    "选择备份目标"对话框

（4）单击"确定"按钮返回，此时"备份数据库"窗口如图 15-8 所示。

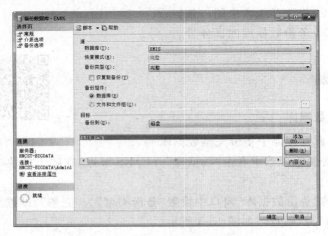

图 15-8    "备份数据库"窗口 2

（5）选择"备份选项"选项卡，输入"备份集"的名称"EMIS-数据库完整备份-时间点 1"，如图 15-9 所示。

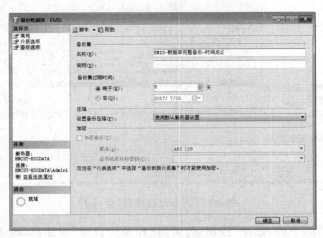

图 15-9    输入备份集的名称

（6）单击"确定"按钮，即可备份完整数据库。

（7）在对象资源管理器中右击"服务器对象"→"备份设备"→EMIS_BACK 节点，在弹出的快捷菜单中选择"属性"命令，弹出"备份设备"窗口，选择"介质内容"选项卡，可以查看目前数据库的备份情况，如图 15-10 所示。

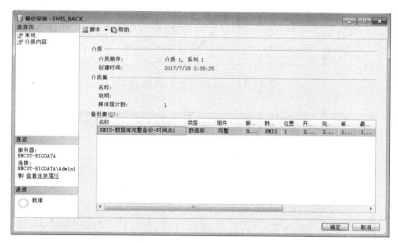

图 15-10 查看备份集 1

2）使用 Transact-SQL 语句备份完整数据库

具体代码及执行结果如图 15-11 所示。

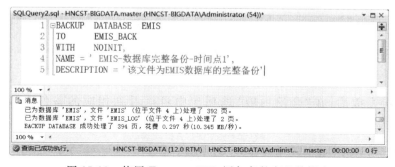

图 15-11 使用 Transact-SQL 语句备份完整数据库

## 2. 差异备份数据库

1）在对象资源管理器中进行数据库的差异备份

（1）在备份之前，修改学生表中学号为 2016020130 的入学日期为 2016-09-02，修改成功后如图 15-12 所示。

（2）在对象资源管理器中右击"数据库"→EMIS 节点，在弹出的快捷菜单中选择"任务"→"备份"命令。在弹出的"备份数据库"窗口中设置"备份类型"为"差异"，设置"备份组件"为"数据库"，设置"目标"为"磁盘"。单击"目标"下方的"添加"按钮，设置备份目标为 EMIS_BACK，如图 15-13 所示。在"备份选项"选项卡中输入备份集的名称"EMIS-数据库差异备份-时间点 2"。

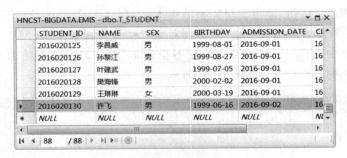

图 15-12    修改学生的入学日期

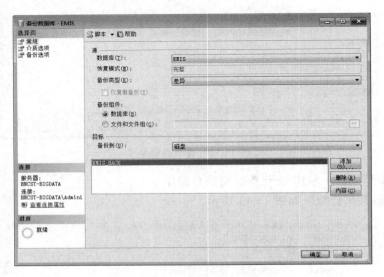

图 15-13    设置差异备份选项

（3）备份完成后，在"介质内容"选项卡中可以看到相应的备份文件，如图 15-14 所示。

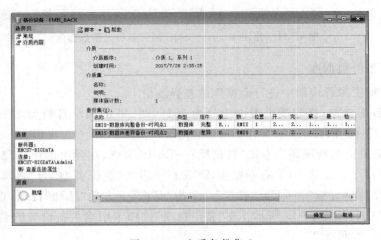

图 15-14    查看备份集 2

2）使用 Transact-SQL 语句进行数据库的差异备份

具体代码及执行结果如图 15-15 所示。

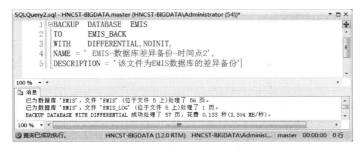

图 15-15　使用 Transact-SQL 语句进行数据库的差异备份

### 3. 备份事务日志

1）在对象资源管理器中备份数据库的事务日志

（1）在备份事务日志之前,修改学生表中学号为 2016020129 的记录的 STATUS 为 02。修改完成后如图 15-16 所示。

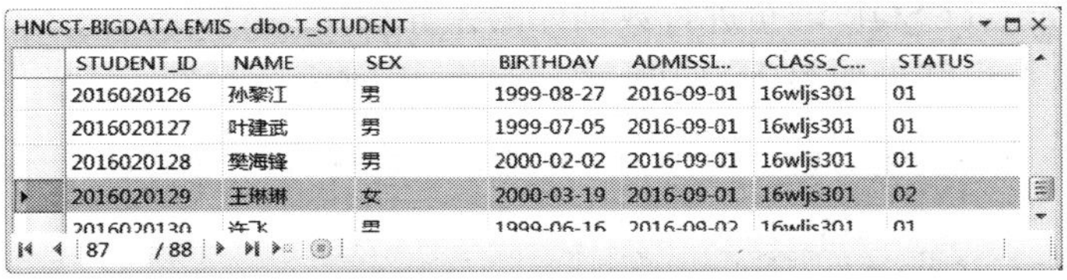

图 15-16　修改学生的 STATUS 列

（2）在对象资源管理器中右击"数据库"→EMIS 节点,在弹出的快捷菜单中选择"任务"→"备份"命令,在弹出的"备份数据库"窗口中设置"备份类型"为"事务日志",设置"备份组件"为"数据库",设置"目标"为"磁盘"。单击"目标"下方的"添加"按钮,设置备份目标为 EMIS_BACK,如图 15-17 所示。在"备份选项"选项卡中输入备份集的名称"EMIS-数据库事务日志备份-时间点 3"。

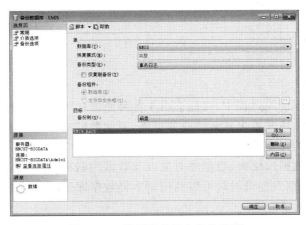

图 15-17　设置事务日志备份选项

（3）备份完成后，在"介质内容"选项卡中可以看到相应的备份文件，如图 15-18
所示。

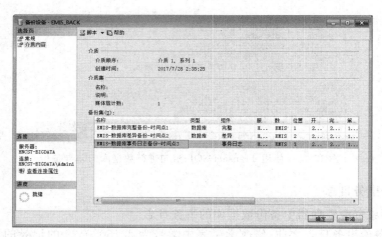

图 15-18　查看备份集 3

2）使用 Transact-SQL 语句进行数据库的差异备份

具体代码及执行结果如图 15-19 所示。

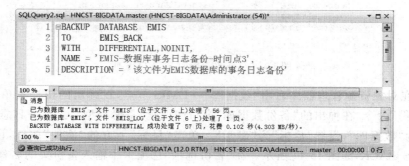

图 15-19　使用 Transact-SQL 语句进行数据库的事务日志备份

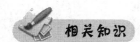　相关知识

**1. 备份的意义**

在数据库的实际使用过程中，可能会由于各种原因如用户操作失误、硬件故障或自然
灾害等造成数据的破坏或丢失甚至使业务瘫痪，因此数据备份工作特别重要，它确保了系
统的可靠性和数据的完整性。

备份就是创建数据库结构、数据库对象以及数据的副本，应当存放在服务器硬盘以外
甚至云端位置，当数据发生错误时可以利用副本将数据库还原到正确状态。

**2. 备份角色**

在 SQL Server 2014 中，下列角色的成员可以做备份操作。

(1) 固定的服务器角色 sysadmin(系统管理员)。

(2) 固定的数据库角色 db_owner(数据库所有者)。

(3) 固定的数据库角色 db_backupoperator(允许进行数据库备份的用户)。

除以上 3 个角色外,还可以通过授权允许其他角色进行数据库备份。

### 3. 系统数据库备份

当系统数据库 master、msdb 和 model 中的任何一个被修改以后,都要将其备份,以便在系统出现故障时还原作业。master 是最重要的系统数据库,它不仅存放登录账户/权限、所有数据库的物理结构信息,也记录了 SQL Server 实例的系统配置。一旦 master 数据库损坏,之前又没有备份,后果不堪设想,所以一定妥善备份 master 数据库。

### 4. 用户数据库备份

用户数据库的备份一定要周期性地自动完成,否则可能因为人为松懈造成永久的损失。但以下情况建议手动及时备份较好:当清理了日志或执行了不记日志的 Transact-SQL 命令时,应备份数据库,这是因为若日志记录被清除或命令未记录在事务日志中,日志中将不包含数据库的活动记录,因此不能通过日志还原数据;不记日志的命令有 BACKUP LOG WITH NO_LOG、WRITETEXT、UPDATETEXT、SELECT INTO、命令行实用程序、BCP 命令等。

### 5. 备份过程中限制的操作

SQL Server 2014 在执行数据库备份的过程中允许用户对数据库继续操作,但不允许用户在备份时执行下列操作:创建或删除数据库文件、创建索引、不记日志的命令。

若系统在执行上述操作中的任何一项时试图进行备份,则备份进程都不能执行。

### 6. 备份方式

SQL Server 2014 有两种基本的备份:①只备份数据库;②备份数据库和事务日志。当数据库本身很大时,也可以进行单独的文件或文件组备份,从而将数据库备份分割为多个较小的备份过程。SQL Server 2014 的 4 种备份方式如下介绍。

(1) 完整备份。完整备份方式下将备份整个数据库,包括事务日志。当系统出现故障时,可以还原到最近一次数据库备份时的状态,但此备份之后时间段提交的事务将丢失。

(2) 差异备份。差异备份方式下只备份自上次数据库备份后发生更改的部分。对于一个经常修改的数据库,采用差异备份策略可以减少备份和还原时间。

差异备份的大小取决于自建立差异基准后更改的数据量。通常,差异基准越旧,新的差异备份就越大。特定的差异备份将在创建备份时捕获已更改的数据区块的状态。如果创建一系列差异备份,则频繁更新的数据区块可能在每个差异中包含不同的数据。当差异备份的大小增大时,还原差异备份会明显延长还原数据库所需的时间。因此,建议按设定的间隔执行新的完整备份,以便为数据建立新的差异基准。例如,可以每周执行一次整个数据库的完整备份(即完整数据库备份),然后在该周内执行一系列常规的差异数据库备份。

图 15-20 所示是差异备份的工作原理。图中显示了 24 个数据区,其中的 6 个已发生更改。差异备份只备份这 6 个数据区块。

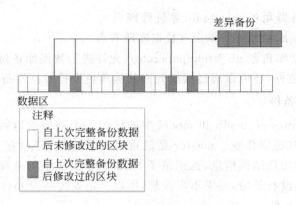

图 15-20　差异备份示意图

（3）事务日志备份。事务日志备份记录了两次数据库备份之间所有的数据库活动记录。使用事务日志备份可以将数据库还原到故障点或特定的时间点。一般情况下，事务日志备份比完整备份和差异备份使用的资源少。因此，可以更频繁地进行事务日志备份，降低数据丢失的风险。

（4）文件或文件组备份。这种方式只备份特定的数据库文件或文件组，同时最好定期备份事务日志，这样在还原时可以只还原已损坏的文件，而不用还原数据库的其余部分，可以加快还原速度。文件和文件组备份能够更快地还原已隔离的媒体故障，迅速还原损坏的文件，在调度和媒体处理上具有更大的灵活性。例如，如果数据库由几个在物理上位于不同磁盘的文件组成，当其中一个磁盘发生故障时，只须还原发生了故障的磁盘中的文件。文件或文件组备份和还原操作必须与事务日志备份一起使用。

4 种备份方式的特点见表 15-1。

表 15-1　4 种备份方式的特点

| 备份类型 | 特　　点 | 执行频率 |
|---|---|---|
| 完整备份 | 对于可以快速备份的小数据库而言，最佳方法就是使用完整数据库备份。但是，随着数据库的不断增大，完整备份需花费更多时间才能完成，并且需要更多的存储空间 | 偶尔 |
| 差异备份 | 差异备份比完整备份工作量小且速度快，对正在运行的系统影响较小，因此可以经常备份 | 经常 |
| 事务日志备份 | 可以更频繁地进行事务日志备份，降低数据丢失的风险 | 频繁 |
| 文件和文件组备份 | 还原数据时可以使用文件或文件组备份还原已损坏的文件，而不用还原数据库的其余部分，可以加快还原速度 | 偶尔 |

**7. 备份数据库的语句**

1）完整备份

语法格式如下。

```
BACKUP DATABASE { database_name }
  TO < backup_divice > [ ,...n ]
[ WITH
```

```
    {
    |{ NOINIT|INIT }
    | NAME = { backup_set_name }
    | PASSWORD = { password }
    | DESCRIPTION = { text }
    }
]
[;]
```

语法说明如下。

（1）{database_name}：指定要备份的数据库。

（2）<backup_divice>：指定备份设备。它可以是逻辑备份设备，也可以是物理备份设备。最多可以指定 64 个备份设备。当备份设备为多个时，可以用 WITH NAME 指定名称，便于指定数据库还原。

（3）NOINIT | INIT：控制备份操作是追加到还是覆盖备份媒体中的现有备份集。默认为追加到媒体中最新的备份集（NOINIT）。NOINIT 表示备份集将追加到指定的媒体集上，以保留现有的备份集。如果为媒体集定义了媒体密码，则必须提供密码。INIT 指定覆盖所有备份集，但是保留媒体标头。如果指定了 INIT，将覆盖该设备上所有现有的备份集。

（4）{backup_set_name}：指定备份集的名称。如果未指定 NAME，将为空。

（5）DESCRIPTION = {text}：指定说明备份集的自由格式文本。

2）差异备份

语法格式如下。

```
BACKUP DATABASE { database_name }
    TO < backup_divice > [ ,...n ]
[ WITH
  {
  |DIFFERENTIAL
  |{ NOINIT|INIT }
  | NAME = { backup_set_name }
  | PASSWORD = { password }
  | DESCRIPTION = { text }
  }
]
[;]
```

语法说明如下。

DIFFERENTIAL 表示差异备份的关键字。

其他关键字的作用同完整备份语句。

3）文件或文件组备份

语法格式如下。

```
BACKUP DATABASE { database_name }
< file_or_filegroup > [ ,...n ]
TO < backup_divice > [ ,...n ]
WITH options
```

语法说明如下。

（1）file_or_filegroup：指定要备份的文件或文件组，如果是文件，格式为"FILE＝逻辑文件名"；如果是文件组，格式为"FILEGROUP＝逻辑文件组名"。

（2）WITH options：指定备份选项，与前面介绍的参数作用相同。

**练习：**根据文件或文件组备份的语法格式尝试备份数据库的文件或文件组。

4）事务日志备份

语法格式如下。

```
BACKUP LOG { database_name }
    TO < backup_divice > [ ,...n ]
[ WITH
  {
  | NAME = { backup_set_name }
  | DESCRIPTION = { text }
  | NORECOVERY | STANDBY = { undo_file_name }
  }
]
[, NO_TRUNCATE]
```

语法说明如下。

（1）LOG：指定仅备份事务日志，该日志是从上一次成功执行的日志备份到当前日志的末尾，必须创建完整备份之后才能创建第一个日志备份。

（2）NORECOVERY：指定将内容备份到日志尾部，不覆盖原有的内容。

（3）STANDBY：指定备份日志尾部，并使数据库处于只读或备用模式。

（4）undo_file_name：指定容纳回滚更改的存储文件，如果随后应用 RESTORE LOG 操作，则必须撤销这些回滚更改。如果指定的撤销文件名不存在，SQL Server 将创建该文件。如果该文件已存在，则 SQL Server 将重写它。

（5）NO_TRUNCATE：若数据库被损坏，使用该选项可以备份最近的所有数据库活动，SQL Server 将保存整个事务日志。当执行还原时，可以还原数据库和事务日志。

# 任务 15.3　还原数据库到特定时间点

还原是备份的相反操作，当完成备份之后，如果发生硬件或软件的损坏、意外事故或者操作失误导致数据丢失时，需要对数据库中的重要数据进行还原，而且要还原到特定时间点。

**1. 还原到时间点 1**

1）在对象资源管理器中还原数据库到时间点 1

任务 15.2 中，在时间点 1 的时刻进行过完整的数据库备份"EMIS-数据库完整备份-时间点 1",所以还原数据库到时间点 1 时刻,只需要使用时间点 1 的完整数据库备份即可。

所需备份集:"EMIS-数据库完整备份-时间点 1"。

(1)在对象资源管理器中右击"数据库"节点,在弹出的快捷菜单中选择"还原数据库"命令。

(2)在打开的"还原数据库"窗口中选择"设备"选项,单击"设备"右侧的 ... 图标,弹出"选择备份设备"窗口。选择"备份介质类型"为"备份设备",添加"备份介质"为 EMIS_BACK,如图 15-21 所示。单击"确定"按钮,返回"还原数据库"窗口。

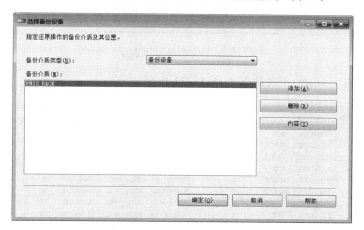

图 15-21　"选择备份设备"窗口

(3)在"还原数据库"窗口中选择要还原的备份集,如图 15-22 所示。

图 15-22　选择还原到时间点 1 的备份集及设备

提示：也可以通过在"还原数据库"窗口中选择"还原到"右侧的"时间线"来选择要还原的精确时间点。

（4）单击"确定"按钮开始数据库的还原工作，如图 15-23 所示。

图 15-23　成功还原数据库

（5）还原后的 t_student 表数据如图 15-24 所示。

| STUDENT... | NAME | SEX | BIRTHDAY | ADMISSI... | CLASS_C... | STAT |
| --- | --- | --- | --- | --- | --- | --- |
| 20160201... | 张寅 | 男 | 1999-10-05 | 2016-09-01 | 16wljs301 | 01 |
| 20160201... | 李海波 | 男 | 1999-11-11 | 2016-09-01 | 16wljs301 | 01 |
| 20160201... | 李昌威 | 男 | 1999-08-01 | 2016-09-01 | 16wljs301 | 01 |
| 20160201... | 孙黎江 | 男 | 1999-08-27 | 2016-09-01 | 16wljs301 | 01 |
| 20160201... | 叶建武 | 男 | 1999-07-05 | 2016-09-01 | 16wljs301 | 01 |
| 20160201... | 樊海锋 | 男 | 2000-02-02 | 2016-09-01 | 16wljs301 | 01 |
| 20160201... | 王琳琳 | 女 | 2000-03-19 | 2016-09-01 | 16wljs301 | 01 |
| 20160201... | 许飞 | 男 | 1999-06-16 | 2016-09-01 | 16wljs301 | 01 |

图 15-24　还原到时间点 1 的 t_student 表数据

2）使用 Transact-SQL 语句还原数据库到时间点 1

具体代码及执行结果如图 15-25 所示。

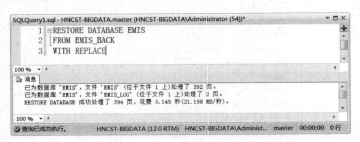

图 15-25　使用 Transact-SQL 命令还原数据库到时间点 1

## 2. 还原到时间点 2

1）在对象资源管理器中还原数据库到时间点 2

在任务 15.2 中，在时间点 2 的时刻进行过"EMIS-数据库差异备份-时间点 2"的备份，所以还原数据库到时间点 2 时刻需要使用"EMIS-数据库完整备份-时间点 1"＋"EMIS-数据库差异备份-时间点 2"来完成。

所需备份集："EMIS-数据库完整备份-时间点 1"＋"EMIS-数据库差异备份-时间点 2"。

（1）在对象资源管理器中右击"数据库"节点，在弹出的快捷菜单中选择"还原数据库"命令，打开"还原数据库"窗口，选择要还原的备份集及备份设备，如图15-26所示。

图 15-26　选择还原到时间点 2 的备份集及设备

（2）单击"确定"按钮开始数据库的还原工作，还原后的 t_student 表数据如图 15-27 所示。

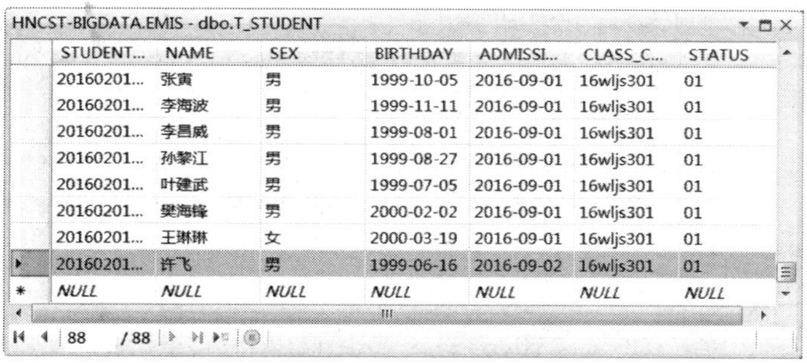

图 15-27　还原到时间点 2 的 t_student 表数据

2）使用 Transact-SQL 语句还原数据库到时间点 2

具体代码及执行结果如图 15-28 所示。

**3. 还原到时间点 3**

1）在对象资源管理器中还原数据库到时间点 3

在任务 15.2 中，在时间点 3 的时刻进行过"EMIS-数据库事务日志备份-时间点 3"的备份，所以还原数据库到时间点 3 时刻需要使用"EMIS-数据库完整备份-时间点 1"＋"EMIS-数据库事务日志备份-时间点 3"来完成。

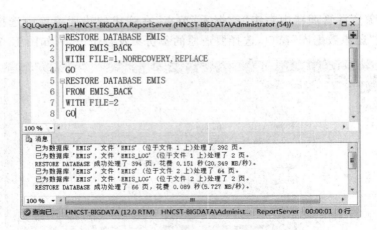

图 15-28　使用 Transact-SQL 语句还原数据库到时间点 2

　　所需备份集:"EMIS-数据库完整备份-时间点 1"+"EMIS-数据库事务日志备份-时间点 3"。

　　(1)在对象资源管理器中右击"数据库"节点,在弹出的快捷菜单中选择"还原数据库"命令。在"还原数据库"窗口中选择要还原的备份集及设备,如图 15-29 所示。

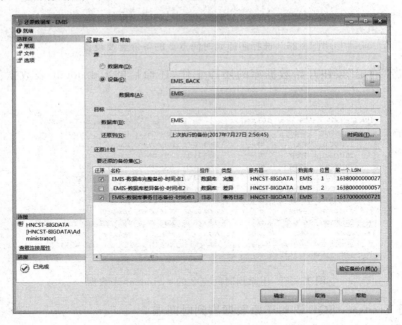

图 15-29　选择还原到时间点 3 的备份集及设备

　　(2)单击"确定"按钮开始数据库的还原工作,还原后的 t_student 表数据如图 15-30 所示。

　　2)使用 Transact-SQL 语句还原数据库到时间点 3

　　具体代码及执行结果如图 15-31 所示。

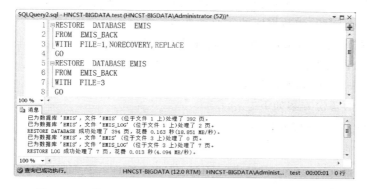

图 15-30 还原到时间点 3 的 t_student 表数据

图 15-31 使用 Transact-SQL 命令还原数据库到时间点 3

 相关知识

还原是备份的相反操作,只有做好备份工作,才能在硬件或软件出现错误、意外事故时还原数据库。

**1. 还原数据库的方式**

1)完整备份的还原

完整备份是差异备份和事务日志备份的基础,同样在还原时,第一步要先做完整备份的还原,完整备份的还原将使数据库还原到完整备份的时刻。

2)差异备份的还原

完整备份还原以后,可以执行差异备份还原。例如在月末晚上执行一次完整的数据库备份,以后每天创建一个差异备份,如果在本月 3 日数据库发生故障,使用上个月末的完整备份做一个完整备份的还原,然后还原本月 2 日做的差异备份。如果在差异备份之后还有事务日志备份,那么还应该还原事务日志备份。

3)事务日志备份的还原

事务日志备份一般比较频繁,因此恢复的步骤也比较多。例如月末晚上执行一次完整的数据库备份,每天零时进行差异备份,每隔一小时做一次事务日志备份。如果在本月

3日上午5时数据库发生故障,那么还原的步骤为:首先使用上个月末的完整备份做一个完整备份的还原,然后还原本月3日零时做的差异备份,最后依次还原差异备份到损坏位置的每一个事务日志备份,即3日1时、3日2时、3日3时、3日4时和3日5时做的事务日志备份。

4) 文件和文件组备份的还原

当数据库中文件或文件组发生损坏时使用这种还原方式。

**2. 还原数据库的准备工作**

在 SQL Server 的管理中,不同的备份策略,除影响还原的执行流程外,也会影响还原操作的执行效率。

如果 SQL Server 在使用过程中某个数据库损坏(数据被误删或误改),接下来管理员应该思考以下两个问题,为数据库的还原做准备工作。

① 查看数据库的备份策略,并且确定还原的时间点。

② 查看备份设备的介质内容,确认备份文件所在的位置。

1) 备份策略 1 的还原准备工作

备份策略 1 的备份方案如下。

(1) 每日 2:00 时执行完整数据库备份。

(2) 每日间隔 8 小时执行事务日志备份,如图 15-32 所示。

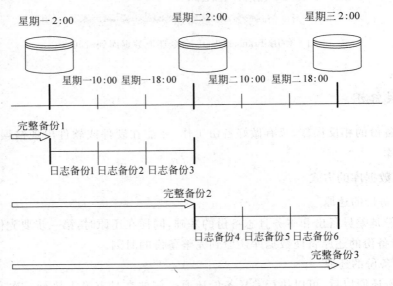

图 15-32　备份策略 1 的备份方案

以备份策略 1 的备份方案为例,假如数据库在星期二 18:00 以后损坏,要将数据库还原至此时间点,需要准备以下备份数据,如图 15-33 所示(所需数据部分以黑色标识)。

(1) 星期二 2:00 时的备份数据(完整备份 2)。

(2) 星期二 2:00—18:00 的备份数据(日志备份 4 和日志备份 5)。

(3) 如果可以取得事务日志备份,则还原尾日志备份。

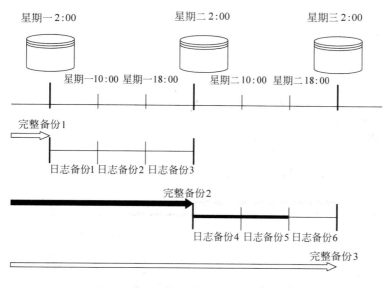

图 15-33    备份策略 1 的还原所需数据

2）备份策略 2 的还原准备工作

备份策略 2 的备份方案如下，如图 15-34 所示。

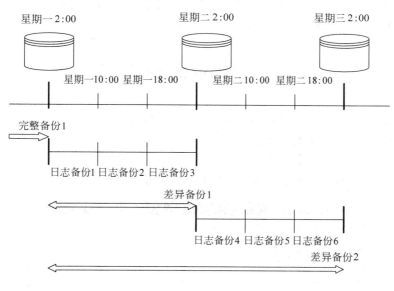

图 15-34    备份策略 2 的备份方案

（1）每周一 2:00 时执行完整数据库备份。

（2）从星期二到星期日每日 2:00 时执行差异数据库备份。

（3）每天间隔 8 小时执行事务日志备份。

以备份策略 2 的备份方案为例，假如数据库在星期二 18:00 时以后损坏，要将数据库还原至此时间点，需要准备以下的备份数据，如图 15-35 所示（所需数据部分以黑色标识）。

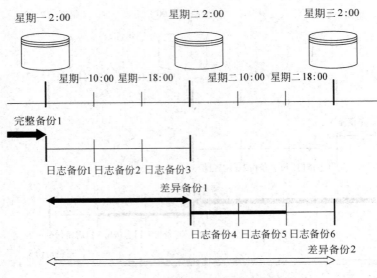

图 15-35　备份策略 2 的还原所需数据

（1）星期一 2:00 时的备份数据（完整备份 1）。

（2）星期二 2:00 时的备份数据（差异备份 1）。

（3）星期二 2:00—18:00 时的备份数据（日志备份 4 和日志备份 5）。

（4）如果可以取得事务日志备份，则还原尾日志备份。

# 项目实训 15

本实训实现 master 数据库的备份和还原，具体步骤如下。

（1）完整备份 master 数据库。

（2）为了测试 master 数据库的还原程序，新建一个数据库 test。

（3）停止 SQL Server 服务，操作如图 15-36 所示。

图 15-36　停止 MSSQLSERVER 服务

（4）将本机的 master 数据库的数据文件和日志文件彻底删除。

（5）从另一台操作系统版本、SQL Server 版本与安装路径都相同的计算机中将 master 数据库的数据文件和日志文件复制到本机的相同位置。

（6）以单用户模式启动 SQL Server 实例。首先进入该实例的目录\MSSQL\Binn，接着执行 sqlservr 命令,-m 指以单用户模式启动 SQL Server 实例(通常在遇到需要修复系统数据库这样的问题时才使用该选项),如图 15-37 所示。

图 15-37　以单用户模式启动 MSSQLSERVER 服务

(7)在命令提示符窗口中,执行 sqlcmd 命令通过可信连接登录 SQL Server,执行 RESTORE DATABASE 语句还原 master 数据库,如图 15-38 所示。

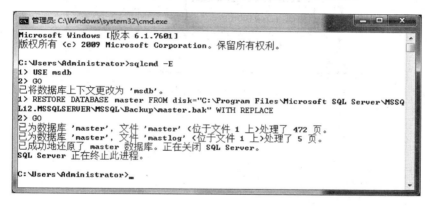

图 15-38　还原 master 数据库

(8)还原 master 数据库后,SQL Server 服务实例会自动停止,此时,执行 net start MSSQLSERVER 命令重新启动 SQL Server。查看 SQL Server 所有的数据库,会发现在 master 数据库备份后创建的 test 数据库不存在,如图 15-39 所示。

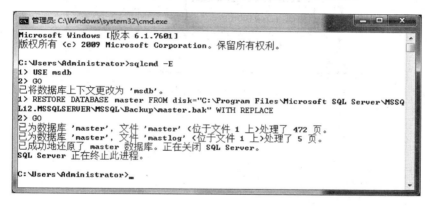

图 15-39　查看所有数据库

（9）虽然在 SQL Server 中无法看到 test 数据库，但 test 数据库的文件依然在原来的目录下，如图 15-40 所示。用户可通过附加的方式将文件附加到 SQL Server 中。

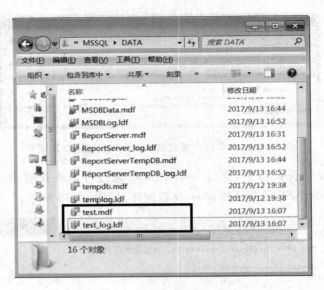

图 15-40　test 数据库文件

# SQL Server的自动化管理工作

 **项目背景**

　　任何一个曾经在凌晨2点被叫醒而只是为了去解决一个非常简单的问题的数据库管理员都会深深理解自动化管理工作的价值。对于一个数据库系统管理员，为了系统能安全、稳定、高效地运行，必须时常对数据库进行维护和优化管理等工作，这种维护工作如果每一项都手动操作会让数据库管理员疲惫不堪。通过 SQL Server 2014 提供的自动化管理功能，一些日常的维护优化工作可以让 SQL Server 代理服务代劳，甚至在发生问题之前先通知 DBA 或其他成员。

 **内容导航**

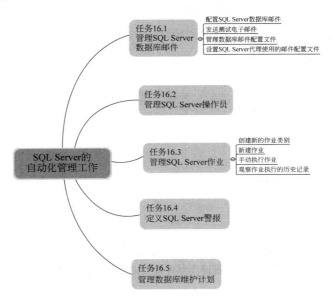

# 任务 16.1　管理 SQL Server 数据库邮件

 **任务描述**

数据库邮件可以使 SQL Server 通过邮件服务器发送作业的执行结果、警告信息等给数据库管理员。设置数据库的服务器名称为 smtp.139.com，端口号为 25，发送电子邮件地址为 hncst_bigdata@139.com。

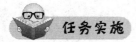 **任务实施**

**1. 配置 SQL Server 数据库邮件**

配置数据库邮件之前，可以在邮件服务器上创建 SQL Server 专用的账号（或者借助其他邮件服务器），此账号仅提供 SQL Server 发送邮件信息。

SQL Server 2014 的数据库邮件配置向导可以协助设置 SMTP 邮件服务器和账户信息。使用向导前，必须先获得以下信息。

① 邮件服务器所在位置与 SMTP 连接的端口号。

② 数据库邮件使用的 SMTP 账户名称与密码。

（1）在对象资源管理器中右击"管理"→"数据库邮件"节点，在弹出的快捷菜单中选择"配置数据库邮件"命令。

（2）弹出"数据库邮件配置向导"的欢迎窗口，如图 16-1 所示。

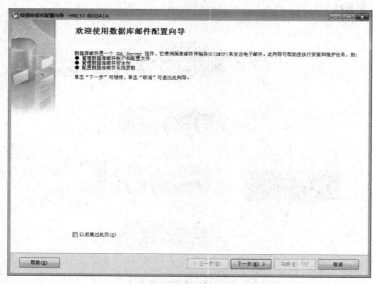

图 16-1　"数据库邮件配置向导"的欢迎窗口

（3）单击"下一步"按钮，在"数据库邮件配置向导"的"选择配置任务"窗口中，选择"通过执行以下任务来安装数据库邮件"单选按钮，如图16-2所示。

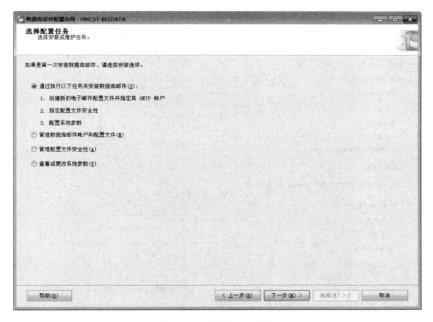

图16-2　选择配置任务

（4）单击"下一步"按钮，弹出"新建配置文件"窗口，在此界面输入文件名和说明的相关文字，如图16-3所示。

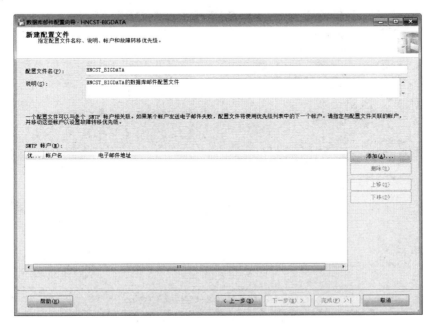

图16-3　新建配置文件

　　（5）单击"添加"按钮,弹出"新建数据库邮件账户"对话框,输入账户名、电子邮件地址、显示名称、服务器名称、端口号、邮箱的用户名和密码,如图 16-4 所示。

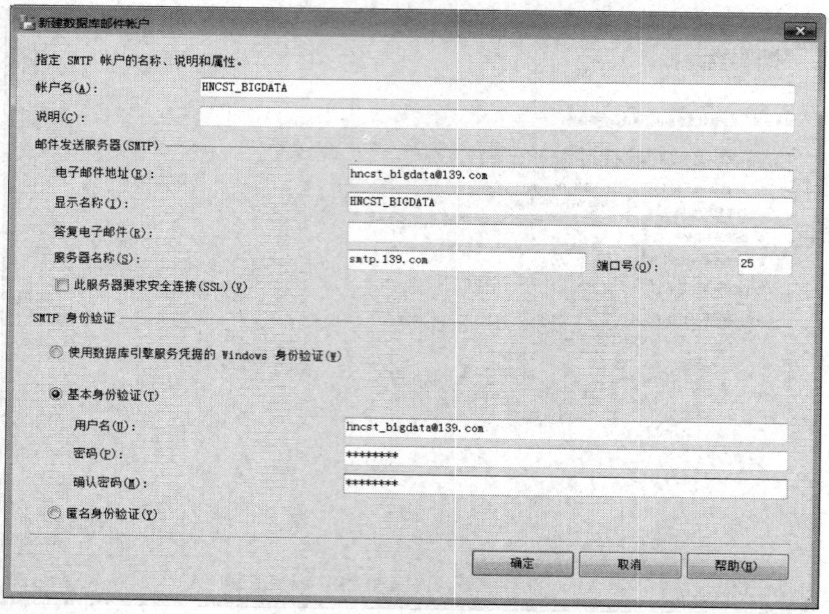

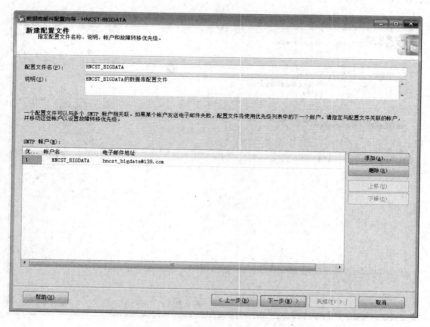

图 16-4　"新建数据库邮件账户"对话框

　　（6）单击"确定"按钮,新建的 SMTP 账户出现在"新建配置文件"窗口中,如图 16-5 所示。

图 16-5　新建的 SMTP 账户

　　(7) 单击"下一步"按钮,进入"管理配置文件安全性"窗口。打开"公共配置文件"选
项卡,选中"公共"下的复选框,"默认配置文件"选择"是",如图 16-6 所示。

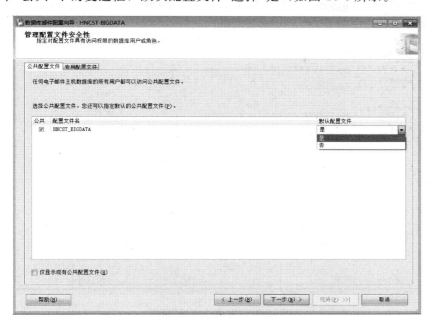

图 16-6　管理配置文件安全性

　　公共配置文件:允许拥有邮件主机数据库的任何用户或角色通过它发送电子邮件。
专用配置文件:仅有特定用户或角色能够使用它。
　　(8) 单击"下一步"按钮,弹出"配置系统参数"窗口,如图 16-7 所示。

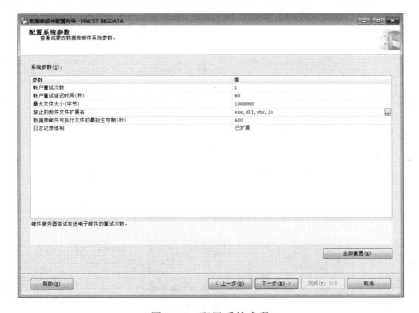

图 16-7　配置系统参数

（9）单击"下一步"按钮，弹出"完成该向导"窗口，如图 16-8 所示。

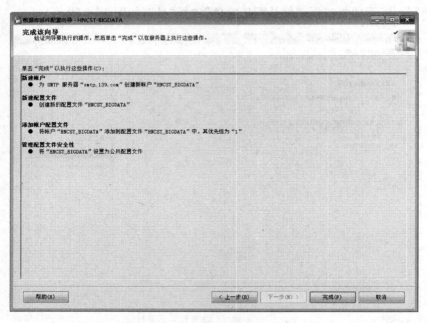

图 16-8 "完成该向导"窗口

（10）单击"完成"按钮，弹出"正在配置"窗口，如图 16-9 所示。配置完成后，单击"关闭"按钮。

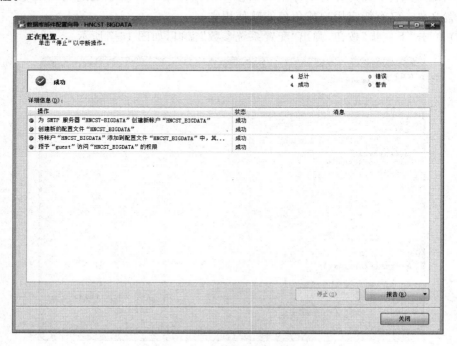

图 16-9 配置数据库邮件

**2. 发送测试电子邮件**

数据库邮件配置完成之后,可以尝试发送一封测试邮件给数据库管理员,用来确认 SMTP 邮件是否配置正确。

(1)在对象资源管理器中右击"管理"→"数据库邮件"节点,在弹出的快捷菜单中选择"发送测试电子邮件"命令。

(2)在弹出的"发送测试电子邮件"窗口中输入收件人的电子邮箱,如图 16-10 所示。

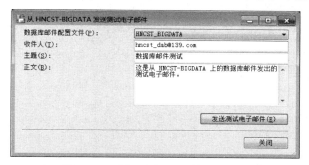

图 16-10　"发送测试电子邮件"窗口

(3)单击"发送测试电子邮件"按钮,弹出如图 16-11 所示的窗口,稍等片刻。收到的邮件正文如图 16-12 所示。

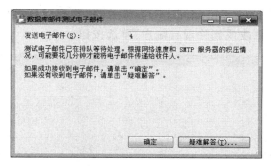

图 16-11　"数据库邮件测试电子邮件"窗口

图 16-12　收到的测试邮件

**3. 管理数据库邮件配置文件**

数据库管理员可以随时修改现有的数据库邮件配置文件,如更换邮件服务器或者更改 SMTP 账号信息。

(1)在对象资源管理器中右击"管理"→"数据库邮件"节点,在弹出的快捷菜单中选择"配置数据库邮件"命令。在弹出的窗口中单击"下一步"按钮,弹出如图 16-13 所示的

"选择配置任务"窗口。在此窗口中可以根据需要设置相应的选项。此时选择"管理数据库邮件账户和配置文件"单选按钮。

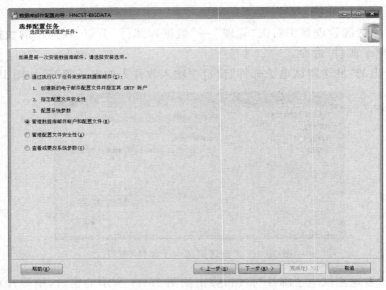

图 16-13　"选择配置任务"窗口

（2）单击"下一步"按钮，弹出如图 16-14 所示的"管理配置文件和账户"窗口。在此窗口中可以选择"查看、更改或删除现有账户"单选按钮。

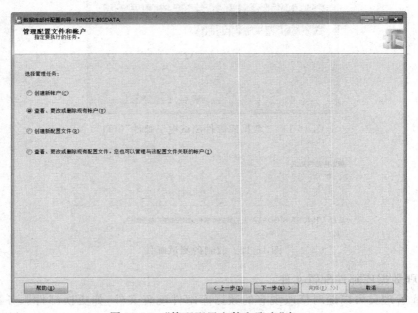

图 16-14　"管理配置文件和账户"窗口

（3）单击"下一步"按钮，弹出如图 16-15 所示的"管理现有账户"窗口，在此窗口中可以根据需要修改相应的内容。

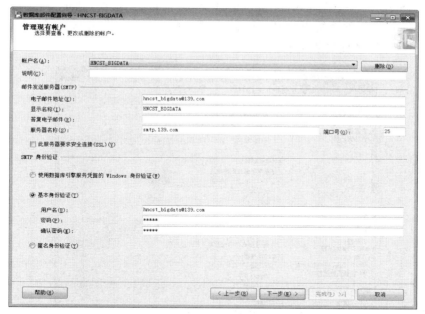

图 16-15　"管理现有账户"窗口

### 4. 设置 SQL Server 代理使用的邮件配置文件

创建数据库邮件配置文件之后,为了让 SQL Server 代理服务可以通过该配置文件发送电子邮件,必须进行相应的设置。

(1) 在对象资源管理器中右击"SQL Server 代理"节点,在弹出的快捷菜单中选择"属性"命令,弹出的窗口如图 16-16 所示。

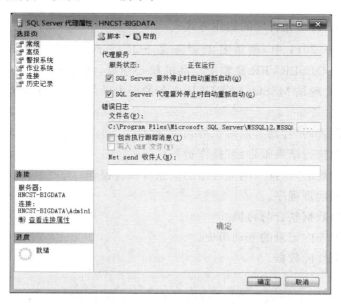

图 16-16　"SQL Server 代理属性"窗口

（2）在"SQL Server 代理属性"窗口中选择"警报系统"选项，选中"启用邮件配置文件"复选框，并指定邮件系统为数据库邮件，如图 16-17 所示。单击"确定"按钮，重新启动 SQL Server 代理服务使更改生效。

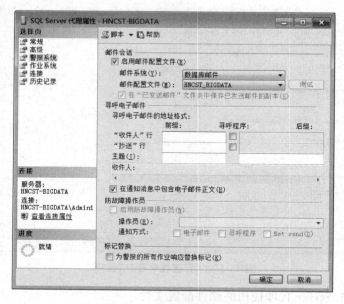

图 16-17　设置警报系统选项

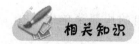

### 1. SQL Server 自动化管理的运作方式

在 SQL Server 2014 中，最重要的服务是 SQL Server（MSSQLSERVER）和 SQL Server 代理。MSSQLSERVER 是整个产品的核心引擎，负责服务器的所有数据处理操作。SQL Server 代理是 MSSQLSERVER 服务的得力助手，可以自动执行以下例行性的管理工作。

（1）根据已设置的"计划"，定时执行某个"操作"。

（2）将操作的执行结果报告给"操作员"。

（3）根据已设置的"警报"，响应警报的信息或执行操作。

（4）管理复制代理程序。

（5）自动执行数据整合与转换。

（6）搜集数据表内记录的变动历史。

（7）搜集系统性能数据。

……

为了让 SQL Server 代理自动执行 DBA 所赋予的任务，配置 SQL Server 自动化管理工作时，需要注意以下事项。

（1）SQL Server 代理服务的启动类型应设置为自动。

（2）将需要自动执行的管理工作定义为作业（Job）。

（3）若要将操作的执行结果报告给 DBA 或者其他人员，应先定义操作员（Operator）。

（4）如果要让 SQL Server 代理自动监视服务器与数据库的运作情况，可定义警报。警报可以监控特定的事件，并做出响应。

表 16-1 中列出了 SQL Server 自动化管理有关的项目，在 SQL Server 2014 中的位置如图 16-18 所示，其中，"维护计划"项目在"管理"节点下。

表 16-1  SQL Server 自动化管理的有关项目与用途

| 项 目 | 用 途 |
| --- | --- |
| 作业 | 定义准备执行的 SQL Server 工作，包括 Transact-SQL 语句、SSIS 包与 Analysis Services 命令。在定义操作时，可以设置其计划 |
| 计划 | 定义操作的执行时机和频率 |
| 警报 | 定义 SQL Server 准备监控的事件和性能情况，以及相应方式 |
| 操作员 | 定义接收警报信息的人员，可以是数据库管理员或管理团队的其他成员 |
| 数据库邮件 | SQL Server 2014 的邮件配置工作，主要让 SQL Server 代理在特定场合发送电子邮件给操作员 |
| 维护计划 | 将多种数据库维护工作设置在一起，同时执行与管理 |

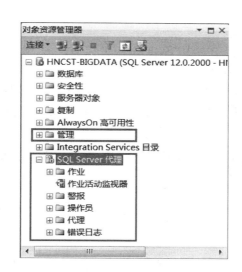

图 16-18  对象资源管理器中与 SQL Server 自动化管理相关的项目

**2. SQL Server 数据库邮件的功能**

数据库邮件是 SQL Server 2014 发送电子邮件信息的重要服务。SQL Server 2014 只需要通过 SMTP 协议就可以发送电子邮件。相关的设置会存放在服务器的系统数据库内。SQL Server 2014 的邮件功能主要是让 SQL Server 代理在特定场合发送电子邮件给操作员，如图 16-19 所示。

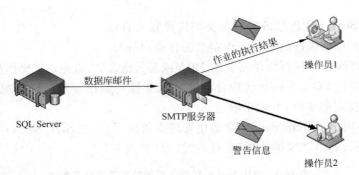

图 16-19　数据库邮件让 SQL Server 通过邮件服务器发送信息给操作员

# 任务 16.2　管理 SQL Server 操作员

在自动化管理机制中要确定接收作业执行情况或者报警信息的对象,本任务设置的接收对象是 DBA,电子邮件地址为 HNCST_DBA@139.com。

(1) 在对象资源管理器中右击"SQL Server 代理"→"操作员"节点,在弹出的快捷菜单中选择"新建操作员"命令。

(2) 在弹出的"新建操作员"窗口中输入操作员的名称、接收作业执行情况或警报信息的电子邮件地址,如果未来发送作业执行结果给操作员,将会发送电子邮件到指定的邮箱,如图 16-20 所示。

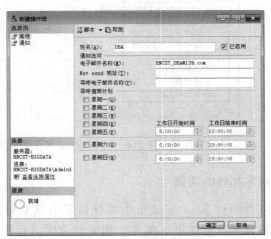

图 16-20　"新建操作员"窗口

# 任务 16.3　管理 SQL Server 作业

数据库的备份工作包括完整备份、差异备份、事务日志备份等，都要求在特定时间自动执行，可以将这些工作都创建为作业(Job)。为了对这些备份作业与其他数据库工作区分开，将数据库的备份作业放在"日常维护"节点下。

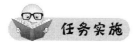

### 1. 创建新的作业类别

（1）在对象资源管理器中右击"SQL Server 代理"→"作业"节点，在弹出的快捷菜单中选择"管理作业类别"命令。

（2）打开"管理作业类别"对话框，如图 16-21 所示。

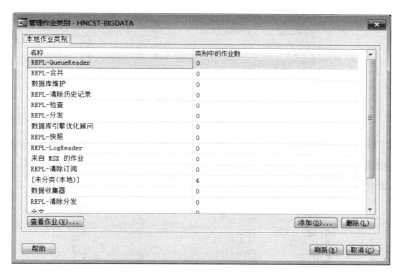

图 16-21　"管理作业类别"对话框

（3）单击"添加"按钮，在弹出的对话框中输入类别名称"日常维护"，选中"显示所有作业"复选框，如图 16-22 所示。单击"确定"按钮即可完成作业类别的创建工作。

### 2. 新建作业

（1）在对象资源管理器中右击"SQL Server 代理"→"作业"节点，在弹出的快捷菜单中选择"新建作业"命令。在"新建作业"窗口中输入作业名称 Backup_EMIS，设置其类别为"日常维护"，选中"已启用"复选框使它自动执行，如图 16-23 所示。

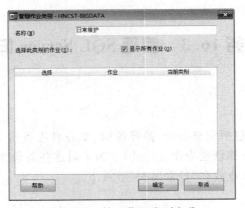

图 16-22　输入作业类别名称

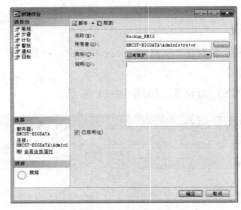

图 16-23　"新建作业"窗口

（2）单击"确定"按钮，弹出"新建作业步骤"窗口。输入作业步骤的名称 Backup_EMIS_ALL，设置其类型为"Transact-SQL 脚本"，数据库为 EMIS，然后输入此作业步骤的代码（完整备份 EMIS 数据库），如图 16-24 所示。

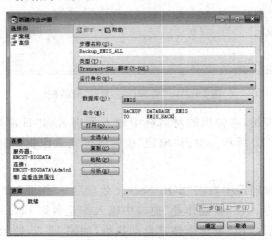

图 16-24　"新建作业步骤"窗口

（3）单击"高级"选项，可根据需要进行其他设置，如图 16-25 所示。

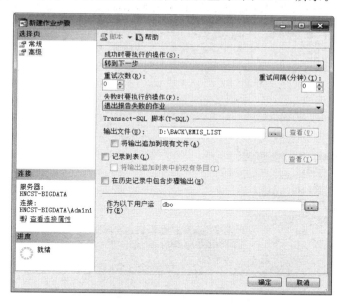

图 16-25　设置作业步骤的高级选项

（4）单击"确定"按钮，返回"新建作业"窗口，新建的作业步骤出现在作业步骤列表中，如图 16-26 所示。

图 16-26　新建的作业步骤

（5）打开"计划"选项卡，如图 16-27 所示。

（6）单击"新建"按钮，弹出"新建作业计划"窗口，输入作业计划名称"每周备份 EMIS 数据库"，再设置执行频率，如图 16-28 所示。

图 16-27　设置作业的计划选项

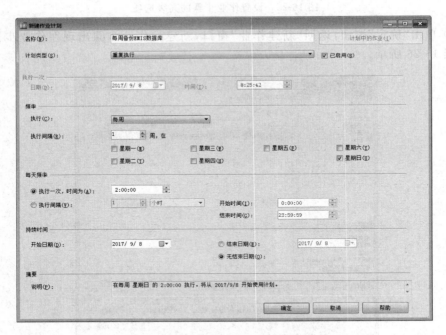

图 16-28　"新建作业计划"窗口

（7）单击"确定"按钮，返回"新建作业"窗口。打开"警报"选项卡，单击"新建"按钮，弹出"新建警报"窗口。警报选项的设置如图 16-29 与图 16-30 所示。

（8）单击"确定"按钮，返回"新建作业"窗口。打开"通知"选项卡，通知选项的设置如图 16-31 所示。

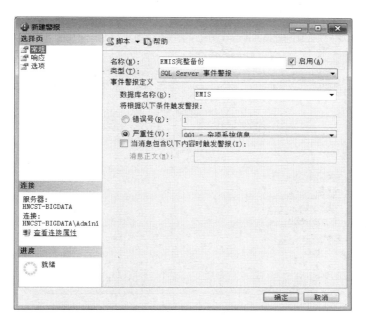

图 16-29　"新建警报"窗口 1

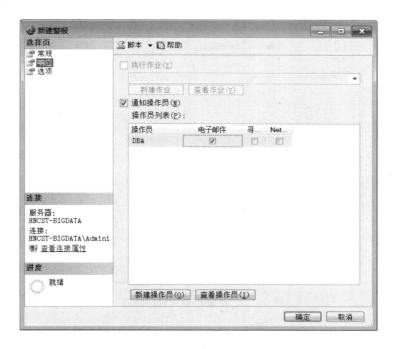

图 16-30　"新建警报"窗口 2

（9）单击"确定"按钮返回"新建作业"窗口。打开"目标"选项，默认为"本地服务器"，如图 16-32 所示。除非 SQL Server 已配置好服务器的作业管理模式，否则无法更改作业执行目标。

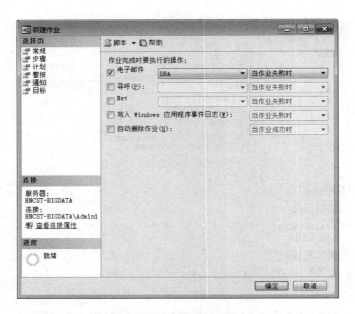

图 16-31  设置作业的通知选项

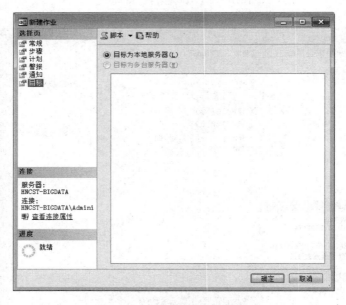

图 16-32  设置作业的目标选项

### 3. 手动执行作业

作业创建完成之后,可自动执行作业,也可手动执行。手动执行时间可由数据库管理员来决定。

右击准备执行的作业 Backup_EMIS,在弹出的快捷菜单中选择"作业开始步骤"命令。执行成功后的结果如图 16-33 所示。

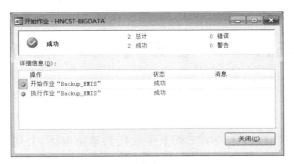

图 16-33　作业执行成功

手动执行作业成功后,可查看备份设备的介质内容,确保备份文件存在。同时,定义的操作员接收的邮件内容如图 16-34 所示。

图 16-34　作业执行成功发送的通知邮件

### 4. 观察作业执行的历史记录

针对 SQL Server 代理的所有作业,数据库管理员可以通过"日志查看器"查阅其执行的历史记录,以及各步骤的执行细节。

右击"SQL Server 代理"→"作业"→Backup_EMIS 节点,在弹出的快捷菜单中选择"查看历史记录"命令,弹出"日志文件查看器"窗口。其中显示了作业 Backup_EMIS 的执行情况,结果也以电子邮件的方式发送给操作员,如图 16-35 所示。

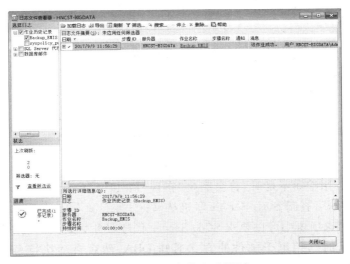

图 16-35　"日志文件查看器"窗口

# 任务 16.4　定义 SQL Server 警报

 **任务描述**

　　数据库管理员休假五天,休假第二天上午就接到紧急电话,公司数据库因为可用空间不足,影响正常运行。对于这样的情况,如果提前设置 SQL Server 警报,则完全可以避免。本任务就是针对可用空间问题提前设置 SQL Server 警报,在还没有发生问题的时候让 SQL Server 自动发送信息给数据库管理员,以防止类似状况发生。

 **任务实施**

　　(1) 右击"SQL Server 代理"→"警报"节点,在弹出的快捷菜单中选择"新建警报"命令,弹出"新建警报"窗口。在"常规"选项卡中输入警报名称为"可用空间不足时",类型设置为"SQL Server 事件报警",错误号为 1105,如图 16-36 所示。

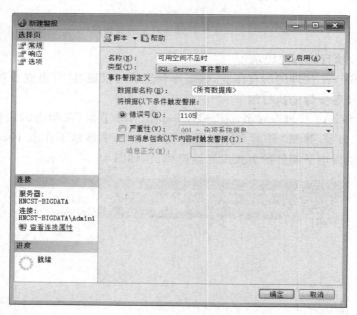

图 16-36　新建警报

　　当数据库的可用空间不足时,将会产生"错误号:1105"的错误信息。若要定义其他报警内容的错误号,可查阅 SQL Server 联机丛书。

　　(2) 在"响应"选项卡中可以要求 SQL Server 代理服务立刻执行某个作业,这里选择当"可用空间不足时",用电子邮件的方式通知 DBA,然后自动执行事务日志备份,如图 16-37 所示。

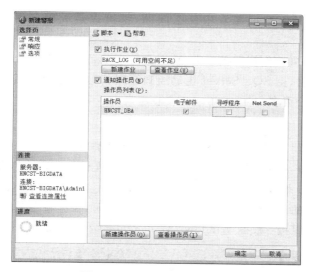

图 16-37 设置警报响应方式

（3）在"选项"选项卡中，设置警报错误文本发送方式为"电子邮件"。这样，操作员收到的警报信息不仅包含警报发生的时间、发生的位置等，也包含该警报的描述性文字，如图 16-38 所示。

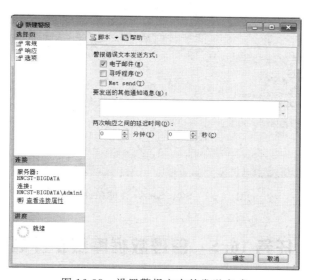

图 16-38 设置警报文本的发送方式

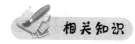

**1. 警报的作用**

虽然数据库管理员无法 24 小时常驻公司，但当数据库出现任何问题时，都应该是第一个知道并且立刻去解决问题的人。如果数据库管理员能够恰当使用 SQL Server

的警报功能,那么,无论数据库发生什么问题,都可以最大限度避免因错误而造成的影响。

在 SQL Server 自动化管理机制中,数据库管理员可以针对特定事件预先定义警报,当定义的事件发生时,由 SQL Server 主动通知管理员,并执行预先定义的作业,这样数据库管理工作就会轻松很多。

**2. 警报类型**

SQL Server 2014 中定义的警报主要有以下 3 种类型。

(1) SQL Server 事件警报:根据 SQL Server 错误代码或严重性发出警报。

(2) SQL Server 性能条件警报:根据某对象的性能计数器来判断警报发出的时机。例如,图 16-39 定义的是"当用户的联机数量等于 50"时,警报将会被触发。

(3) WMI 事件警报:根据 Windows Management Instrumentation 事件来发出警报。

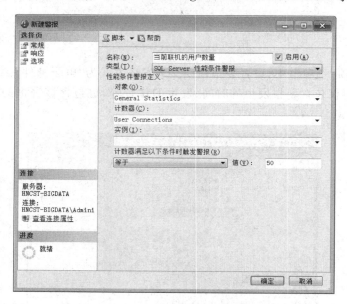

图 16-39　SQL Server 性能条件警报

# 任务 16.5　管理数据库维护计划

 任务描述

　　数据库管理员的维护工作量巨大,如果按照计划单独逐个新建 SQL Server 作业,会非常耗时耗力。这里利用 SQL Server 提供的"维护计划向导"来简化数据库管理员的工作,将"检查数据库完整性""重新组织索引""重新生成索引"3 个作业配置为一个单一作业,由 SQL Server 代理在指定时间自动执行。

**任务实施**

（1）在对象资源管理器中右击"管理"→"维护计划"节点，在弹出的快捷菜单中选择
"维护计划向导"命令。

（2）弹出"维护计划向导"窗口，如图16-40所示。

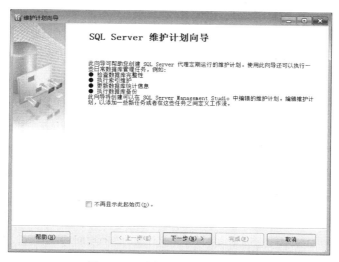

图16-40　"维护计划向导"窗口

（3）单击"下一步"按钮，进入"选择计划属性"窗口，输入计划名称"索引维护计划"，
输入说明文字"检查数据库完整性和重新组织和生成索引"，设置运行身份为"SQL Server
代理服务账户"，选中"整个计划统筹安排或无计划"复选框，如图16-41所示。

图16-41　"选择计划属性"窗口

(4)单击"更改"按钮,设置计划的执行时间,如图 16-42 所示。

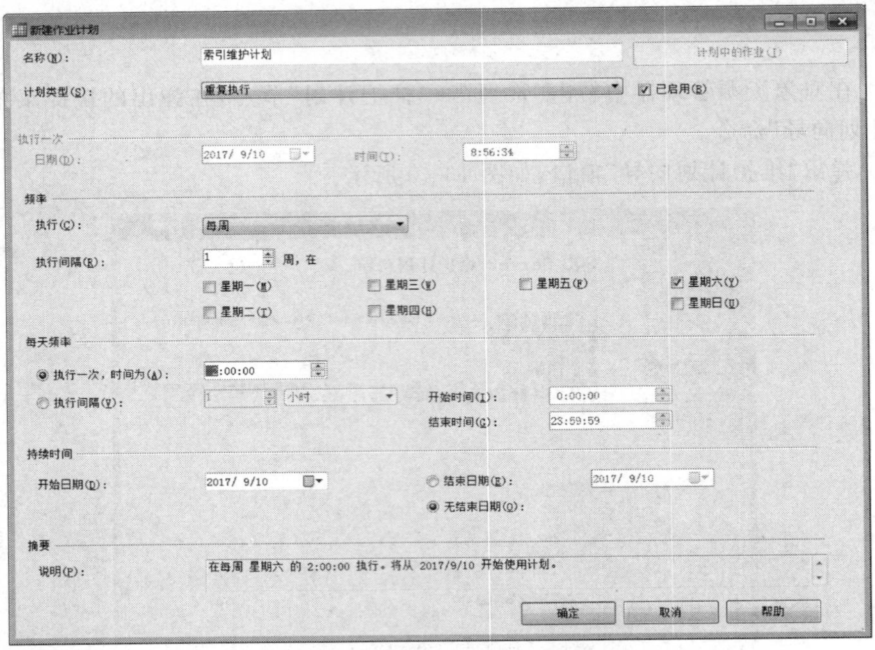

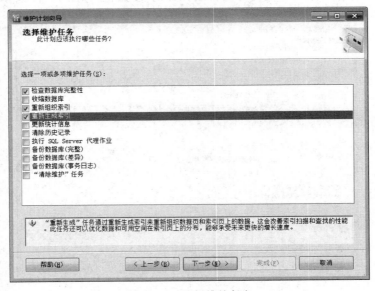

图 16-42　设置作业计划的执行时间

这个维护计划包含了 3 个作业,并且在指定时间点顺序执行,也可以设置每个作业在不同的时间点执行。

(5)单击"确定"按钮,返回"选择计划属性"窗口。单击"下一步"按钮,进入"选择维护任务"窗口,选择多项维护任务,如图 16-43 所示。

图 16-43　选择维护任务

（6）单击"下一步"按钮，进入"选择维护任务顺序"窗口，此时可根据需要调整任务的执行顺序，如图16-44所示。

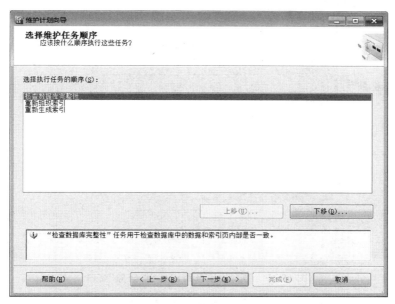

图16-44　"选择维护任务顺序"窗口

（7）单击"下一步"按钮，进入"定义'数据库检查完整性'任务"窗口，选择"特定数据库"选项，如图16-45所示。

图16-45　"定义'数据库检查完整性'任务"窗口

（8）单击"下一步"按钮，进入"定义'重新组织索引'任务"窗口，在"数据库"下拉列表框中选择"特定数据库"选项，选中"压缩大型对象"复选框，如图16-46所示。

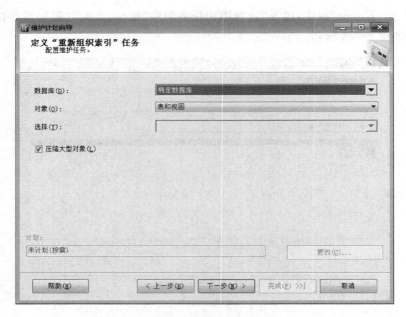

图 16-46 "定义'重新组织索引'任务"窗口

(9) 单击"下一步"按钮,进入"定义'重新生成索引'任务"窗口,在"数据库"下拉列表框中选择"特定数据库"选项,在"对象"下拉列表框中选择"表和视图"选项,如图 16-47所示。

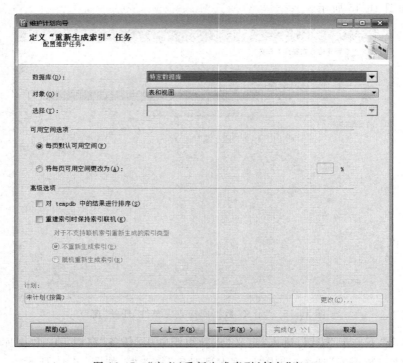

图 16-47 "定义'重新生成索引'任务"窗口

（10）单击"下一步"按钮，进入"选择报告选项"窗口，选中"将报告写入文本文件"与"以电子邮件形式发送报告"复选框并选择收件人，如图16-48所示。

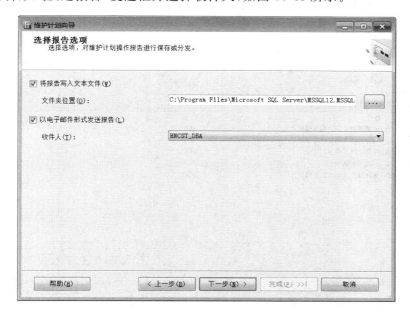

图16-48   "选择报告选项"窗口

（11）单击"下一步"按钮，进入"完成该向导"窗口，查看作业的执行操作是否符合要求，如无误单击"完成"按钮，如图16-49所示。

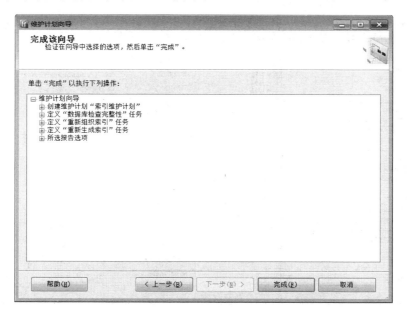

图16-49   "完成该向导"窗口

（12）维护计划创建成功后，提示如图 16-50 所示。

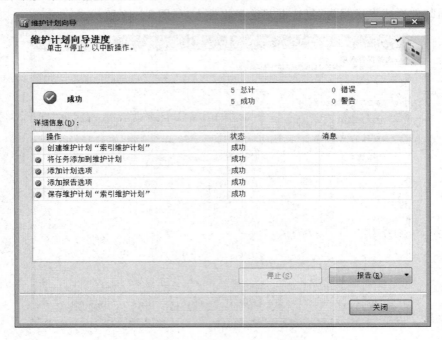

图 16-50 "维护计划向导进度"窗口

（13）维护计划创建成功后，SQL Server 会将这份维护计划创建成 SSIS 包，然后利用 SQL Server 代理的作业执行此包，如图 16-51 所示。

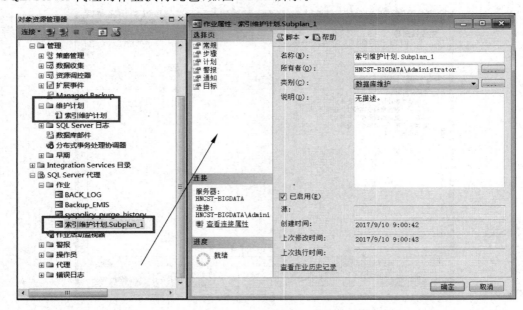

图 16-51 查看维护计划向导创建的作业与其步骤

　相关知识

SQL Server 提供"维护计划向导"来简化数据库管理员的工作,将许多常规性的管理工作配置为单一作业,由 SQL Server 代理在指定时间自动执行。

SQL Server 维护计划可以配置以下例行工作。

(1) 检查数据库完整性:检查数据库中的数据和索引页内部是否一致,确保系统或软件问题没有损坏数据。

(2) 收缩数据库:通过删除空的数据页和日志页来减少数据库和日志文件占用的磁盘空间。

(3) 重新组织索引:可以对表和视图的聚集索引和非聚集索引进行碎片整理和压缩。这将提高索引扫描性能。

(4) 重新生成索引:通过重新生成索引来重新组织数据页和索引页上的数据,会改善索引扫描和查找的性能。此任务还可以优化数据和可用空间在索引页上的分布,能够承受未来更快的增长速度。

(5) 更新统计信息:确保查询优化器有表中数据值的最新分布信息,这样,优化器才能更好地确定数据访问策略。

(6) 清除历史记录:删除有关备份和还原、SQL Server 代理以及维护计划操作的历史数据。此向导允许用户指定要删除的数据类型和数据保留时间。

(7) 执行 SQL Server 代理作业:用户可以选择 SQL Server 代理作业,将其作为维护计划的一部分运行。

(8) 备份数据库(完整、差异和事务日志):用户可以为完整备份、差异备份、事务日志备份指定源数据库、目标文件或磁带以及覆盖选项。

(9) "清除维护"任务:删除执行维护计划后留下的文件。

## 项目实训 16

本实训要求实现 SQL Server 2014 的自动化管理工作。

(1) 创建可以接收通知信息的操作员。

(2) 新建一个作业,用来自动备份系统数据库 master 到备份设备 MASTER_BACK,当作业执行成功后,要求以电子邮件形式通知 DBA 操作员。要自行创建备份设备。

(3) 作业执行成功后,检查是否收到通知的电子邮件,并检查备份设备 MASTER_BACK,看是否包含备份数据。

(4) 检查数据库 EMIS,查看目前数据文件空间使用情况,查看方法如图 16-52 所示。

(5) 新建一个 SQL Server 性能条件警报,当数据库的数据文件使用空间超过指定大小时,要求立刻发送警报信息给操作员。

(6) 在 EMIS 数据库中新增数据,让数据文件空间的使用量超过指定大小。

（7）检查接收到的警报邮件。

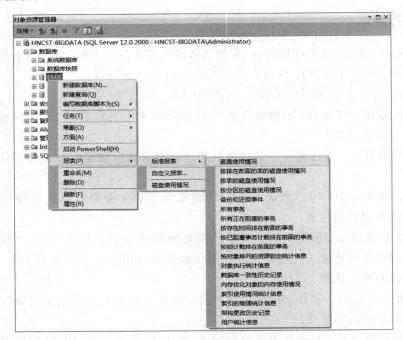

图 16-52　查看数据文件空间使用情况

# 参 考 文 献

[1] 王英英.SQL Server 2014 从零开始学[M].北京：清华大学出版社,2016.

[2] 陈承欢.SQL Server 2014 数据库应用、管理与设计[M].北京：电子工业出版社,2016.

[3] 王珊,萨师煊.数据库系统概论[M].5 版.北京：高等教育出版社,2014.

[4] Tapio Lahdenmaki,Michael Leach.数据库索引设计与优化[M].曹怡倩,赵建伟,译.北京：电子工业出版社,2015.

[5] 孙亚男,郝军.SQL Server 2016 从入门到实战[M].北京：清华大学出版社,2018.

[6] 贾铁军.数据库原理及应用(SQL Server 2016)[M].北京：机械工业出版社,2017.

[7] 邓立国,佟强.数据库原理与应用(SQL Server 2016 版本)[M].北京：清华大学出版社,2017.

[8] 郑阿奇.SQL Server 实用教程[M].4 版.北京：电子工业出版社,2015.